高等职业教育农业部“十二五”规划教材

宠物手术

顾剑新　牛光斌　主编

中国农业出版社

北京

内容简介

《宠物手术》是高等职业教育农业部“十二五”规划教材，是以小动物兽医临床实践为主线的工作任务形式的教材。本教材紧跟现代职业教育理论与实践的步伐，能满足执业兽医师、执业助理兽医师的岗位要求，突出实践性和实用性，适合动物医学专业使用。本教材凝聚了小动物临床上宠物外科手术治疗新技术，内容包括宠物手术必备基本知识与技能、宠物临床常见外科手术和宠物外科新技术，以项目和工作任务形式展开学习内容。本教材取材丰富、资料新颖、图文结合、先进实用。

编审人员

主　编　顾剑新　牛光斌

副主编　于　涛　高丽华

编　者（以姓名笔画为序）

于志海　于　涛

王文利　牛光斌

李尚同　高利华

顾剑新　薛增迪

主　审　龚国华

前 言

本教材根据兽医临床执业兽医师小动物手术实际临床工作需要而编写，紧跟现代职业教育的步伐，以小动物兽医临床实践为主线。本教材凝聚了兽医临床上小动物外科手术治疗新技术，取材丰富，资料新颖，注重实践能力塑造，手术方法详简结合、先进实用，能体现最新兽医外科手术技术发展水平。本教材最大的特点是突出实践性和实用性，选用了大量小动物兽医临床图片、示意图，方便教学与学生自学，适合动物医学专业学生使用。本教材第一篇宠物手术必备基本知识与技能由高利华（江苏农林职业技术学院）编写。第二篇宠物临床常见外科手术项目一眼部手术、项目二耳部手术、项目八皮肤整形手术由牛光斌（上海市动物疫病预防控制中心）编写；项目三口腔部手术由薛增迪（杨凌职业技术学院）编写；项目四颈部手术由于志海（山东畜牧兽医职业学院）编写；项目五胸部手术由王文利（北京农业职业学院）编写；项目六腹部外科手术由顾剑新（上海农林职业技术学院）编写；项目七四肢、关节手术由于涛（上海市动物疫病预防控制中心）编写。第三篇宠物外科新技术由李尚同（上海农林职业技术学院）编写。本教材由顾剑新、牛光斌负责统稿和修改。本教材由上海市动物疫病预防控制中心龚国华研究员审稿，在此表示衷心感谢。

由于编者水平所限，本教材不足之处在所难免，希望广大师生批评指正，以便再版时修订。

编　者

2016年6月

目录

第一篇

宠物手术必备基本知识与技能

项目一　手术基础理论

学习任务一　手术前宠物准备

学习目标

掌握手术前宠物的无菌准备，熟悉宠物的术前评估、术前的准备。

学习内容

★ 术前评估。
★ 术前的准备。
★ 术部的无菌准备。

手术前，宠物应先接受全身体格检查，并根据情况进行适当的实验室检查。患病宠物完整的病史有助于确立体格和实验室检查的重点。同时，患病宠物术前的充分准备，有助于预后判断。

一、术前评估

1. 病史调查　从宠物主人或看护人处获得的完整病史有助于发现患病宠物有无潜在的疾病，以及判断其是否对手术有影响。急诊时获得的病史资料通常比较简略，但需要在宠物的病情得到缓解之后进行详细的调查。病史调查的内容应包括症状、饮食、运动状况、生活环境、既往病史和目前治疗情况。

进行患病宠物的病史调查时最好先拟好调查表，可避免在调查时问题模糊不清或遗漏，导致不能获得完整的信息。同时注意患病宠物有无其他异常现象，如呕吐、腹泻、咳嗽、饮食量改变、接触异物和运动不耐受性等。通过病史的调查应该对患病宠物所患疾病的严重程度、持续时间、发展趋势和目前出现的症状有基本的认识。

2. 体格检查　体格检查时，应对宠物进行全身检查（尽可能包括所有的系统）。受外伤的宠物应该加强对其进行神经系统的检查，特别是从矫形外科的角度进行相应的检查。同时，对呼吸系统、消化系统、心血管系统、泌尿系统进行全面检查。紧急情况下，允许做粗略的检查，待宠物的状态稳定后应再详细进行检查。对患病宠物进行体格检查是防止宠物在术中或术后出现意外的最有效的方法之一。患病宠物的体格状态越差，出现意外和手术并发症的风险就越大。

3. 实验室检查 根据患病宠物的病史和体格检查状况来进行相应的实验室检查。健康宠物（如进行卵巢、子宫切除术，截爪术）和局部发生疾病的宠物（如膝关节脱位）只需进行血常规、血液尿素氮和尿相对密度的测定。如果宠物年龄超过5岁、有明显的全身性症状（如呼吸困难、心杂音、贫血、休克、出血等）和预期手术时间1～2h的情况下，应该进行全血细胞计数、血清生化分析和尿液全面分析。

通过以上的病史调查、体格检查和实验室检查，对患病宠物的整体就有了较完整的了解。然后，告知宠物主人检查的初步结果、是否适合进行手术、术后可能出现的并发症、术后的护理及治疗相关费用。对于一些遗传性疾病，应建议宠物主人对患病宠物进行绝育手术。

根据病史调查、体格检查和实验室检查的结果，对手术的风险进行全面客观评估。如果患病宠物未见严重的潜在性疾病，则手术后宠物恢复正常的可能性很高，预后良好；有时虽未见潜在疾病，但有可能出现一些并发症时，预后也可能良好；如果可能出现严重的并发症，则恢复期延长或宠物机体不能恢复其手术前的正常功能，则预后一般；如患病宠物本身存在潜在疾病或手术操作可能会造成严重的并发症（或两种情况同时存在）、则愈合期延长、手术期间或手术后发生死亡的可能性会很高，或宠物机体不能恢复到手术前的功能等情况时，则预后不良。

在临床上，除了要考虑手术的可操作性及预后外，临床兽医师还应考虑手术后患病宠物的生活质量。病情严重、极度虚弱或患有不可治疗性疾病的宠物最好不要立即进行手术；而对那些生命已经有限，但手术治疗后会改善其生活质量的患病宠物还应当考虑进行手术治疗。

二、宠物术前的准备

1. 禁食 非紧急情况下，对成年宠物进行诱导麻醉前通常要禁食6～12h，禁饮4～8h，以避免引起宠物术中或术后呕吐和吸入性肺炎。在进行大肠手术前还需要进行特殊的术前准备（例如禁食48h或给予内服卡那霉素）。为了防止并发低血糖症，对幼龄宠物手术不宜进行长时间的禁食、禁饮。

2. 排泄 宠物在进行麻醉前应进行诱导排便和排尿。排空的膀胱有利于腹部手术的进行。如果尿液没有自然排出，那么可以在宠物处于全身麻醉状态时对膀胱人工施压排尿或者插入无菌导尿管进行导尿。

3. 稳定宠物病情 手术前尽可能稳定患病宠物的病情。所有宠物，包括健康宠物进行麻醉诱导前，通常需要补液及纠正酸碱平衡和电解质异常。对于一些存在其他异常变化的宠物，如非进行性出血因素引起的贫血和出血倾向需要纠正贫血和维持血凝平衡。机体虚弱时，需要改善机体的体质后再进行手术。

另外，根据宠物的疾病和需要进行手术要求的不同，确定在手术期间是否需要使用抗生素。

三、宠物术部的无菌处理

1. 术部剃毛　目前通常用电动剃刀剃除被毛，然后用肥皂水冲洗，用剃须刀刮除毛根。剃毛的范围，通常超出手术切口 10～20cm。方法是清除毛发，清洁剃毛区域，如图 1-1-1、图 1-1-2、图 1-1-3 所示。

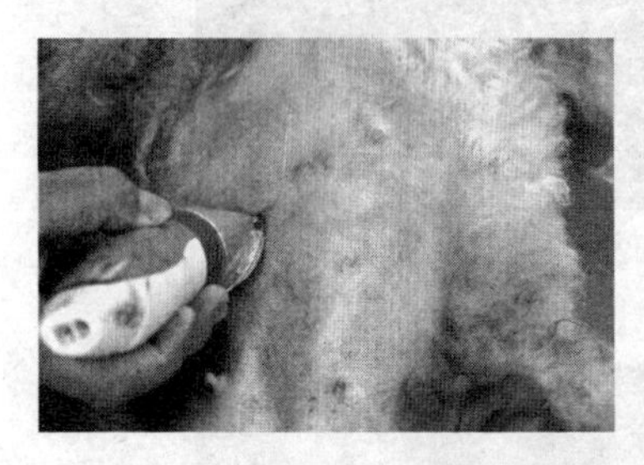

图 1-1-1　用电动剃毛剪剃去手术部位毛

图 1-1-2　将体表的碎毛用吸毛器吸干净

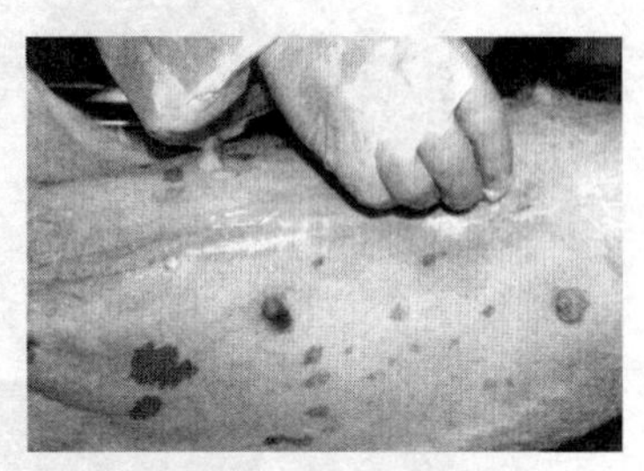

图 1-1-3　用清洗液清洗手术部位体表

2. 术部消毒　无菌手术时，由手术区中心向四周画圆圈涂擦消毒；污染创由清洁区向污染区涂擦消毒。先用 2%～5%碘酊间隔 5min 左右擦 2 次，然后用 75%的酒精进行脱碘，如图 1-1-4 所示。

3. 手术台保定　根据手术需要将宠物保定在手术台上，保定时，要求所有的结都是活结，常用的保定方式有仰卧保定、侧卧保定和俯卧保定等。

4. 术部隔离　在手术预切口四周，沿着消毒区的边缘，覆盖四块无菌创布，然后用巾钳在四角固定，如图 1-1-5 所示；或覆盖中间带孔的创巾，然后用巾钳固定；还可以通过自粘绷带，将术部缠绕，然后切开（常用于四肢手术）。

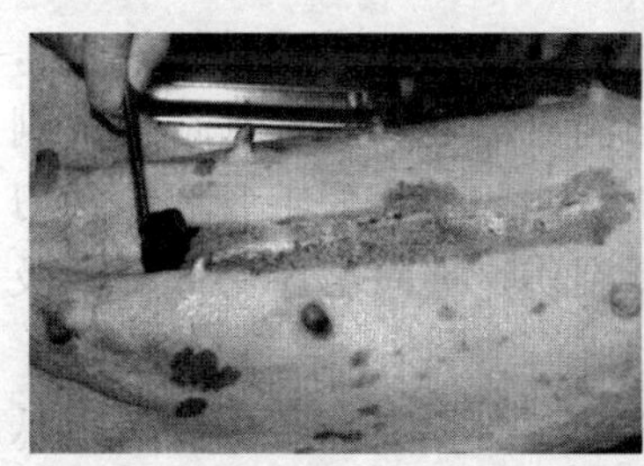

A

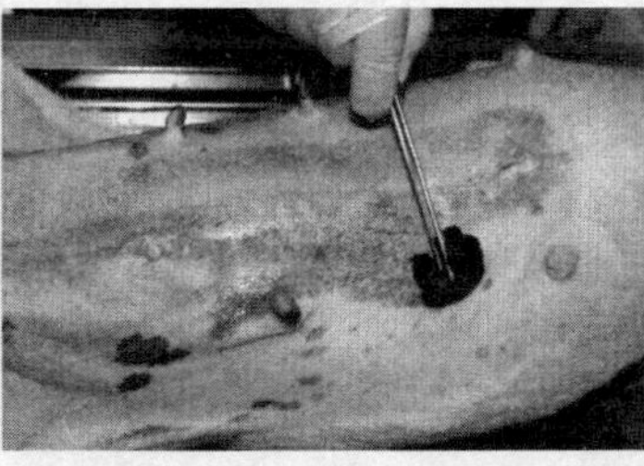

B

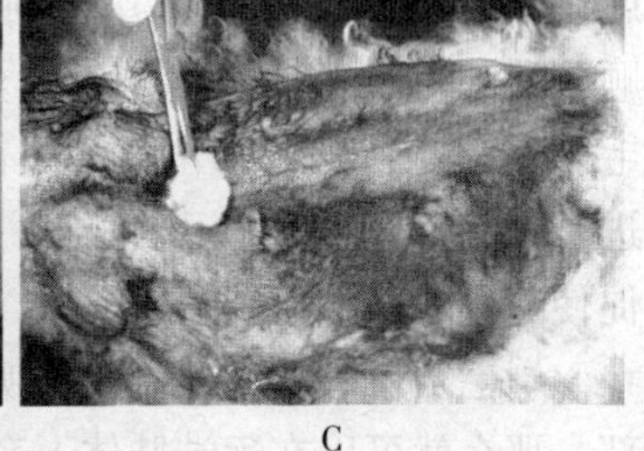

C

图 1-1-4　用碘酊等消毒液由手术区中心向四周消毒体表

A. 用 2%～5%碘酊由中心开始消毒　B. 向四周画圆圈涂擦消毒　C. 用 75%的酒精进行脱碘消毒

5. 注意事项

（1）术部毛发的处理。在预计手术切口部位附近的毛发应尽可能剪短，以便切口部位能建立一个消毒的区域。对于非紧急手术，在术前几天给宠物洗澡能有效除去脱落的毛发、碎屑和外部寄生虫。

准备剪毛的区域应能够满足需要的手术切口、可能延长的切口（如果需要的话）以及全部可能需要使用的引流部位。这个区域也应大到能避免由于术中创布（巾）的移动而造成的意外伤口感染，通常是切口周围 10～20cm 范围内的区域。

使用电动剃毛器能较快地剪去手术准备区的被毛。如果患病宠物的被毛层非常致密，

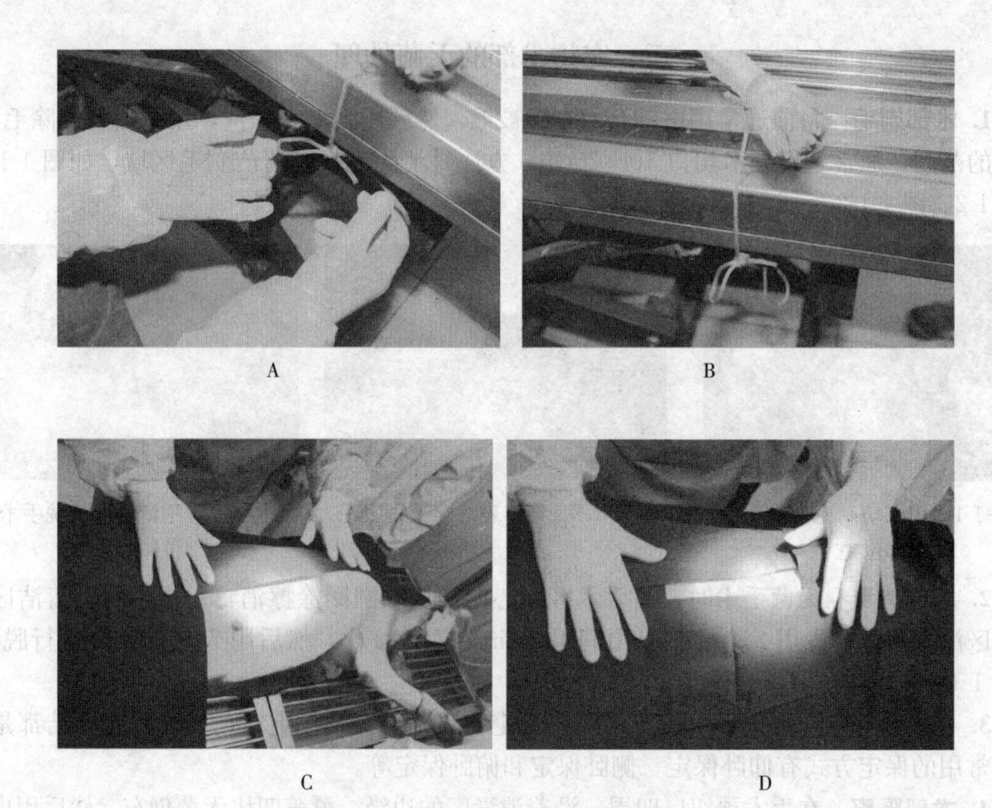

图 1-1-5　保定与铺无菌创布

A. 保定在手术台上时打活结　B. 打活结保定便于松开

C. 沿着消毒区的边缘铺无菌创布　D. 术区覆盖四块无菌创布

就可以先用比较粗（疏）的剃刀头或毛剪先清理一遍。应该以执笔的姿势握持剃毛器，顺着被毛生长方向进行剃毛，然后逆着被毛生长方向（这样能更紧贴皮肤）进行再次剃毛。在一些特殊的部位（如眼部），或需更好地剃除毛根部时，可以使用脱毛膏和剃须刀进行刮除，但可能会引起轻微皮肤炎症反应和皮肤的微小撕裂伤，进而增加局部刺激及促使感染的发生。

剃毛结束后，应使用真空吸尘器吸走剃落的被毛。对于四肢手术，如果不需要暴露爪部，那么就可以在远端肢体上套上乳胶手套并用胶带固定或用自粘绷带缠绕，以达到将其隔离出手术部位的目的。为了便于在手术中对患肢的操作，可以将其悬吊。

（2）术部的术前消毒。在宠物被送进手术室之前，应该对剃毛区域部位进行全面的擦洗，同时在眼角膜和结膜上涂布抗生素眼膏或润滑剂。雄性犬进行下腹部手术前还应使用消毒液对其包皮进行冲洗。皮肤则应使用抗菌肥皂进行擦洗，清除碎屑、污物和油脂，以减少细菌数量。

对于非污染手术，消毒从切口部位开始，这个部位通常应位于剃毛部位的中间。使用画圈的方式，从中间向外周移动，当棉球到达外围时便应将其丢弃。通常使用碘酊和酒精，擦洗每一遍都要保证有 5min 的接触时间。应注意在两次碘酊擦洗中使用酒精会减少碘酊与皮肤的接触时间，从而可能导致其消毒效率降低。在皮肤皱褶里多余的消毒液应该使用无菌毛巾或棉球擦去。如果使用洗必泰溶液，在消毒结束后可保留在皮肤上或者使用生理盐水冲洗

干净。因为洗必泰能够凝固角质蛋白，所以接触时间可比碘酊的时间短，但要达到较好的抗微生物处理效果，一般要2次处理，每次持续30s接触时间。

（3）手术台保定。术部消毒后可进行保定，使用绳、沙袋及沟槽等设备将患病宠物固定在适当的位置以使手术顺利进行。保定要有利于手术，不影响操作和宠物的呼吸，使宠物舒适安全，便于操作。

在进行特殊操作时，应注意避免干扰宠物的呼吸功能、外周血液循环功能、肌肉以及神经的功能，此时就应该连接上各种监控设备，并检查连接是否有效。如果要使用高频电刀，则其接触板应放于患病宠物身下，将宠物对应的被毛润湿，以保证完全接触。如果手术患肢的消毒已经完成，需要悬挂的，就应小心地悬挂。

（4）术部隔离。宠物术部消毒和保定后，即可在术部铺上创巾。如果是公犬的腹部手术，应该使用无菌的巾钳将包皮夹往一侧。铺设创布的目的是要在术部创造并且保持一个无菌的区域，所以应由已穿好手术衣并戴上手套的手术人员来完成。通过铺设四块创巾来将宠物消毒手术区域与未消毒区域隔离开来。创巾、敷料和器械一旦超出手术台平面或跌落，就被认为是带菌的。

创巾铺好后就不能再向创口内进行调整，因为这样会将细菌带到消毒好的皮肤上。创巾的连接角上应用已灭菌的巾钳进行固定。巾钳的尖端一旦穿过创巾就不能再被认为是无菌的，扣合后进行固定。有时也可以在使用创巾时，让创巾中间孔的一侧靠近术部消毒区的边缘，然后向对侧打开创巾即可。无论是创巾还是创布，都能覆盖住整个宠物和整个手术台以提供一个保持着连续性的无菌区域。

根据操作的需要，术部消毒和宠物的保定顺序可进行调整，如股内侧手术，就需要先保定再进行消毒，而有时为了节省时间，两者可以同时进行。

学习任务二　手术前人员准备

学习目标

掌握手术前人员的无菌操作，熟悉口罩、帽子和手术服的穿戴。了解术中无菌状态的保持。

学习内容

★ 术前擦洗及准备。
★ 口罩、帽子和手术服的穿戴。
★ 术中保持无菌状态。

一、术前擦洗及准备

在手术者手皮肤皱褶内和皮肤深层（如毛囊、皮脂腺等）都藏有污垢、油脂和细菌，因此，为了避免术者在手术中接触伤口传递细菌，应擦洗、消毒手和前臂。但手臂擦洗消毒法仅能清除皮肤表面的细菌，并不能完全消灭藏在皮肤深处的细菌，故在手臂消毒后，还要戴上灭菌橡胶手套和穿上灭菌手术衣，以防止这些细菌污染手术伤口。据统计，在手术结束时有接近50%的手套会有破损，并且在长时间手术或高难度手术时，这个概率还会增加。故不能仅仅通过戴无菌手套（不进行术前擦洗）来防止污染。另外，手臂皮肤有破损或化脓感染时，不能参加手术。

术前擦洗是所有需以无菌状态参与手术的人员在进入手术室前进行的步骤。用于进行擦洗的抗菌肥皂应该是速效、广谱、无刺激性的。术前擦洗可将微生物从皮肤上分离和通过与抗微生物溶液的接触而使之失活。擦洗时要确保所有的皮肤表面得到充分的摩擦并与消毒液充分接触。如果手和手臂的大部分都很脏，那么清洗的时间就应该延长或清洗次数就应该相应增多。但是要注意避免过度刺激和磨损皮肤，因为这样会导致深层组织里的（如毛囊根部周围）细菌暴露，从而增加在皮肤表面的潜在性细菌感染源数量。

在清洗前，所有的首饰（包括手表）都应从手和前臂上拿下，因为它们会携带大量细菌。指甲要剪短，并且不能涂指甲油，而且指甲的表面要保持完好。绝不能佩带人造指甲（如粘贴上的，包裹上的，用带缠上的）。带有人造指甲的指尖中有更多的革兰氏阴性菌，而且已经发现在人造指甲和天然指甲之间真菌能生长，并且能够对手术创口造成污染。

一旦开始刷洗，便不能接触未灭菌的物品。如果手或手臂在不经意间接触到带菌物品（包括未消毒的手术人员），便应重新进行清洗。在刷洗过程中及刷洗后手尽量要高于手肘，这样才能使水从最干净区域（手）流向次干净区域（肘）。在大多数情况下，在整个清洗过程中使用一把刷子即可。

（1）用指甲剪修剪过长的指甲，防止指甲缝内藏有污物和刺破手套。

（2）取下手表或戒指等物品。

（3）充分湿润手和前臂，在手上涂2～3次抗菌肥皂，同时清洗手和前臂；在流水下用刷子和指甲刷清洗手和前臂，特别注意指甲、指甲下和指蹼等处：从指尖向手腕的方向刷洗手指顶端和四个面，每一个部分刷20次，包括指尖部分；将前臂分为四个面，刷洗每个面20次；两臂交替刷洗，如图1-1-6所示。

（4）刷完后，手指朝上肘部朝下，在流水下充分冲洗，如图1-1-7所示。

（5）用无菌毛巾从手到肘部擦干手臂，擦过肘部的毛巾不可再擦手部，如图1-1-8所示。

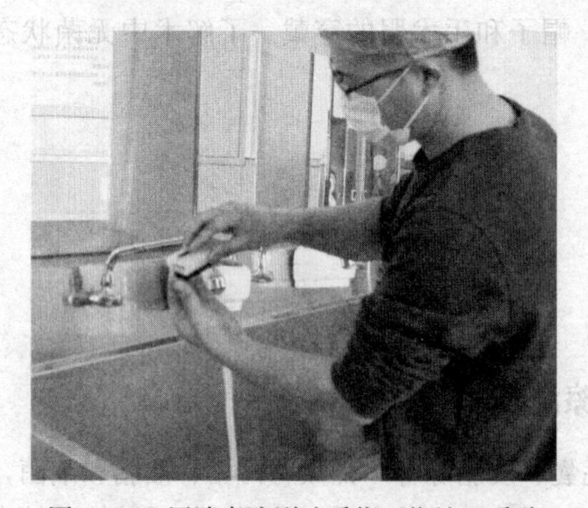

图1-1-6　用消毒液刷洗手指、指缝、手臂

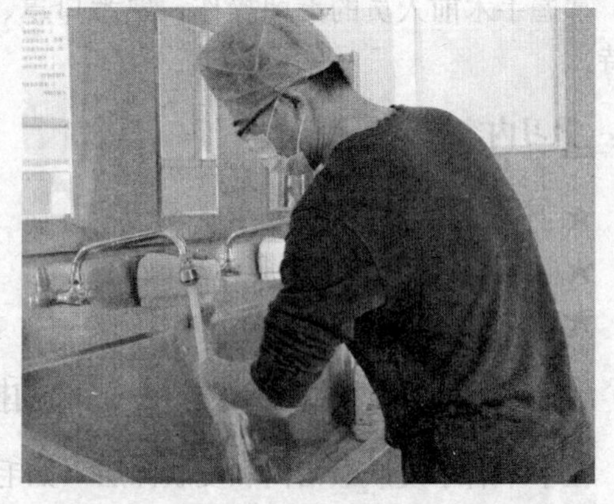

图1-1-7　刷洗手指后水由指尖冲洗

（6）擦干的手臂浸入0.1%新洁尔灭溶液中，用桶内的小毛巾轻轻擦洗5min后取出。

（7）手指向上，肘部向下，待其自然干燥，消毒完毕后，保持拱手姿势，不可再接触未

A

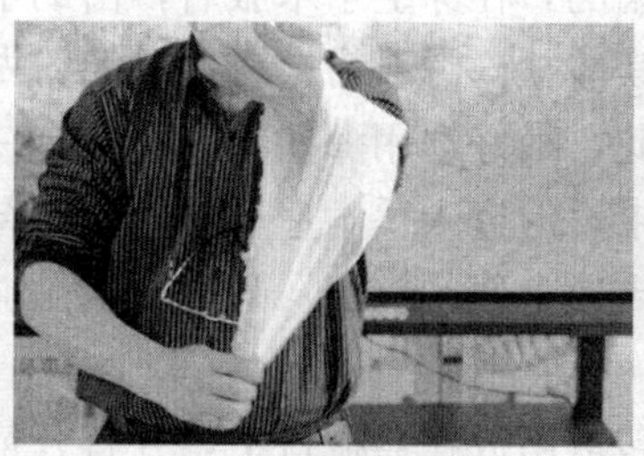

B

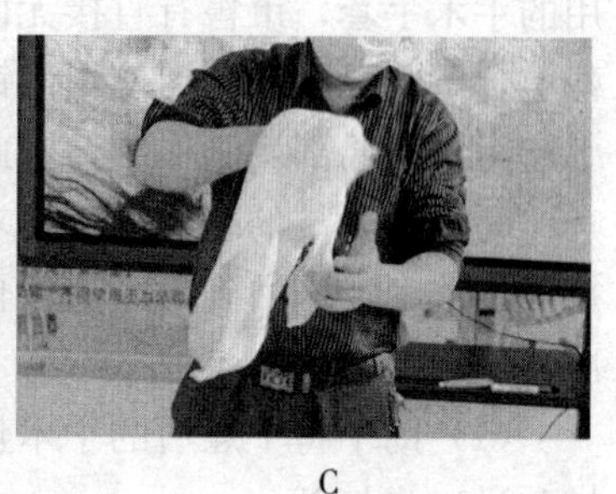

C

图 1-1-8　用无菌布从指尖向手臂拭干步骤

A. 用无菌布从指尖开始拭干　B. 用无菌布从指尖向手臂拭干　C. 同一无菌布翻一面，拭干另一手

经消毒的物品，否则，即应重新洗手，如图 1-1-9所示。

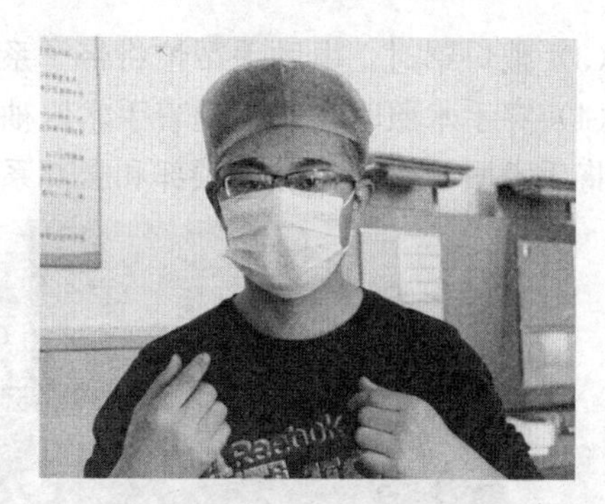

图 1-1-9　消毒完毕后手指向上，肘部向下靠胸前

当擦洗完成后，手和手臂要使用无菌毛巾擦干。从台面上拿起无菌毛巾时注意不要让水滴在毛巾下的手术衣上。拿起毛巾后，面向台后退一步，纵向拿着毛巾，擦时要使用毛巾末端从手擦向肘部，并且要弯腰以防止毛巾末端接触已擦洗过的区域。擦干后，用已擦干的手拿住毛巾的另一端，以同样的方式擦干另一只手和手臂。然后将毛巾扔进合适的回收容器。整个过程不要让手低于肘部。

二、口罩、帽子和手术服的穿戴

手术人员是造成手术中污染的主要因素，其中与人员数量、人员的带菌量以及移动情况密切相关。为了减少手术过程中的感染概率，需要对手术室人员的着装等进行一系列严格规定，同时尽可能减少手术室内的人员数量。

手术人员的着装包括帽子、口罩（应在洗手前穿戴）、手术服和手套，对于条件好的地方，还要配备鞋套等。毛发是细菌的携带者，如果没有完全遮盖住，毛发的脱落物会增大手术创口的感染概率，所以应对头发进行全部的防护，无论使用何种手术帽都要求将头发全部包住。

医用口罩通常是由一层滤网夹在两层外层纱布间制成，主要功能是过滤在谈话、打喷嚏和咳嗽时从嘴和鼻咽所排出的水汽内的微生物。口罩必须能盖住嘴和鼻，其上缘架在鼻梁上从而被固定住，能通过固定防止产生通风孔道。络腮胡和胡须等应用口罩完全遮盖。

手术服可以重复使用（通常是棉的，利于高压灭菌），也可是一次性的手术服。理想的手术服是舒适、经济、耐磨、防水、耐高压和抗拉伸，并能提供较好的屏障作用。穿手术服和戴手套应该在一个相对清洁的区域进行，以避免造成污染。手术服的内面是向外折的，应该轻轻地抓起手术服，后退一步以便有足够的穿衣空间。抓住手术服的肩部小心地抖开，不要摇晃手术服。打开手术服，确认袖口位置，将手从袖口穿入袖中。

手套不仅可以降低手术感染概率，还能在一定程度上保护操作人员。乳胶手套是现在常用的手术手套，市售有直接无菌的，在穿上手术服后，由助手打开，可直接戴上。为了方便戴上，一些乳胶手套内使用硅镁酸盐（滑石粉）或低链淀粉做润滑剂，但是这些物质可能会引起组织的局部刺激作用，因此，最好选用那些在内层涂有一层水凝胶涂层的手套。

对手术人员的鞋无特殊要求，但进入手术室后便应穿上鞋套，并且离开时也应穿着以保持鞋的洁净。当回到手术室后再换上新的鞋套。鞋套通常是能防水防撕，可重复使用的或一次性使用的。

（1）助手将干燥后的手术包取出放在器械台上，并打开最外层；消毒后的器械助手将器械包进一步打开。

（2）戴帽子时将手插入帽子折叠的边缘内，然后从前向后戴在头上，尽可能盖住所有头发。

（3）戴口罩时，由助手帮忙将带子系在脑后，口罩要盖住鼻孔。

（4）穿手术服时，双手提着手术服袖子的肩口，将手术服轻轻抖开，套入两臂，然后由助手将手术服拉起来，并将颈部和腰部系带系紧，如图 1-1-10 所示。

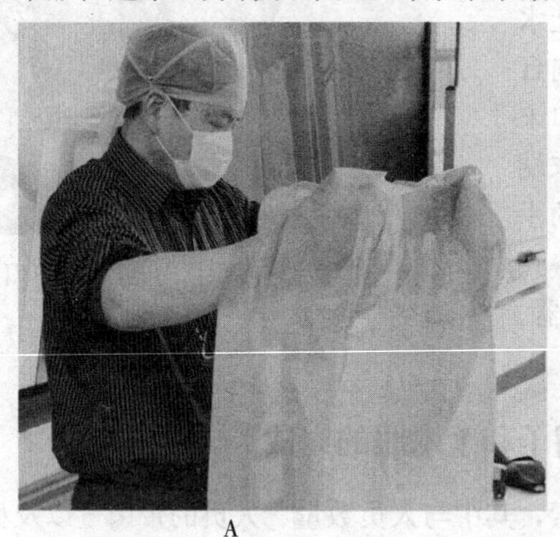
A

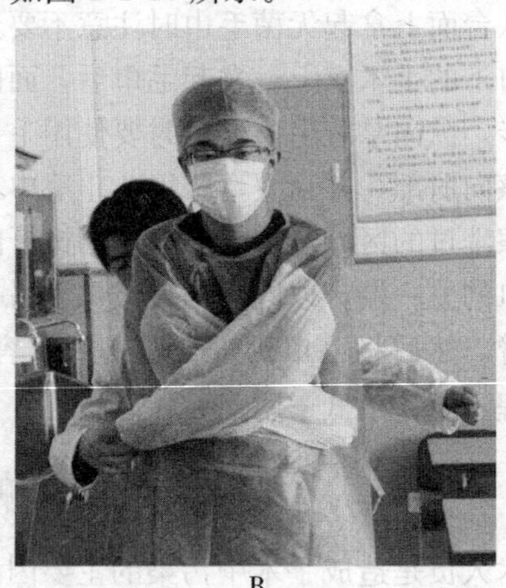
B

图 1-1-10　穿戴无菌衣方法

A. 手术人员洗手后拿无菌衣里面穿戴无菌衣　B. 由助手帮助从后面打结，不可触及无菌衣外面

（5）打开手套包装，左手持手套的反折部位，右手对准五指，小心地将手穿入手套直至手指进入手套的指套部分。然后，用已戴手套的右手插入另一手套的反折面内部，左手对准五指戴上。待手套穿过手指后用手指将手套口向上拉，使之盖在袖口上，如图 1-1-11 所示。

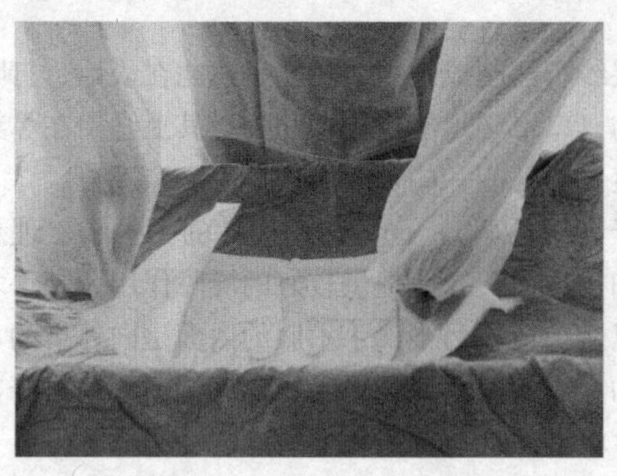

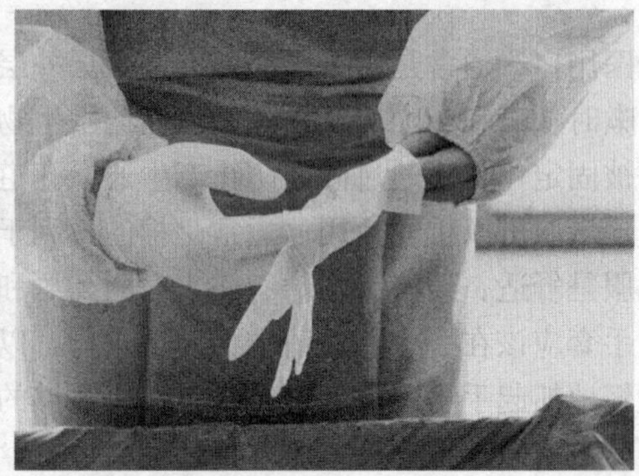

图 1-1-11　穿无菌衣后手指缩在衣袖里戴手套，手不可触及手套外面，用手套将衣袖盖住

三、术中保持无菌状态

在施行手术时，由于所需要的器械较多。为了避免在手术操作过程中刀、剪、缝针等器械误伤操作人员和争取手术时间，手术器械需按一定的方法传递。器械的整理和传递由器械助手负责。器械助手在手术前应将所用的器械分门别类依次放在器械台的一定位置上，传递时器械助手需将器械之握持部递交给术者或第一助手的手掌中。目前，国内宠物手术过程中，手术人员往往配备得比较少，通常是直接将器械整理好放在器械台上，术者和第一助手在使用时直接取用。

（1）器械的传递。

①手术刀的传递。器械助手应握住刀柄与刀片衔接处的背部，将刀柄端送至术者手中，切不可将刀刃传递给术者，以免刺伤，如图 1-1-12 所示。

②手术钳（剪）的传递。助手应握住钳、剪的中部，将柄端递给术者，如图 1-1-13 所示。

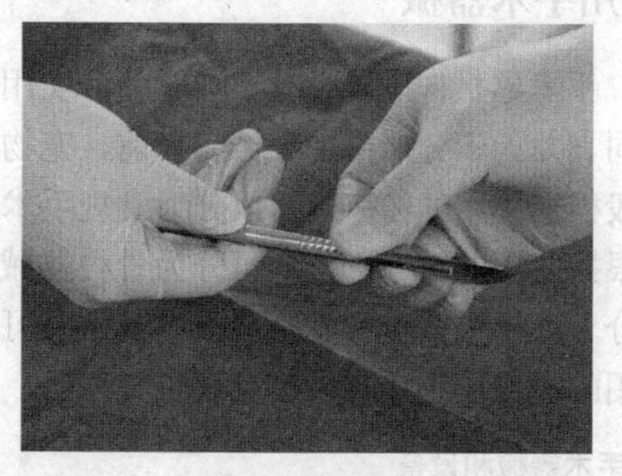

图 1-1-12　器械助手应握住刀柄与刀片衔接处的背部，将刀柄端送至术者手中

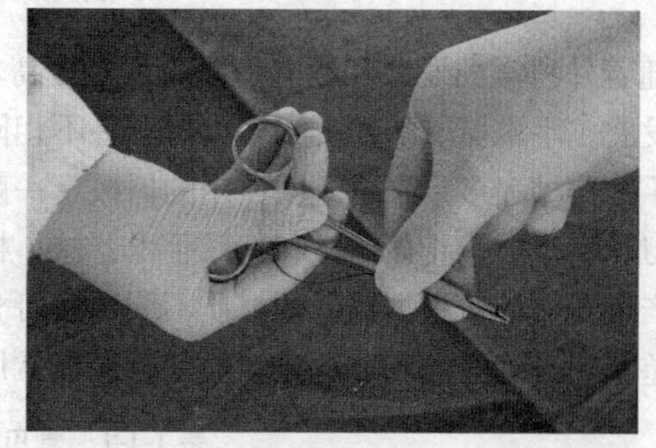

图 1-1-13　器械助手应握住钳、剪的中部，将柄端递给术者手中

③针的传递。应先穿好缝线，拿住缝线前部递给术者，术者取针时握住针尾部，切不可将针尖传给操作人员。

（2）手及臂应保持在腰部之上，肩部之下。通常手术服正面腰上肩下的部位被认为是无菌区域。

（3）经灭菌的器具表面应保持干燥，绝不可掉落于手术面之下。

（4）手术成员绝不可将背面转向无菌面；同侧换位置时，换位人员必须将双手置于胸前，与相邻人员背靠背转过身来；对侧换位时，应绕过器械台侧，面对无菌器械台，再站到既定的位置。手术人员在手术进行中不得擅自离开手术台。

（5）同一个手术由有菌状态转换成无菌状态时，需要更换被污染的手术服、手套和器械。更换方法：先由助手解开衣带，将手术衣自背部向前反折脱去，同时使手套腕部翻折于手上；接着，本人用左手捏住右手的手套边缘，将右手的手套脱去；再用右手指伸入左手掌部，将左手手套推下脱去。总之，脱手套时，不应使手套外面接触皮肤。

（6）连续手术时如果前一个手术为无菌手术，手套无破损，手术服也未被污染湿透，需要继续施行下一个手术时，可直接更换无菌手套；若前一台手术为污染性或感染性手术，或者本人手套已破损，或者手术衣已被湿透，应重新洗手、再穿无菌手术服。

学习任务三　手术前器械与材料准备

学习目标

掌握各类无菌手术器械和手术物品的准备，熟悉各类手术器械和手术物品用途。

学习内容

★ 常见手术器械的识别与使用。
★ 常见手术器械的清洗和保养。
★ 手术器械的清洁和护理。
★ 器械和材料的无菌准备。

一、临床常用手术器械

随着外科学的发展和制造水平的不断提高，手术器械向着专业化、科学化和实用化的方向不断发展。手术器械的种类繁多，材质各不相同，并无十分严格的分类。目前，宠物临床上所用的手术器械大多是来自人医所用的器械，一般根据使用的频率，可以分为常规手术器械（如手术刀、组织剪、止血钳）和特殊手术器械；根据使用的手术部位，可分为骨科器械、眼科器械及产科器械等；根据器械的材质不同，又可分为不锈钢器械和镀铬器械，其中又可根据其反光的差异，分为亚光和非亚光器械。临床上常用的器械、物品和设备见表1-1-1。

表 1-1-1　常见手术器械和设备

学习任务编号	普通手术器械	骨科器械	其他器械物品	手术耗材	手术设备
1	手术刀	骨钻	肠钳	刀片	手术台
2	手术剪	持骨钳	舌钳	缝线	手术准备台
3	持针钳	复位钳	包布	缝针	无影灯
4	止血钳	骨锉	手术衣	接骨板	高频电刀
5	组织镊	骨锯	手术帽	骨螺钉	呼吸机
6	牵开器	骨凿	创巾	钢丝	麻醉机
7	巾钳	咬骨钳	器械袋（盒）	髓内针	氧气瓶
8	—	骨撬	—	钻头	心电监护仪
9	—	骨膜剥离器	—	—	—

注：手术中所涉及的器械和物品无论是否进行灭菌，都必须先进行清洗，保持表面清洁。

二、常见手术器械的识别与使用

常见手术器械有手术刀、手术剪、止血钳和巾钳等。

(一) 手术刀

手术刀主要用于切开和分离组织，有固定柄和活动柄两种。前者刀刃和刀柄为一整体，目前已经很少使用。后者由刀片和刀柄两部分组成，可随时更换刀片。为了适应不同的部位和性质的手术，刀片有不同的大小和外形，一般常用的刀柄规格有4、6、8号，匹配的刀片的型号有20、21、22、23、24号5种大型刀片；刀柄3、5、7号配10、11、12、15号4种小型刀片。

同时根据刀刃的性质可分为圆刃刀片、尖刃刀片和弯刃刀片等，如图 1-1-14 所示。

一般 22 号大圆刀片适用于皮肤等的切割，可满足需要长度、任何性状的切割；10 号和 15 号刀片适用于做细小的切割；23 号圆形大尖刀片适用于做由内部向外表的切割或脓肿的切开；11 号角形刀片和 12 号弯形尖刀片通常适用于肌腱、腹膜和脓肿的切开。

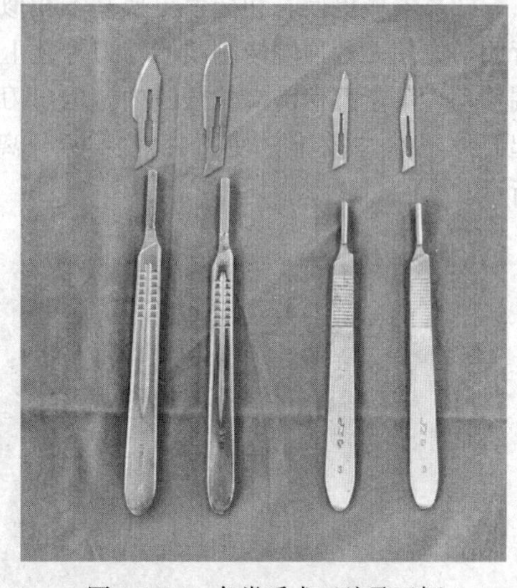

图 1-1-14　各类手术刀片及刀柄

手术刀的使用应以对组织造成最低伤害为原则。切面应垂直横过切开部位，以达到所需切开的深度。单一细长的切创比多次短小的切创对组织造成的损伤更小，且能使创缘整齐平顺，以利于愈合。

1. 更换刀片

（1）徒手更换。左手持刀柄，右手持刀片的背侧，先使刀柄顶端两侧浅槽与刀片孔上端狭窄部分衔接，然后轻压刀片，使刀片落于刀柄前端的槽缝内。取出刀片时，右手拇指和食指捏刀片背侧，中指挑起刀片尾端，用左手拇指顶住往前推，右手拇指和中指用力，使刀片和刀柄分离，如图 1-1-15 所示。

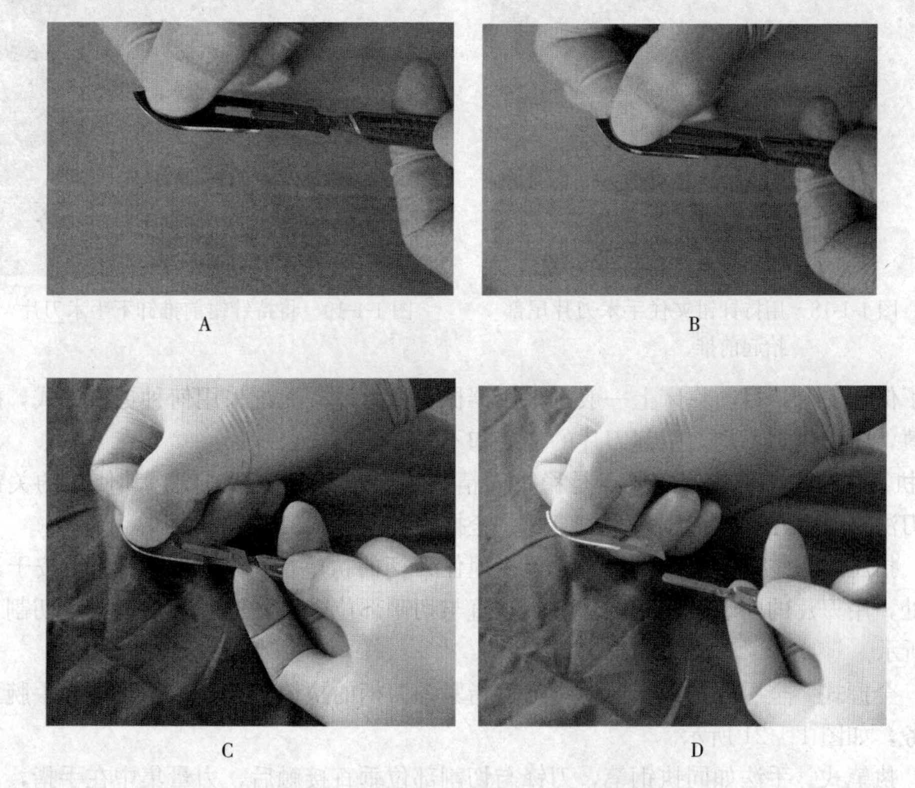

图 1-1-15　徒手更换手术刀片步骤

A. 徒手拿手术刀片对准槽口插入　B. 徒手将手术刀片插入槽口

C. 手握刀柄，食指将刀片尾部抬起　D. 另一手拿刀背向前拉，徒手卸刀片

（2）器械更换。和徒手更换基本相似，左手持刀柄，右手持持针钳或止血钳夹住刀片的背侧，先使刀柄顶端两侧浅槽与刀片孔上端狭窄部分衔接，然后轻压刀片，使刀片向刀柄后端移动，落于刀柄前端的槽缝内。取出刀片时，持持针钳或止血钳夹住刀片的背侧尾端，挑起刀片尾端往前推，使刀片和刀柄分离，如图 1-1-16、图 1-1-17、图 1-1-18 和图 1-1-19 所示。

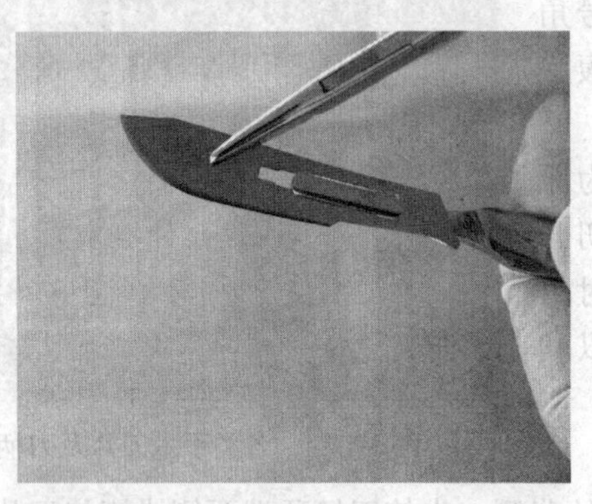
图 1-1-16　用持针钳夹手术刀片对准槽口插入

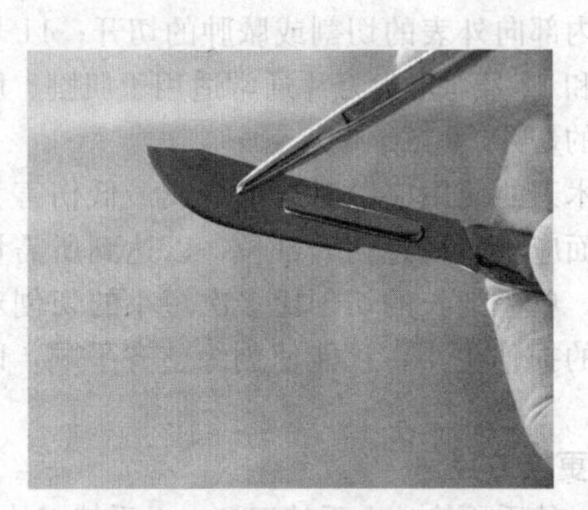
图 1-1-17　将手术刀片插入槽口

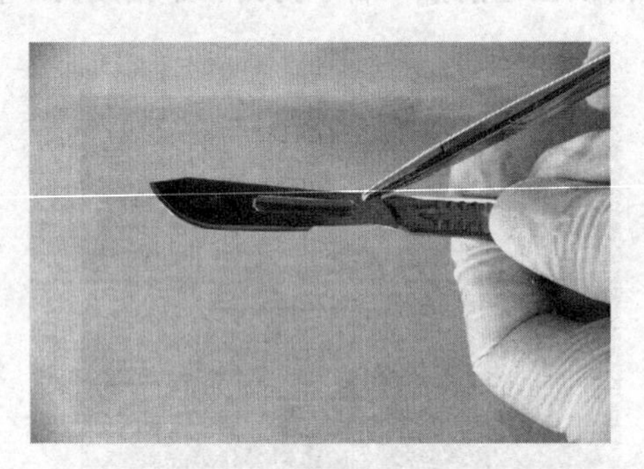
图 1-1-18　用持针钳夹住手术刀片尾部抬起前推

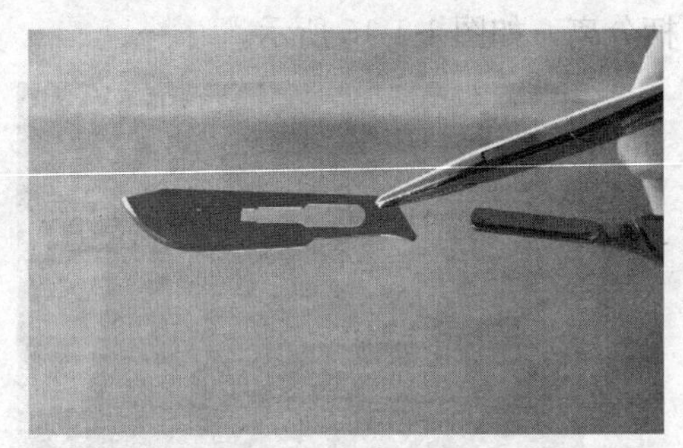
图 1-1-19　将持针钳前推卸下手术刀片

为了保证安全，目前临床上一般都采用器械更换刀片。无论采用何种更换方式，操作时均应谨慎，防止用力不均，引起刀片的崩裂和不必要的损伤。

2. 执刀法　手术刀使用的要点是稳重而精确的操作，而执刀法就是其使用的关键。常用的执刀法有以下几种：指压式、执笔式、全握式和反挑式。

（1）指压式。是以拇指与中指、无名指捏住刀柄的执笔槽（刻痕处），食指按于刀片背部 1/3 处，用刀片的前端最锋利的部位，垂直与切割部位接触，以手腕力量完成切割，如图 1-1-20 所示。

（2）全握式。全手握持刀柄，拇指与食指紧捏刀柄的执笔槽处，力量集中在手腕，完成切割任务，如图 1-1-21 所示。

（3）执笔式。手法如同执钢笔，刀锋与切割部位垂直接触后，力量集中在手指，以腕部的移动来切开皮肤，如图 1-1-22 所示。

（4）反挑式。手法如执笔法，但是刀锋向上，如图 1-1-23 所示。

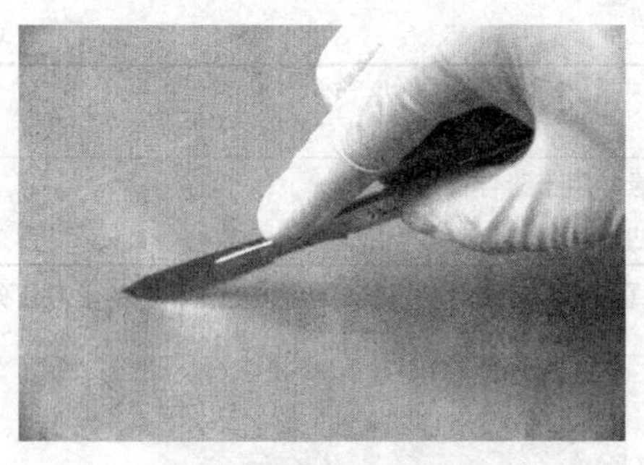

图 1-1-20　指压式

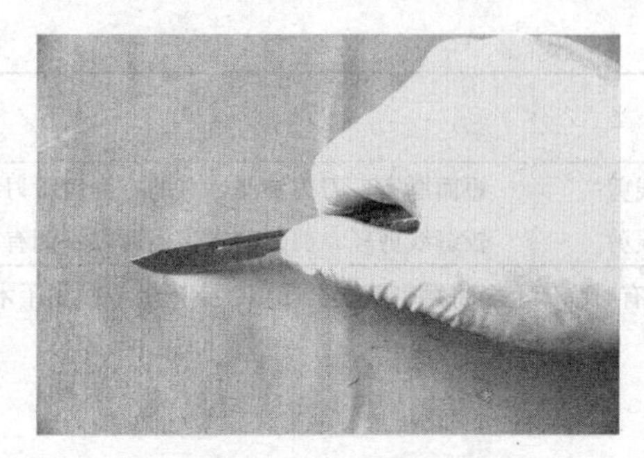

图 1-1-21　全握式

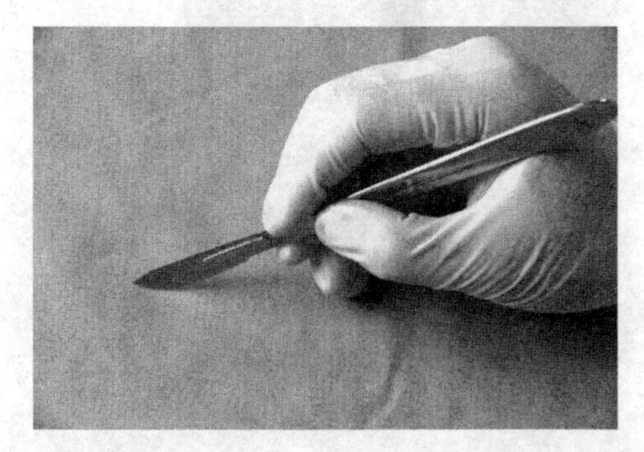

图 1-1-22　执笔式

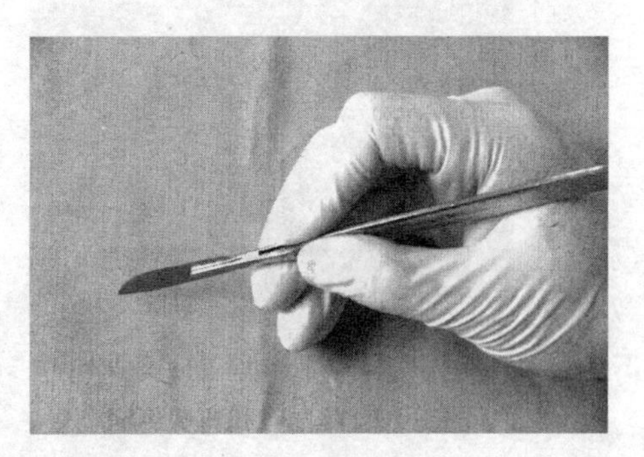

图 1-1-23　反挑式

手术刀不同的执刀法有着不同的特点，见表 1-1-2。

表 1-1-2　不同执刀法的特点

执刀法	特　点
指压式	运用灵活、动作范围大，切开平稳有力，适用于皮肤及钳夹组织
执笔式	适用于短距离精确操作，用于切割小切口，分离血管和神经等重要组织
全握式	适用于切割较大范围或较坚韧组织
反挑式	适用于囊状组织的起开，如腹膜或膀胱壁

（二）手术剪

为了适应不同性质和部位的使用，手术剪有不同大小和形态可供选用。根据其用途不同可以分为组织剪、缝线剪和拆线剪，见表 1-1-3。根据刀尖的形态，可分为钝-钝、钝-尖和尖-尖；根据是否平直，可分为直剪和弯剪组织剪，如图 1-1-24 所示；根据剪刀之尖端类型分为缝线剪、拆线剪，如图 1-1-25 所示。直剪一般用于浅部手术操作；弯剪常用于深部手术操作，可避免手和剪刀柄影响手术视野。组织剪多为弯剪，锐利而精细，用来剪切和分离组织；缝线剪多为直剪，用来剪断缝线、敷料、引流物等。因刀刃性质不同，操作时绝不能用组织剪代替缝线剪，以致损坏刀刃，造成浪费；拆线剪是一侧有凹槽，一侧为直剪，用于拆除缝合线。剪线和拆线的操作见学习任务三　组织的闭合与拆线。常用手术剪的尺寸见表 1-1-4。

表 1-1-3　手术剪的分类

种　类	特点及用途
组织剪	尖端薄而轻巧，刀刃锐利而精细，用于组织的剪切和钝性分离

（续）

种　类	特点及用途
缝线剪	短而厚实，刀刃钝厚，有的有锯齿状刀缘，用于缝合材料的剪断
拆线剪	较缝线剪轻，剪刀前端尖而薄，一侧有凹槽，用于拆除各类缝合

注：有时临床上会将绷带剪、会阴剪、钢丝剪等归到手术剪的大类种，这些特殊的剪刀将在相应的学习任务中介绍。

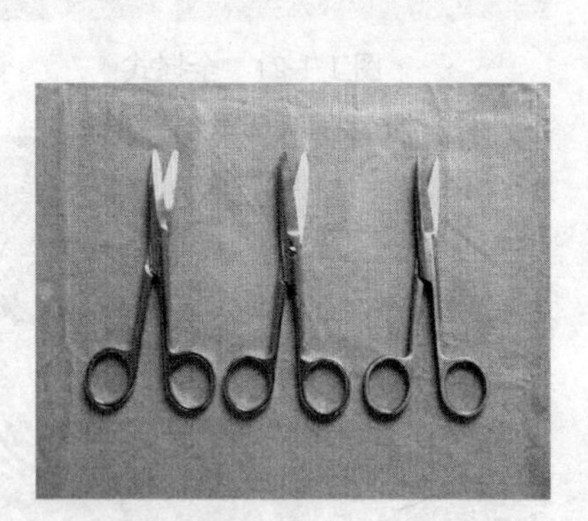
图 1-1-24　直剪和弯剪组织剪

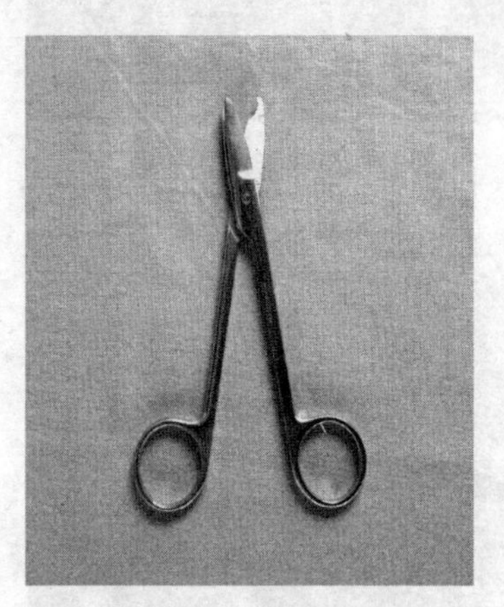
图 1-1-25　拆线剪

表 1-1-4　手术剪的规格

种　类		规格/cm
组织剪	直（弯）	14、16、18、20、22、25
缝线剪	直（弯）尖（圆）	12.5、14、16、18
拆线剪	断头	14

执剪的方法是以拇指和无名指插入剪柄的两侧环内，不宜插入过深，最佳位置为两指最后指关节附近，食指轻压在剪臂上或两剪臂的交叉处，中指放在无名指一侧的环的前外剪臂上，共同来控制剪刀方向和开合程度，如图 1-1-26 所示。

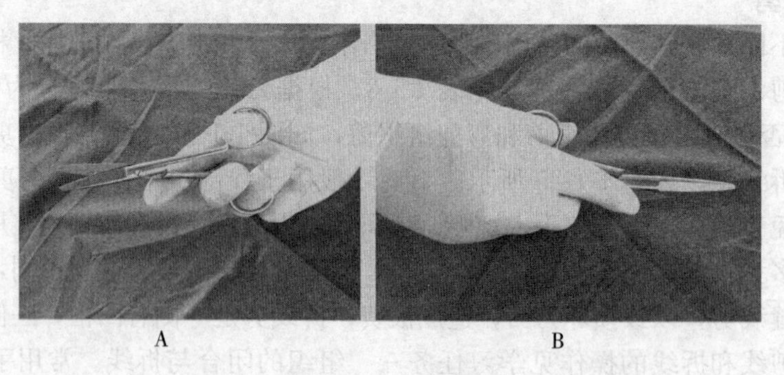

图 1-1-26　执剪姿势

当剪切组织时，剪刀应保持半开闭状态，以连续的动作进行切割，否则会导致切口不整齐，一般情况下，用剪刀刃前端进行剪切，若遇到坚硬的组织，则用剪刀刃的后端进行剪切。无论是剪切组织还是缝合材料，操作时，都不应有回拉动作发生，否则会影响剪切效果。当用剪刀分离组织时，以剪刀的尖端插入组织，再将剪刀张开分离，常用于肌肉层及脂

肪的分离，不用于致密组织的分离（肌膜、腹膜及皮肤）。

（三）手术镊

手术镊用于夹持、稳定或提起组织，以便于剥离、剪开或缝合。手术镊的种类较多，名称亦不完全统一，但基本的结构均为后段相连，可使镊子两臂自行弹开，两臂手持部位具有横纹，以利于持握。手术镊的前端可分为有齿或无齿，又有长短和尖头、钝头之分，如图 1-1-27 所示。

执镊的方法是用拇指对食指和中指执镊子的中部，左右手均可使用，手术中一般为左手持镊，如图 1-1-28、图 1-1-29 所示。有齿镊对组织损伤较大，适用于夹持致密坚硬的组织，如皮肤；无齿镊对组织的损伤较小，适用于纤细和脆弱的组织，如内脏和血管。

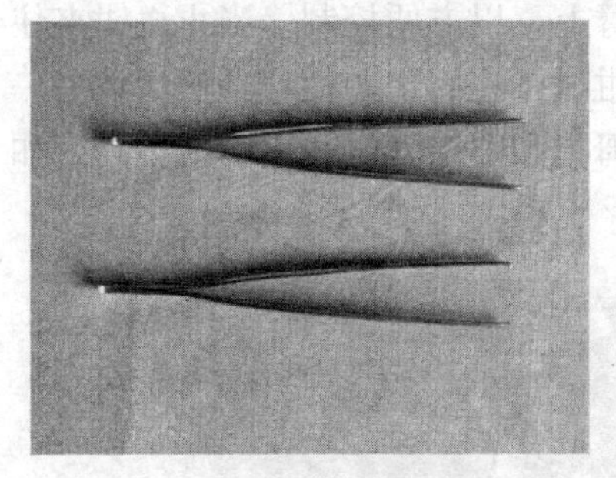

图 1-1-27　有齿、无齿手术镊

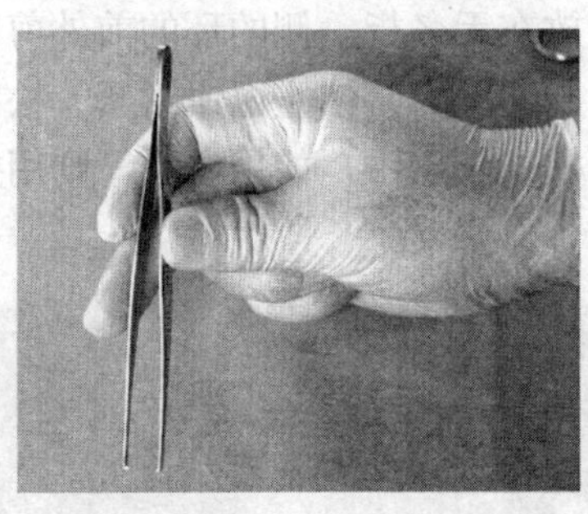

图 1-1-28　右手持手术镊

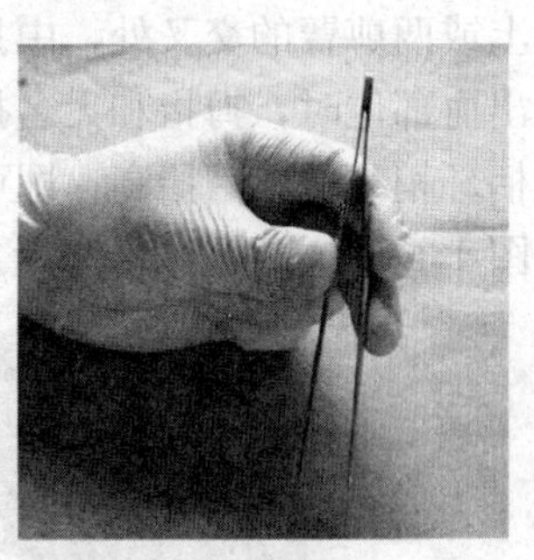

图 1-1-29　左手持手术镊

（四）止血钳

止血钳用于夹住出血部位的血管或出血点，以达到止血的目的，有时也可以用来分离组织或牵引缝线。止血钳可分为弯和直两大类，直止血钳用于浅表组织和皮下出血的止血，弯止血钳用于深部止血；大小从 12.5cm 的蚊式至 24cm 不等，见表 1-1-5。大部分止血钳在前段内侧面有横纹，以利于钳压止血；有些止血钳在其尖端有齿，适用于夹持较厚的坚韧组织或拟切除的病变组织，并可防止活脱。最小的蚊式止血钳，由于其较细、浅，且弹性较好，故其对组织的钳压作用较好，对血管壁及其内膜的损伤较小，又称为无损伤止血钳，但只限于小血管的止血，如图 1-1-30 所示。

表 1-1-5　常见止血钳的规格

类　型	规格/cm
直/弯全齿	12.5、14、16、18、20、22、24
直/弯半齿	14、16、18
直/弯有钩	12.5、14、16、18、20、22、24

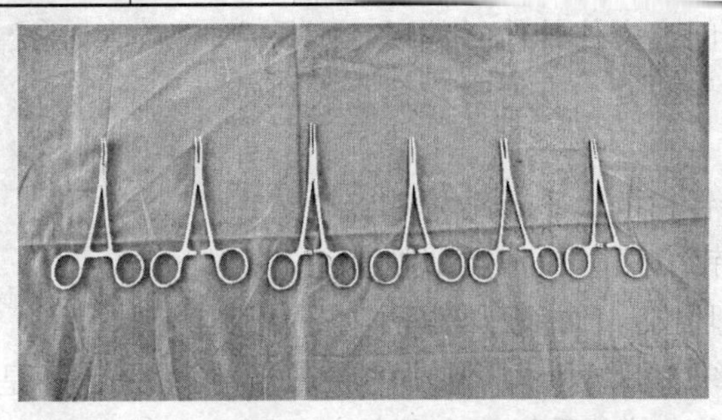

图 1-1-30　各种止血钳

1. 止血钳的使用原则

(1) 使用较小的止血钳进行止血。

(2) 止血钳应尽量钳夹较少的组织。

(3) 钳夹时尽量使用止血钳的前端，而非中间或根部。

(4) 蚊式止血钳钳夹出血点时，应与出血面或血管垂直。

(5) 使用弯蚊式止血钳，应用于浅表时，弯的曲面应置于切创的侧面；而应用于深部组织时，弯的曲面应朝上。

执止血钳法与执剪法基本相似，以拇指和无名指插入剪柄的两侧环内，食指轻压在剪臂上或两剪臂的交叉处，中指放在无名指一侧的环的前外剪臂上，以方便控制。当止血钳夹住出血部位时，拇指和无名指共同用力，使止血钳钳紧。松钳时，先固定一柄环，然后将另一柄环稍稍压紧后抬高，即可松开止血钳，如用右手，则用拇指和中指固定，用食指抬高，如图 1-1-31、图 1-1-32 所示。

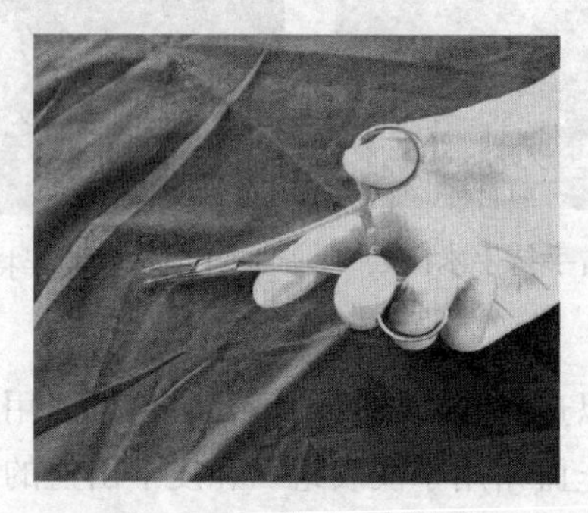
图 1-1-31　握止血钳姿势

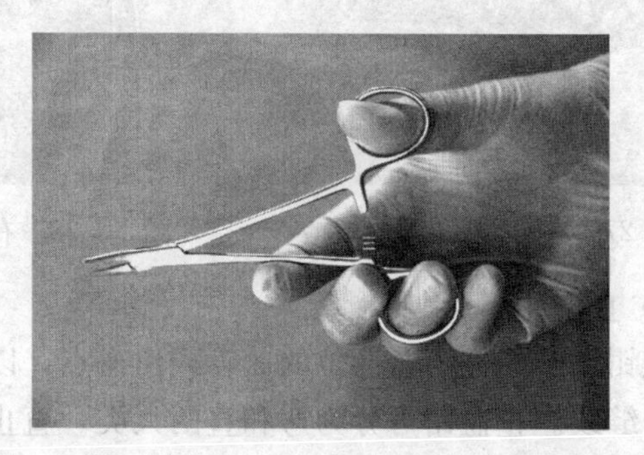
图 1-1-32　右手松钳法

(五) 持针钳

持针钳用于夹持缝针缝合组织，常见的有握式持针钳和钳式持针钳。钳式持针钳类似于止血钳，其前端一般较粗短，且持针面有交叉横纹，如图 1-1-33 所示。另外为了使用方便，还有一种带剪刀的持针钳（如 Olsen-Hegar 带剪持针钳），通常用于皮肤及浅层组织的缝合，不应用于深层组织的缝合，因其刀口的位置可能会意外剪断缝线。

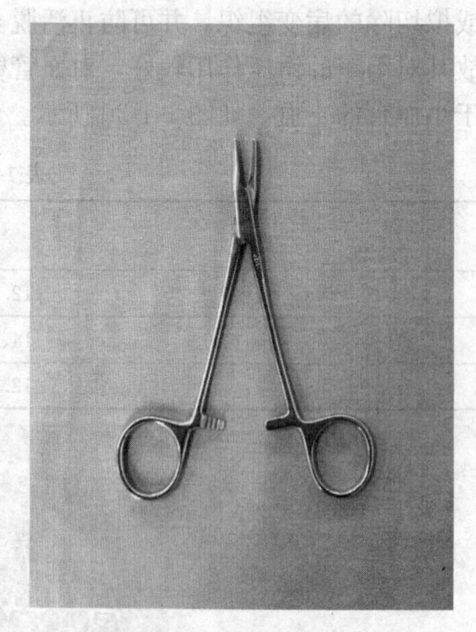
图 1-1-33　钳式持针钳

1. 缝针夹持　尽量用持针钳钳喙部前端 1/4 夹住缝针的中后 1/3 处，缝线通常重叠 1/3，以方便操作。若将针夹在齿槽中间或夹住针体时偏后，则易造成针的折断，特别是对于棱针，夹持时，禁止夹在针棱上。

2. 执钳法　根据持针钳的大小、结构和缝合组织的不同，一般有两种持钳方法。一种类似执剪法，拇指及无名指分别置于钳环内，食指轻压钳柄，用力和控制缝合，多用于缝合纤细组织和术野狭小的腔穴的缝合；另一种是用手掌把持持针钳的后半部分，食指压在钳柄上，其余手指均在环外，如图 1-1-34 所示，此法缝合时，穿透组织

准确有力，多用于较坚韧或厚的张力大的组织的缝合。

无论采用哪种执钳法，在缝合时，均要求缝针垂直或接近垂直所需缝合的组织进针（需要选择适当弯度的缝针），当缝针进入组织后，术者应循针的弯度旋转腕部将针送出，拔针时也应循着针的弯度将针拔出。必要时，可通过用有齿镊按压对侧组织或钳夹针尖进行辅助缝合。

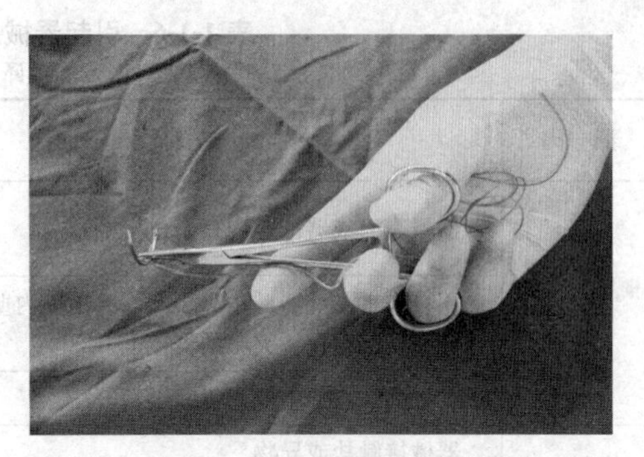

图 1-1-34　持持针钳的姿势

（六）巾钳

巾钳用于固定创巾，其前端有较锐利的弓形创钩，有些其尖端附有金属球，能阻挡创巾滑移至巾钳的交叉部，如图 1-1-35 所示。除了固定创巾外，有时也可以用巾钳固定用无菌创布（纱布）包裹的四肢和尾巴。

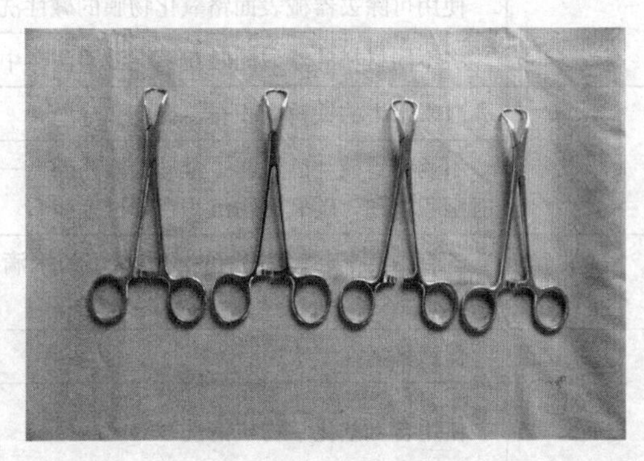

图 1-1-35　巾钳

执巾钳法与执剪法基本相似，以拇指和无名指插入剪柄的两侧环内，食指轻压在剪臂上或两剪臂的交叉处，中指放在无名指一侧的环的前外剪臂上，以方便控制。巾钳应与切创成45°角，置于覆盖创巾的四个角。巾钳应穿透创巾，并固定于少量皮肤上。松钳时，将拇指及无名指插入柄环并捏紧使扣分开，再将拇指稍稍内旋即可。

三、常见手术器械的清洗和保养

1. 新启用的器械或不常用的器械　首先用温热的清洁剂溶液除去器械表面的保护性油剂或其他保护剂，然后用大量清水（最好使用去离子水）除去残留的洗涤清洁剂，再用干净的纱布擦去器械表面的水渍，最后放入干燥箱内干燥。清洗时所有器械必须打开，结构复杂的器械最好拆开或半拆开。

2. 术后的器械　术后应及时清洁器械，用冷水进行清洗，可先选用中性洗涤液，然后再用清水冲洗。所有的器械均应打开，对于锁扣、齿间及铰链处应用小尼龙刷清除附着的污物。清洗完毕后，用干净的纱布擦干，放在器械台（柜）上自然晾干或在干燥箱内烘干，以备打包。

四、手术器械的清洁和护理

在外科手术中，要及时擦去手术器械上的血迹等污物。如果未及时擦去或不方便擦去，则术后应立即用冷水冲洗器械，以防止血液、组织和无机物等留在器械上，引起器械的腐蚀。由于自来水中含有一些物质可以使器械脱色和形成污点，故清洗时，最好能用蒸馏水或去离子水漂洗、清洁和灭菌，见表 1-1-6。发达国家较多采用超声波清洗法和酶清洗法，而目前国内多采用直接清洗或用洗涤剂清洗。

表 1-1-6 引起器械腐蚀、凹痕或污点的原因

（张海彬，等主译，2008. 小动物外科学）

原 因	损害的种类	解决方法
腐蚀	器械表面或器械包内残余过多的水分	预热高压灭菌锅；使器械慢慢冷却；检查高压灭菌锅的放气阀；及时烘干手术器械包
	用自来水漂洗器械；高压蒸汽灭菌锅内壁上的碱性残留物沉积在被灭菌的器械上	消毒时用蒸馏水或去离子水；定期用醋酸清洗高压灭菌锅
	在含酶洗涤剂中停留时间过长	金属器械在酶洗涤剂中停留时间不要超过 5min
凹痕	器械接触盐或异物	立即用蒸馏水漂洗器械
	高压灭菌时洗涤剂残留在器械表面	避免使用以氯化物为基础成分的洗涤剂（这种洗涤剂遇水蒸气会形成盐酸）
	使用可除去器械表面铬氧化物膜的碱性洗涤剂	使用 pH 接近 7 的洗涤剂
	将不同材料的器械同时在超声波清洗器中清洗	将不同金属材料的器械分开清洗
锈斑	自来水中的铁锈沉积在器械上	清洗、漂洗和消毒时使用蒸馏水或去离子水
	不锈钢器械与已暴露了金属的镀铬器械一起灭菌时沉积物和含碳氧化物沉积在器械上	灭菌时将两种不同类型的铁制器械分开；替换已剥落或不完整的镀铬金属器械
污点	含有钠离子、钙离子和/或镁离子的水滴凝结在器械上	按说明使用高压灭菌锅；蒸汽排完后再打开门；检查阀门和垫圈；使用蒸馏水或去离子水
紫黑色	器械暴露在氨水中	避免使用氨类洗涤剂；彻底漂洗器械
	使用含氨基化学物质清洗	在高压蒸汽灭菌时使用蒸馏水或去离子水，防止钙、镁等沉积物
浅蓝灰色	长期使用冷消毒液	冷消毒液使用蒸馏水并且添加防锈剂
棕色	灭菌时留在器械上的红棕色残留物；加热时形成铬氧化物膜	使用不含多聚磷酸盐的复合洗涤剂（多聚磷酸盐可溶解灭菌器中的铜）

爱护手术器械是外科工作者的必备素养之一，除了要正确而合理地使用、清洗之外，还应当注意手术器械的养护：

（1）利刃和精密器械要与普通器械分开存放，以免相互碰撞而损害。

（2）使用和清洗时不可用力过猛或投掷。

（3）刀、剪、钳等专物专用，以免影响器械的功能，如不允许用止血钳夹持坚韧、厚重的物品，更不允许用止血钳夹持碘酊棉球等消毒药棉。

（4）术后及时清洗器械，干燥后保存。不常用或库存器械要放在干燥处，必要时可放置干燥剂，定期检查并涂油；橡胶制品应晾干，敷以适量的滑石粉，妥善保存。

（5）金属器械在非紧急情况下，严禁用火焰灭菌。

五、材料的准备

近年来，随着手术技术的发展和一次性物品、无菌材料的广泛应用，术前手术物品的无菌准备也越来越简便。

（一）缝针和缝线

1. 缝针 临床上有各种形状和型号的缝针。选用的依据是：缝合组织的类型（如可穿透性、密度、弹性及厚度等）、创口的位置（如深或浅）及针的性质（如针眼类型、长度、

直径）等。针的强度、柔韧性和锋利度是决定其特性和用法的重要因素。不锈钢结实、不会生锈且不能隐匿细菌，因此大多数缝针为不锈钢缝针。

缝针可分为 3 个基本组成部分：针尾（带缝线针或针眼）、针体和针尖，如图 1-1-36、图 1-1-37 所示。针眼可以是闭锁型（亦即圆的、长椭圆形的或正方形的）或半开放型。带缝线的针和线是一个整体，可以减少组织损伤且使用容易。直针一般用于可用手直接进行操作的部位（如肛门缩拢处的缝合），但目前用得比较少。而弯针需用持针钳，根据创口的深度和宽度来选择合适的弯针，常用的弯针有 1/4 弧、3/8 弧和 1/2 弧的针，后面两种是兽医外科上常用的，只需要较少的向下或向上翻转即可完成缝合，1/4 弧主要用于眼部。3/8 弧针比 1/2 弧容易操作。但在深部或不易接近的部位进行缝合时通常用 5/8 弧的针，在使用时需要更大的向下或向上的翻转。

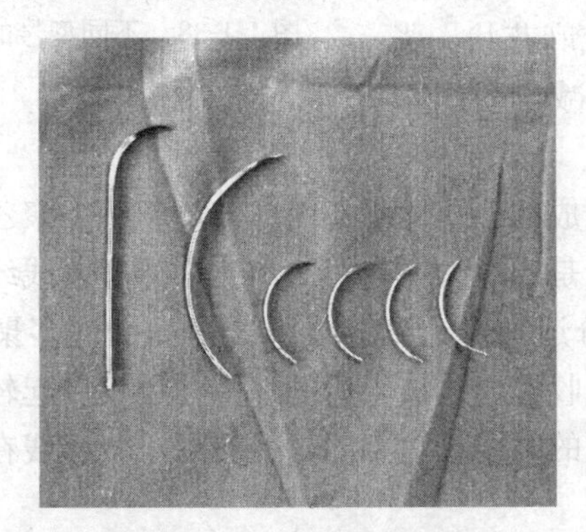

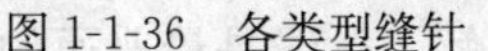

图 1-1-36　各类型缝针

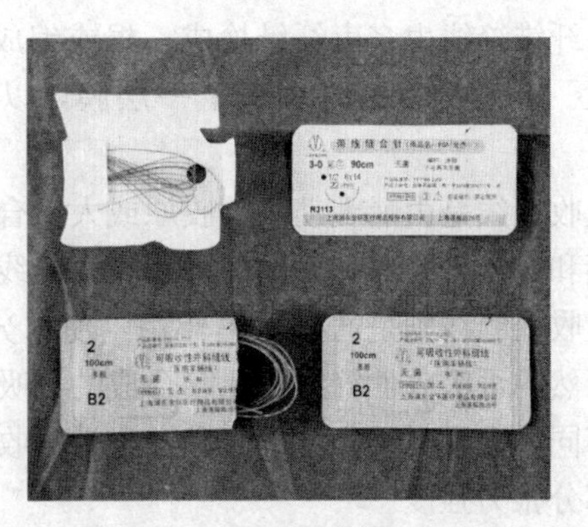

图 1-1-37　带缝线的缝针

缝针根据针尖形态的不同可分为棱针、圆针、反向棱针、侧棱针。因针尖的形态不同会直接影响针的锋利度，故不同类型的组织应选择针尖合适的缝针。棱针用来缝合不容易穿透的组织，如皮肤。常规的三棱针是在弯曲的内侧面（即凹面）具有三棱。内侧切削面可以切开伤口或切口边缘的组织。反向棱针是在弯曲的外侧（即凸面）有三棱，其穿透力更强，并能减少对组织的损伤。锥形针（即圆针）有锋利的尖，不用切削就能刺透并穿过组织，一般用在容易穿透组织的缝合，如肠管、皮下组织、筋膜。圆棱针是反向棱针针尖和圆针针体的结合，一般用于缝合深部坚韧的纤维组织（如肌腱）和一些心血管组织（如在血管的移植中使用）。钝圆针可以用来缝合纤维组织，有时也可用来缝合软的实质器官，如肝和肾。

2. 缝线　理想的缝线应具有通用性，易于操作，能适用于多种外科手术；无菌性，不利于细菌生长；打结安全性高、能抵抗组织的回缩作用；无电解性、无毛细血管作用、过敏性低、不致癌；金属缝线，无磁性，组织愈合后缝线的吸收过程仅有小的反应。因此，组织闭合时，需要选择一种合适缝线，此外，还可通过选用不同的针和缝线搭配来降低对组织的损害。

（1）缝线规格。为了使缝线通过组织时对组织造成的损伤降到最低，并减少留在组织内的异物，应在保证缝合张力的基础上选用直径最小的缝线。

美国药典对肠线和其他材料的缝线用不同的标准做了规定。缝线的尺码越小，其张力越小。美国药典规定 10-0 是最细的，7 号是最粗的。缝线的规格以数字表示：0 号以上，数码越大，缝线越粗（如 3 号缝线粗于 1 号缝线）；从 0 开始，以 0 的个数来表示缝线粗细，0 个数越多，表示直径越小，抗张力强度也越低。但国内兽医临床上对于丝线有不同的区分：

由粗到细可分为 12、10、7、4 等几种规格。目前宠物临床上常用的可吸收缝线有 0、2-0、3-0 和 4-0 四种规格，如图 1-1-38 所示。

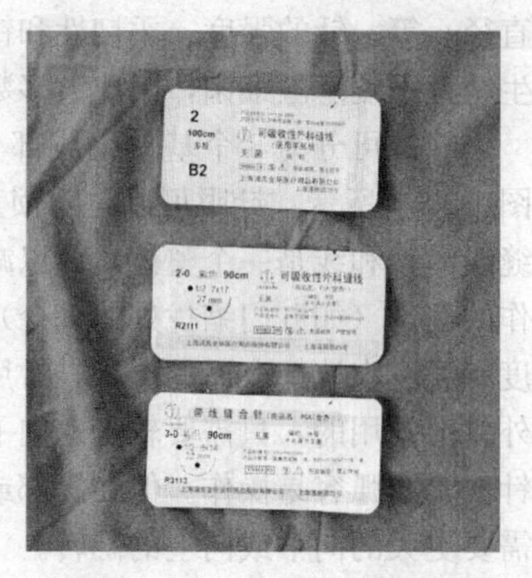
图 1-1-38　不同型号的缝线

(2) 缝线的种类。按照在组织中的吸收情况可分为可吸收缝线和不可吸收缝线；按其结构可分为单纤维缝线和多纤维缝线；按其来源可分为人工合成缝线、有机缝线和金属丝。

单纤维缝线是用单一纤维制成。它们在组织中所遇到的阻力较小，且没有藏匿细菌的空间，故多用于血管外科。但使用时应小心，因为镊子或持针钳容易削弱或弄断缝线。多纤维缝线由多束纤维捻成一根或编成麻花状，张力比较大。多纤维缝线外面包上一层膜，以减少组织牵引力。

可吸收缝线是由哺乳动物的胶原或人工合成的多聚体制备而成，如肠线、聚乙醇酸、聚葡糖酸酯和聚卡普隆等。天然的可吸收性缝线是通过人体内酶的消化来降解缝线纤维，而合成的可吸收性缝线则是通过水解作用，使水分逐渐渗透到缝线纤维内而引起多聚体链的分解。与天然的可吸收性缝线相比，合成的可吸收性缝线植入后的水解作用仅引起较轻的组织反应。不同缝合材料的张力消失和完全被吸收的时间长短不同，一般可吸收缝线在 60d 内会失去大部分张力强度。

不可吸收缝线在体内不受酶的消化，也不能被水解。丝线是最普通的有机不可吸收缝线材料，目前宠物临床上使用范围最广，市售有带包膜和无包膜两种。多用于皮肤和体腔内的缝合。

最常用金属缝线是不锈钢丝，可以单股或多股缠绕在一起使用。不锈钢缝线的组织反应很小，但结节末端易引起炎性反应。不锈钢缝线容易划破组织，使组织破碎或移动。宠物临床上常用的规格是 4 号、6 号和 8 号。

临床常用的各类缝线及特性，见表 1-1-7。

表 1-1-7　临床医学中用的基本缝线的性质

全　名	缝合特性	张力强度的减少*	完全吸收/d	相对打结安全性[a]	组织反应[b]
铬酸肠线	可吸收复丝线	7d 吸收 33%，28d 吸收 67%	60	－湿 ＋干	＋＋＋
羟乙酸乳酸聚酯	可吸收复丝线	14d 吸收 35%，21d 吸收 60%	60	＋＋	＋
聚葡糖酸酯	可吸收单丝线	14d 吸收 30%，21d 吸收 45%	180	＋＋	＋
聚卡普隆	可吸收单丝线	7d 吸收 40%～50%，14d 吸收 70%～80%	90～120	＋＋	＋
丝线	不可吸收复丝线	14d 吸收 30%，一年吸收 50%	＞2 年	－	＋＋＋
聚酯	不可吸收复丝线			－	＋＋

（续）

全　名	缝合特性	张力强度的减少*	完全吸收/d	相对打结安全性[a]	组织反应[b]
聚酰胺（尼龙）	不可吸收复丝线或单丝线			＋	
不锈钢金属缝线	不可吸收复丝线			＋＋＋	－

*这是近似的数值，缝线的实际失去张力的时间会随着缝合方式和组织的不同而改变。

[a]（－）表示打结安全性差（＜60％）；（＋）一般（60％～70％）；（＋＋）良好（70％～80％）；（＋＋＋）优良（＞85％）。

[b]（－）最小到没有；（＋）轻微的；（＋＋）中等的；（＋＋＋）严重的。

（二）纱布块

纱布块通常使用脱脂纱布，可以从大块纱布上剪裁后手工叠制，也可以购买直接叠制好的，而后者通常是灭菌好的，可以直接使用。如果是手工叠制的纱布块，在叠制好后通常将10块打成一包使用。现在纱布很少再重复利用，通常在术后丢弃。

将整块大纱布剪成适当大小（30cm×30cm）后置于平整的台面上，沿与身体平行的轴向其中轴对折，然后沿中轴再次对折，随后沿对折后的长轴按前面的操作进行对折，最终成为一个四方形的纱布块。叠整齐的纱布在外面应看不到游离的线头。

纱布块在手术中主要用于一些微血管的压迫止血、组织的隔离与覆盖以及清除术部少量的液体，方便手术操作。有时也用于深部填塞止血和组织腔暂时填塞。

使用纱布块时应注意几个问题：

（1）手术时使用的纱布块必须经过灭菌消毒。

（2）手术中使用纱布块时应轻轻压迫，不应与组织有摩擦。

（3）使用纱布块时应防止游离的纤维束脱落遗留在体腔或组织内。

（4）手术过程中，用过的纱布块不能胡乱丢弃，术后必须清点纱布块数，以防止遗漏在体腔内。

（三）手术工作服

手术工作服包括手术服、手术帽、口罩和手套。手术服（帽）通常使用棉质布料，以方便高压灭菌。通常是去制衣公司一起定做，也可以使用一次性无菌手术服（帽）。口罩和手套目前基本上都是一次性用品。手术工作服主要是用来隔离，维持手术区域的无菌状态，并防止唾沫和头发对术部的污染，同时还能保护手术操作人员。

1. 手术服的清洗　无论是新启用的手术服还是手术后的手术服都应当及时进行清洗。一般用室温水加洗衣粉清洗即可，但对于术后沾有血迹的可用肥皂局部搓洗清除血迹，禁止使用氧化剂洗涤剂；对于术后粘有毛发的，可用胶带或粘毛棒将毛发清除后再进行清洗。洗净的手术服放在室外自然干燥备用。

2. 手术服的折叠　将手术服置于平整的台面上，里面向下，外面向上。向手术服的中轴折叠袖子，让袖子的肩口向外，然后将手术服的两侧向中心折叠。从下向上纵向折叠手术服，一般是两折。基本原则要求手术服穿着方便，且遵守无菌原则。

（四）创布（巾）

创布（巾）的材质和颜色通常与手术服一致，也可以使用一次性创布（巾）。通常创巾是方形的一块布，中间位置有一缝隙，以暴露手术部位，而创布通常是四块，相互配合使用。

创布（巾）主要是用来隔离宠物体表的非无菌部位，以保持手术台面的无菌状态，方便无菌操作。

创布（巾）的清洗与手术服类似，可参考手术服的清洗。

创巾的折叠，将创巾置于平整的台面上，创巾窗的长轴平行于身体。将靠近身体一侧的创巾平行于开窗的长轴进行对折，对侧以同样的方式折叠。沿创巾的长轴进行折叠，将两段向中心折叠。如果折叠得恰当，创巾的开窗处正好位于腹侧面正中。

创布一般只需对折成与手术服大小相同即可，无特殊要求。

（五）包布和器械袋（盒）

包布和器械袋（盒）的材质和颜色通常与手术服基本一致。一般将常规器械放入器械袋中，以方便高压灭菌和使用。器械盒内的器械针对性比较强，故多在手术比较多、宠物诊疗业比较发达的地区使用。

为了器械的整理和使用方便，通常将手术器械置于相应的器械袋内，如止血钳、巾钳、手术刀柄、持针钳、镊子等；而有些可以直接配置成相应的器械盒，如四肢骨骨科器械盒。

（六）手术包

不同手术所需要的手术器械也不尽相同。为了准备的方便，通常会有一种软组织基础器械包的配置，见表 1-1-8。对于骨科手术，由于一些器械应用比较广，也可以将这些器械作为一个骨科基础器械包进行准备。临床上，在术前准备时，可根据手术的性质，再准备一些专用器械，如在做腹腔肠管手术时还需要再准备 2 把肠钳；在做开胸手术时还需要再准备 1 把自固定牵开器和 1 把骨剪；在做骨折内固定时还需要再准备接骨板、钢丝、髓内针、钻头和丝锥等。

表 1-1-8　手术器械包组成

软组织基础器械包		骨科基础器械包		备注
器械	数量/把	器械	数量/把	
蚊式止血钳（直）	2	骨锤	1	1. 以上器械均未列出其大小，可根据临床需要自行调整 2. 如果使用的是器械盒，器械的种类可能会有一定的差异
蚊式止血钳（弯）	2	咬骨钳	2	
止血钳（弯）	3	持骨钳	2	
止血钳（直）	3	手持式复位钳	2	
持针钳	2	自固定式复位钳	1	
无齿镊	1	骨凿	1	
有齿镊	2	骨膜剥离器	1	
直尖剪	1	手持式牵开器	2	
弯尖剪	1	自固定牵开器	1	
多功能组织剪	1	骨钻	1	
剪线剪	1	骨撬	2	
3 号刀柄	1			
手持式牵开器	2			

在手术包打包时，也可以将物品分开打包，如手术衣帽和创布（巾）这类物品放在一起打包，而将手术器械包（盒）另外单独打包，这样可减小手术包的大小，以利于高压蒸汽的进入，保证灭菌效果。同时，由于一次性无菌手术耗材的广泛使用，手术包内的物品已经发生了明显的变化，在一些兽医外科发达的国家和地区，手术包内需要术前准备的主要就是金属手术器械和手术耗材，如止血钳、持针钳、缝针、钢丝和髓内针等。因此，可根据临床需求，在使用方便、不违背无菌操作的原则下，自行调整手术包。

手术包布的清洗参考手术服的清洗。

将手术包布置于平整的台面上，其对角线轴平行身体，带绑带的一角靠近身体。通常层叠着放 3 件手术服，再将纱布包（通常内有 10 块纱布）、器械袋、缝针和缝线以及刀片置于其上，然后再将创巾或 4 块创布及 3 个手术帽和口罩置于其上。接着将身体对侧的一角向物品折叠，覆盖物品后，将前端角翻折；再将左右两侧按同样的方式进行折叠，最后将靠近身体的一角折叠，并用绑带将手术包固定。

有时为了防止高压灭菌降低丝状缝线的张力，丝状缝线可不放在手术包中，而直接采用药物浸泡消毒；如果已采用较多的一次性手术耗材，如灭菌缝线、灭菌纱布和一次性无菌手术服等，只需将需要灭菌的物品置于包布内，如手术器械盒，包布的折叠方式同上。

在手术前打开手术包时，首先由助手将手术包拿到器械台上，解开绑带结，并将第一层打开；然后由已擦洗消毒过手和手臂的手术人员（一般是器械助手）继续打开内层即可。

六、器械和材料的无菌准备

1. 高压蒸汽灭菌　使用高压灭菌锅之前首先查阅使用记录，看灭菌锅上次使用是否正常，并检查放气阀和安全阀。如有异常，应及时维修；如无异常，方可使用。将高压灭菌锅按要求注入适当水（最好是蒸馏水或去离子水，尽量不要用过硬的水，以免影响加热器的使用寿命），一般至少要漫过加热器。接着将打好的手术包装入提篮内再放入灭菌锅内，盖上锅盖，接通电源。而对于全自动灭菌锅，需先按说明输入温度和时间参数。有自动放气阀的可自动放气，没有自动放气阀的要打开放气阀，待放气阀排出的蒸汽连续均匀时，即可关闭放气阀。此时，要注意观察灭菌锅内的温度和压力，对于非自动灭菌锅，当温度上升到 121℃，可断开电源，并开始计时。当温度低于 121℃时，再次接通电源，如此反复，要求灭菌锅的温度控制在 121℃，保持 30min。计时结束后，即可完全断开电源，并等到灭菌锅的压力消失后，方可打开灭菌锅。戴上隔热手套，将手术包快速拿到电热烘干箱内。

打开电热烘干箱，将温度设置在 60℃，根据手术包的大小和物品的材质，确定干燥时间。手术包干燥后，断开电热烘干箱的电源。而有些可使用干燥指示物，来确定手术包是否完全干燥。

干燥后的手术包可一直放在干燥箱内，待手术时，再取出使用。

对于一些有特殊要求的高压灭菌锅和干燥箱，可以参考其使用说明书，如图 1-1-39 所示。

2. 浸泡消毒　根据所用新洁尔灭的浓度，将其稀释到 0.1%，然后将清洁干燥的器械放入其中，约 30min 后，即可使用。取出后，直接用无菌纱布擦干后使用。

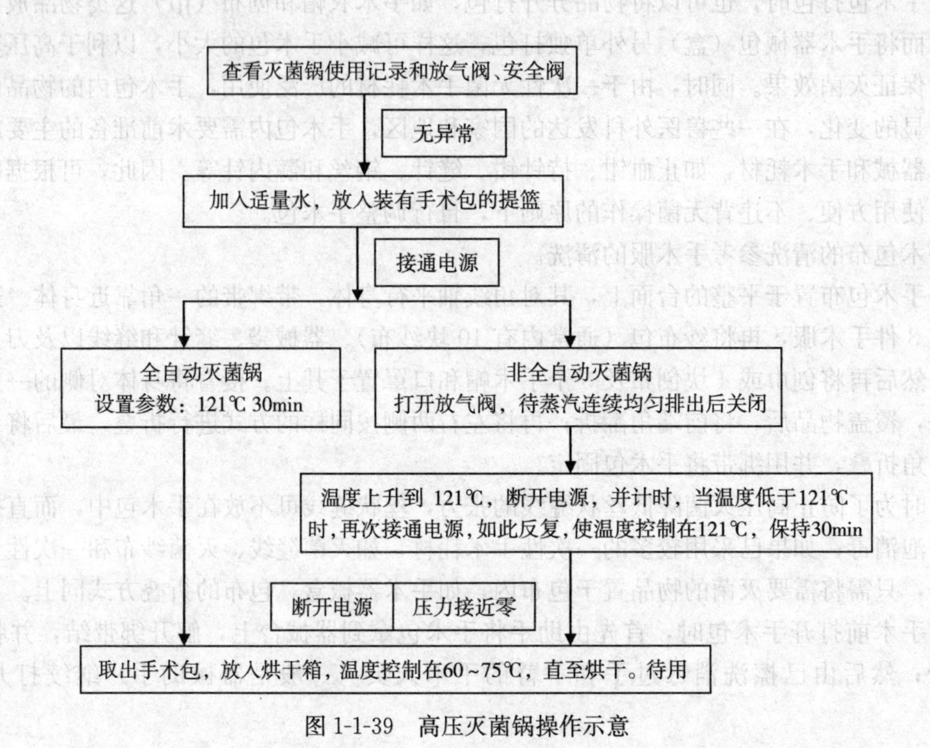

图 1-1-39　高压灭菌锅操作示意

学习任务四　手术前手术计划的制订

学习目标

掌握手术前手术计划的制订，熟悉手术前、手术后的注意事项。

学习内容

★ 手术前手术计划的制订。

★ 手术前注意事项。

★ 手术后注意事项。

拟订手术计划的目的是使手术有条不紊地顺利进行，减少失误。根据对宠物检查的情况和判定结果，制订出手术实施方案（手术计划）。

在拟订手术计划时，最好将手术人员召集到一起，开一个术前会议，术者把对宠物检查的结果介绍给大家，然后发挥集体智慧，仔细考虑手术过程中可能遇到的一切情况，制订出符合实际的手术计划。如果是紧急手术，不可能有时间拟订出完整的书面手术计划，在这种情况下，应利用一些时间，由术者召集有关人员，对手术的关键问题交换一下意见，以求统一认识，分工协作。

1. 拟订手术计划

（1）手术人员的分工。

（2）手术所用器械和敷料的准备。

（3）保定方法和麻醉种类的选择（包括术前给药）。

（4）术者应提出注意事项：如禁食、导尿和胃肠减压等。

（5）手术方法及术中应注意的事项。

（6）可能发生的手术并发症、预防和急救措施等。

（7）术后护理、治疗和饲养管理。

（8）手术的时间和地点。

2. 手术前注意事项

（1）常规手术（如犬、猫绝育术、瞬膜腺增生切除术、断尾、立耳、声带切除等）。术前犬、猫身体要健康，最好在免疫注射完全后进行，精神不佳、体温偏高或患慢性病期间的动物避免手术。

（2）宠物应在术前 8～12h 禁食、少饮，避免全身麻醉时的呕吐反应造成呕吐物逆流进呼吸道，并减少开腹手术时的障碍。

（3）犬、猫绝育手术时间的选择最好能避开宠物发情期，尤其是母犬、猫，应在其发情期后或没有发情迹象时手术，以降低手术风险。

3. 手术后注意事项

（1）宠物手术后麻醉没有完全苏醒时，应放于低处，让其平躺，保持呼气通畅，最好放在地上，避免未清醒时跌落。外界温度较低时应注意保温，若术后宠物仍睁眼应适当滴眼药水，避免角膜干燥，术后仍需禁食禁饮至完全清醒。

（2）术后让宠物在安静、清洁的环境中休养，并尽量避免其舔、咬、抓、挠伤口，以免影响伤口愈合。

（3）术后应给予高品质的营养食品来促进伤口愈合。

（4）如需拆线的手术，应按医嘱按时到医院拆除缝线，不要在家自行处理。

项目二 手术基本技能

学习任务一 麻 醉

学习目标

掌握麻醉前给药、麻醉的分类、方法，熟悉麻醉器械及药品的准备，了解麻醉监护及急救。

学习内容

★ 麻醉前准备。

★ 局部麻醉。

★ 全身麻醉。

★ 麻醉监护及急救。

麻醉是指在实施外科手术或实施诊断、探查时，利用药物或其他手段，使机体的知觉、意识或局部痛觉暂时迟钝或消失，以便顺利进行操作的方法。麻醉是外科手术中非常重要的一个环节，其主要目的在于安全有效地消除手术宠物的疼痛感觉，防止引起疼痛性休克甚至死亡；使宠物保持安静，以利于安全、细致地进行手术操作；减少宠物的骚动，以便于无菌操作。与此同时在很多情况下，良好的麻醉（镇静、镇痛）也是宠物疾病临床诊治的重要保证。

目前，兽医临床麻醉方法大体分三类，即全身麻醉、局部麻醉和电针麻醉。但在宠物临床上多采用全身麻醉，有些情况下也可采用局部麻醉或局部麻醉和全身麻醉相结合的麻醉方法。

一、麻醉前准备

麻醉前准备主要是对宠物病情做详细调查，并根据其病情、手术性质、范围及种类，确定麻醉方式和给药途径，评估麻醉期可能发生的变化，以尽可能减少其不良后果。

（一）掌握病情

首先了解病史，了解既往病史，是否患过呼吸系统和心血管系统疾病。体检时着重检查宠物体质、营养状况、可视黏膜变化及生命指征、呼吸、脉搏和体温等。必要的时候，还需要结合临床化验和其他特殊检查，对病情做出初步的判断和评估。临床上，可按以下分类法将宠物的病情进行分类，见表 1-2-1。

表 1-2-1 宠物身体状况分类

分 类	体 况	实 例
Ⅰ类 极好	主要器官功能正常，无潜在疾病	绝育手术、断尾手术、截爪术和髋关节异常的X射线检查
Ⅱ类 良好	主要器官轻微病变，但代偿健全，无临床症状	新生或老龄宠物手术、骨折、心或肝代偿性疾病

（续）

分 类	体 况	实 例
Ⅲ类 一般	实质器官中度病变，功能减退或紊乱，有轻度临床症状	贫血、厌食或中度脱水，轻度发热
Ⅳ类 差	器官严重病变，功能代偿不全	严重脱水、休克、贫血、非代偿性心脏病
Ⅴ类 极差	病情严重，随时有死亡的危险	严重心、肝、肾及内分泌系统疾病，严重休克、创伤等

注：如急诊手术，则在评定级后加以区别。

（二）宠物准备

参照宠物的术前准备。

（三）麻醉器械及药品的准备

为防止在麻醉期发生意外事故，麻醉前应对麻醉用具和药品进行检查。对可能出现的问题，尤其对于Ⅲ类以上的患病宠物，应全面考虑，慎重对待，并做好各种抢救器械和药品的准备。

1. 麻醉前用药 麻醉前用药指用麻醉药之前给宠物所用药物的总称。其目的在于消除宠物的恐惧和不安情绪，减少唾液分泌和胃肠蠕动，防止呕吐，提高痛阈值，有利于诱导和维持麻醉，减少麻醉药用量和改善全身麻醉反应等。另外，麻醉前用药可简化宠物的保定，故这类药物及用量也常可用于犬、猫的化学保定。常用的麻醉前用药如下：

（1）抗胆碱药。能阻断自主神经胆碱能纤维节后末梢的乙酰胆碱，减少呼吸道黏膜和唾液腺分泌，便于保持呼吸道通畅；扩张支气管；增加心率，抑制迷走神经反射作用。抗胆碱药是宠物必不可少的麻醉前用药。这类药物应在麻醉前 30min 给药。常用的药物有阿托品、东莨菪碱等。其中阿托品是目前宠物临床上最常用的麻醉前用药。

（2）镇痛药。主要是镇痛作用，明显减少诱导和维持麻醉药用量。尤其当与小剂量的安定药合用时，可减少全身麻醉药用量的 50%～60%。常用药物有吗啡、哌替啶（杜冷丁）、氧吗啡酮和芬太尼等。

（3）安定药。用于宠物麻醉前用药的安定药主要是吩噻嗪类药物。除此之外的安定药称为非吩噻嗪类药物。这类药主要有镇静、催眠、抗惊厥和肌松弛作用，便于宠物的捕捉和保定，减少诱导和麻醉药的用量。另外，还有抗麻醉和交感神经刺激所致的心律失常、抗组胺和抗吐作用。常用药有乙酰丙嗪、丙嗪、氯丙嗪、三氯丙嗪、异丙嗪、安定、氟哌啶和龙朋等。

低血容量和低血压、凝血不正常、有癫痫病史的犬、猫要谨慎使用乙酰丙嗪。安定（苯二氮卓类）对健康的青年宠物的镇静作用不好，同时不抑制习惯性行为，而且还有可能使宠物兴奋。但对于幼年宠物、老年宠物或病况不佳的犬、猫具有较好的镇静作用，而且此药对心、肺无明显的不良作用，因此临床上经常使用。

（4）安定镇痛。由安定药和麻醉性镇痛药组合，使中枢神经系统呈抑制和镇痛状态，称为安定镇痛或安定镇痛术。具有用药量少、毒性小、镇静、镇痛效果好、对心血管抑制轻微等优点。但对呼吸有明显抑制作用，故用药时，必须注意呼吸、潮气量和可视黏膜等的变化。

麻醉前用药后，可减少麻醉药用量的 50%～90%，也可满足一些小手术或实施诊断的需要。先注射安定药，15～30min后再用麻醉性镇痛药，或两者合并同时使用，15min可产生镇静、镇痛作用。

2. 麻醉前用药选择 应根据宠物品种、年龄、性别、体况及麻醉方法等合理选择麻醉前用药。应注意，过度镇静、镇痛不但不合理，而且会导致危险，尤其是病理情况下，更应视病情采用不同药物给药。疼痛明显的宠物，麻醉前应给镇痛安定药；如表现呼吸系统症状（呼吸困难、气喘或湿啰音）者，应使用抗胆碱药，以减少呼吸道分泌物，慎用镇痛药，因这类药对呼吸的抑制作用大于安定药；宠物发热，患心脏病，心率超过140次/min，不宜应用阿托品；多种麻醉药如氟烷等均可引起心动过缓和房室阻滞，故阿托品剂量应增大，甚至在术中追加。老龄、瘦弱及妊娠宠物，慎用吗啡和哌替啶等麻醉性镇痛药，一般应减少药物用量。

目前临床常用麻醉前用药的使用方法及剂量，见表1-2-2。

表1-2-2 健康犬、猫麻醉前常用药物剂量（以每千克体重计）

药物名	给药途径	犬用量/mg	猫用量/mg
阿托品	SQ IM	0.02～0.10	0.02～0.10
东莨菪碱	SQ IM	0.01～0.02	0.01～0.02
胃肠宁	SQ IM	0.01～0.02	0.01～0.02
乙酰丙嗪	SQ	0.05～0.20（≤4.0mg）	0.05～0.20
氯丙嗪	SQ	1.0～5.0	1.0～2.0
丙嗪	SQ	2.0～6.0	4.0～6.0
三氯丙嗪	SQ	2.0～4.0	4.0～8.0
龙朋	SQ	1.0～2.0	0.5～1.0
安定	SQ	0.2～1.0（≤10.0mg）	0.2～1.0（≤5.0mg）
吗啡	SQ	0.1～2.0	0.0.5～1.0
哌替啶	SQ	1.0～5.0	0.5～2.0
氧吗啡酮	SQ	0.1～0.2	0.5～1.0（总量）
芬太尼	IV	0.01～0.05	不推荐
纳洛酮（0.4mg/mL）	IV	0.05～0.5mL（每4h≤1.0mL）	0.05～0.25mL（每4h≤0.5mL）
丙烯去甲吗啡（5.0mg/mL）	IV	0.5～1.0mL	0.2～0.5mL
芬太尼-氟哌啶	IM	1.0mL/5～10kg	不推荐
	IV	1.0mL/10～30kg	
氧吗啡酮-乙酰丙嗪	IM	0.2	0.2
	SQ	0.2	0.2
哌替啶-乙酰丙嗪	IM	0.5mL（体重7～16kg）	0.25～0.5mL（体重3.5～4.5kg）
	IM	1.0mL（体重20kg以上）	
氯胺酮	IM	不推荐	5～10

注：SQ为皮下注射，IV为静脉注射，IM为肌内注射。

二、局部麻醉

局部麻醉是指利用局部麻醉药物直接作用于感觉和运动神经，产生暂时性痛觉消失和肌肉松弛的麻醉方法。

由于宠物个体小、不配合及对局部麻醉技术缺乏全面了解等原因，故宠物的局部麻醉临床应用非常有限，但对于老年宠物小的皮肤手术、危重宠物以及不宜全身麻醉的宠物，建议

使用局部麻醉。另外，局部麻醉与全身浅麻醉联合使用，可使全身麻醉药，在较浅麻醉时即能达到手术所需的镇痛和肌松弛效果，节省麻醉药，降低麻醉风险。

（一）常用局部麻醉药物

按局部麻醉药化学结构不同，可分为酯类和酰胺类两种局部麻醉药。酯类局部麻醉药有普鲁卡因、丁卡因和氯普鲁卡因；酰胺类局部麻醉药有利多卡因、丁哌卡因、卡博卡因和地布卡因等。常用局部麻醉药有普鲁卡因、利多卡因和丁卡因，见表1-2-3。

1. 普鲁卡因　常用其盐酸盐，水溶液不稳定，故应避光、密封保存。对组织无刺激性，但对黏膜的穿透性和弥散性差，不适于表面麻醉，多用于浸润麻醉和封闭治疗。其具有扩张血管作用，注射给药后，吸收快，1～3min 呈局麻效应，持续45～60min。如果加入肾上腺素（约100mL药液中加入0.1%盐酸肾上腺素0.2～0.5mL），可延长局麻时间。不宜和磺胺类、洋地黄、抗胆碱酯酶药、肌松药、碳酸氢钠、氨茶碱、巴比妥类药物合并使用。

2. 利多卡因　常用其盐酸盐，水溶液稳定、易吸收、穿透力强、作用快、扩散广、对组织无刺激性、扩张血管作用不明显、作用时间长。适于表面麻醉、浸润麻醉、传导麻醉和脊髓麻醉。

3. 丁卡因　为长效酯类麻醉药，脂溶性高，穿透力强，与神经组织结合快而稳定。但用药后，开始产生作用较慢，为5～15min。其毒性比普鲁卡因大，毒性反应的发生率也较高。多用于表面麻醉和硬膜外腔麻醉，因其点眼时不散大瞳孔，不妨碍角膜愈合，因此该药常用于眼科，浓度为0.5%～1%。一般不用于浸润麻醉，但可与利多卡因或普鲁卡因配成混合液使用，如0.1%～0.2%丁卡因和1%～5%利多卡因混合用于传导麻醉。

表1-2-3　常用局部麻醉药

药名	麻醉强度（普鲁卡因=1）	组织通透性	开始作用	毒性（普鲁卡因=1）	主要用途	表面麻醉	浸润麻醉	传导麻醉	脊髓麻醉	维持时间
普鲁卡因	1	差	慢	1	浸润传导脊髓		0.5%	2%	2%～5%	30～90min
利多卡因	1.5～2.0	好	快	1.0～1.4	浸润传导脊髓	2%～4%	0.5%～1%	1%～2%	1%～2%	75min至3h
丁卡因	10～20	强	慢	8	表面	0.5%～2%	0.1%	0.2%～0.5%	0.2%～0.5%	0.5min至3h

（二）局部麻醉方法

局部麻醉有助于患病宠物的苏醒和缓解不适症状，但使用时要注意留出足够的时间使组织吸收麻醉剂。宠物的局部浸润麻醉通常只用在处理切口疼痛、神经痛（截肢）、指/趾甲切除术、断耳术等手术中。对宠物进行局部麻醉阻滞时，注意不要超过该种宠物的最大剂量。

1. 表面麻醉　将穿透力强的局部麻醉药直接用于黏膜表面，使黏膜下神经末梢麻醉，称为表面麻醉。可将药物配成不同浓度的溶液、凝胶和糊剂，通过滴入、喷雾，涂布和灌注等方法将其应用到眼、口腔、鼻腔、喉、外耳道或尿道等黏膜，产生麻醉作用，多用丁卡因和利多卡因。丁卡因常用于眼部手术，利多卡因常用于猫气管插管前的咽喉表面麻醉。

将上述麻醉药物配成不同浓度后直接作用于黏膜而产生表面麻醉作用。麻醉部位及浓度：眼结膜及角膜用0.5%丁卡因或2%利多卡因；鼻腔、口腔和直肠黏膜用1%～2%丁卡因或2%～4%利多卡因，一般每隔5min用药一次，共用2～3次。

2. 浸润麻醉和区域阻滞 沿手术切口线逐层注射局部麻醉药或手术区周围和基部注射药物，阻滞神经纤维而达到麻醉作用，前者称为浸润麻醉，后者称为区域阻滞。适用于犬、猫皮肤撕裂创缝合、皮肤肿瘤的切除、截尾术和皮肤活组织采集等。常用普鲁卡因和利多卡因。为减慢药物的吸收和延长麻醉效力，常于局麻药中加1∶50 000或1∶100 000浓度的肾上腺素。应注意，对污染创来说，表面麻醉和浸润麻醉的效果相对较差。

盐酸普鲁卡因浓度用0.5%～1%，将针头插入麻醉部位皮下相应的深度及长度，然后边退针边注射药物。根据需要可以分为直线浸润、菱形浸润、扇形浸润、基部浸润和分层浸润。

3. 传导麻醉 将局麻药注入神经干、神经丛和神经节的周围，使其所支配的区域产生麻醉作用，称为传导麻醉。优点是使用较少的麻醉药就能产生较大区域的麻醉效果；缺点是需要掌握被麻醉神经干的位置、局部解剖知识和熟悉操作技术。常用于睑神经、臂神经丛和肋间神经的传导麻醉。常用药物为2%利多卡因和1%～2%普鲁卡因。

（1）睑神经传导麻醉。适用于眼睑的检查和治疗，尤其对眼球术后防上眼睑挤压眼球有帮助。睑神经是面神经分出耳睑神经后的又一个分支，经颧弓走向眼部，分布到眼睑和鼻部。在颧弓最突起部（或颧弓后1/3处）背侧约1cm处，注射1mL局麻药，除眼睑提肌外，其他所有眼睑肌均可麻醉。

（2）臂神经丛传导麻醉。适用于犬前肢部的手术。使犬站立于诊疗台上，助手将头稳住，并偏离注射一侧。穿刺点定位于冈上肌前缘、胸侧壁和臂头肌背缘三线交界处，为一凹隙的三角区。在此三角区内剃毛、消毒。操作时应谨慎，以防并发症。并发症包括针头刺破大的血管，局麻药注入血管内，及形成血肿；臂神经丛损伤，引起神经炎或永久性麻痹；针头刺入胸腔，引起气胸。

左手食指触压三角区中央和第一肋骨。右手持注射器（针长约入7.5cm，孔径1.6mm），用力穿透皮肤。并向后沿胸外壁和肩胛下肌之间平行于脊柱刺入，使针尖抵至肩胛冈水平位置。回抽注射器。如无血可注入3%利多卡因1～3mL，边退边注射局麻药。多数宠物注射后10min患肢表现镇痛，逐步运动消失，随后完全松弛，下部感觉消失。

（3）肋间和胸膜间神经传导麻醉。一般用于开胸术，常用布比卡因（为长效局部麻醉药，其麻醉时间比盐酸利多卡因长2～3倍，弥散度与盐酸利多卡因相仿），特别是与全身性阿片类药联合应用，可以阻滞切口前的两根神经和切口后两根神经。胸膜间镇痛方法是肋间神经传导阻滞方法的替代方法，可以延长镇痛作用。用生理盐水稀释布比卡因，并滴入胸廓切开患病宠物的胸导管里。患侧在下（手术部位），让局麻药被充分吸收（布比卡因需20min）。若放置有胸导管，多余的布比卡因可以在术后给予（如术后6h）。胸膜间镇痛可能发生的并发症与肋间镇痛可能发生的并发症相似。若同时应用肋间和胸膜间阻滞法，则应调整布比卡因的剂量使之总量每千克体重不超过2mg。

并发症包括气胸、运动神经阻滞、严重的引起呼吸衰竭等药物毒副作用。

肋间神经传导阻滞，在五根肋骨每个椎间孔的附近刺入，回抽无血后缓慢注入布比卡因，为开胸术或胸腔引流手术的首选方法，通过阻滞支配预切口部位前面两条神经和后面两条神经的方式发挥作用。

4. 脊髓麻醉 将局部麻醉药注射到椎管内，阻滞神经传导，使其所支配的区域痛觉消失，称为脊髓麻醉。根据局部麻醉药物注入椎管内的部位不同，又可分为硬膜外腔麻醉和蛛

网膜下腔麻醉。后者因风险比较大，故使用较少，目前应用较多的是硬膜外腔麻醉。脊髓麻醉要求熟悉椎管及脊髓的局部解剖，以及由于神经阻滞所产生的神经干扰。犬的脊索在L6～L7处结束，硬脊膜囊在L7～S1处结束。猫一般脊索和腔的长度要向后面延伸一个椎骨（脊索的末端至S3），因此猫的硬膜穿刺比犬容易进行。一般需在L7～S1区域剪毛做好无菌手术准备。（注：L代表腰椎，S代表荐椎。）

腰荐硬膜外腔麻醉用于腹后部、尿道、直肠或后肢的手术和诊断操作，也适用于犬剖宫产。进行硬膜外腔局部麻醉时，禁止用于低血容量症状的宠物，但可通过手术之前进行补液进行改善。对于老龄、妊娠、肥胖或患占位性病变的宠物来说，局部麻醉用药的剂量要减少。若在进行硬膜外腔麻醉时遇到脊髓液，那么局部麻醉用药量应减半。

（1）腰荐部硬膜外腔麻醉。宠物麻醉前先用药镇静，施右侧卧保定（也可以站立或俯卧保定），靠近诊疗台边缘，前躯稍垫高，防止药液向前扩散。

穿刺点位于两侧髂骨隆起连线与背中线相交处或最后腰棘突后方凹隙处，少数肥胖犬难定位。穿刺点定位后，局部剃毛消毒，先用粗针头在穿刺点皮肤穿一孔，再用20G或22G、长3～6cm（犬）或22G、长2～3cm（猫）硬膜外腔穿刺针，经此孔垂直穿过皮肤，沿最后腰椎棘突后缘，稍向后方慢慢刺入。当穿透弓间韧带时，手指有一种明显的突破感；若未刺到韧带（碰到骨头），提示针头刺入方向不对，应稍拔出针头，改变方向重新刺入。拔出针芯，将注射器回抽，无脊髓液流出，表明针头在硬膜外腔。取出注射器，将一根硬膜外导管（聚乙烯塑料导管）经针孔插入硬膜外腔，超出针头2～3cm，退出穿刺针管。在导管出口处用胶布粘住，制成蝶形，并用缝线将其固定在皮肤上。导管外接注射器，以后经导管分次给药，按每千克体重0.2～0.25mL的剂量注入2%利多卡因或2%普鲁卡因（内含1∶20万IU浓度的肾上腺素）给药，用药后5～15min产生镇痛作用，一般持续1.5～2h。

（2）荐尾部硬膜外腔麻醉。多采用俯卧保定，穿刺点位于荐骨与第一尾椎或第一尾椎与第二尾椎间隙。手持宠物尾巴上下晃动，用另一手的拇指的指端抵于尾根正中线，即可探知尾根的固定与活动部分的间隙，与体正中线的交叉点即为刺入点，注入2%利多卡因1mL。

（三）局部麻醉注意事项

（1）注射前，局麻药应加温，特别是在寒冷的季节。

（2）注射速度不宜过快，否则易产生一过性抽搐、呕吐等。

（3）因犬、猫个体小，注射前，身体前部稍高于后部，否则，药物向前扩散，阻滞膈神经和交感神经，引起呼吸困难，心动过缓，血压下降，严重者会发生死亡。

（4）操作时要求严格消毒，特别是脊髓麻醉，否则可造成感染，引起并发症；操作要谨慎，熟悉局部解剖结构，防止误伤，引起严重的并发症和后遗症。

三、全身麻醉

全身麻醉是指麻醉药进入机体使中枢神经系统广泛性抑制，使动物意识和感觉消失，对外来强力干扰不产生反应的麻醉方法。根据麻醉药进入体内途径不同，全身麻醉可分为吸入麻醉和非吸入麻醉两种。

（一）非吸入麻醉

非吸入麻醉的优点是易于诱导，使动物很快进入外科麻醉期，不会出现吸入麻醉所出现的挣扎和兴奋现象，而且操作简便，一般不需特殊的麻醉装置。其缺点是不易控制麻醉深度、用药量和麻醉时间。用药过量不易排除和解毒，只有被组织代谢和由肾排出后才停止作用。

宠物非吸入麻醉药有巴比妥类和非巴比妥类药物。巴比妥类药物主要有戊巴比妥钠、硫喷妥钠和硫戊巴比妥钠等；非巴比妥类药物主要有氯胺酮、龙朋和安定及镇痛药等。

1. 氯胺酮麻醉 用作麻醉前用药或化学保定，其肌内注射剂量为每千克体重 5～10mg，静脉注射剂量为每千克体重 1～2mg。临床上多用于短时间的诊断和小的外科手术，如公猫绝育、截爪术等，其肌内注射剂量为每千克体重 20～30mg，维持麻醉 20～30min，苏醒4～6h；静脉注射剂量为每千克体重 4～8mg，维持麻醉 5～15min，苏醒 1～3h。大剂量应用可能出现肌肉强直性痉挛甚至惊厥。为克服这些副作用，可先肌内注射乙酰丙嗪（每千克体重 0.2～0.4mg），10～15min 后，肌内注射氯胺酮（每千克体重 25mg），也可先肌内注射龙朋（每千克体重 0.5～1.1mg），20min 后再肌内注射氯胺酮（每千克体重 11～22mg）。由于氯胺酮会引起大量唾液分泌，故麻醉前必须应用阿托品。

2. 846 合剂 犬推荐剂量为每千克体重 0.1mL，猫为每千克体重 0.2～0.3mL，肌内注射。麻醉过量或催醒可用苏醒灵 4 号（每 1mL 含 4-氨基吡啶 6.0mg、氨茶碱 90.0mg），按每千克体重 0.1mL 的剂量静脉注射。

3. 龙朋麻醉 肌内注射 10～15min、静脉注射 3～5min 后就产生作用，可持续 1～2h 似睡状态，镇痛作用持续 15～30min。对呼吸和心脏有抑制作用，可引起呼吸频率、心率及心排血量减少，常发生房室二度阻滞或窦房阻滞现象。最初动脉压暂时性升高，随后下降。该药有催吐作用，用药后，95％的猫和 50％的犬均发生呕吐，故麻醉前必须应用阿托品。犬、猫肌内注射或静脉注射剂量为每千克体重 1.0～2.0mg，对健康的宠物持续手术麻醉 30min。本品也可作麻醉前用药，可减少硫喷妥钠诱导麻醉用量的 50％～70％。临床上常与氯胺酮合用，即先用龙朋作为麻醉前用药，再用氯胺酮维持麻醉，可获满意的麻醉效果。

4. 舒泰 临床上犬、猫使用舒泰时首先按照每千克体重 0.05mg 的剂量皮下注射阿托品，15min 后肌内注射舒泰。猫的临床体检和疾病诊断时舒泰剂量是每千克体重 5mg 肌内注射；小手术（绝育手术）的剂量是每千克体重 7～10mg 肌内注射，追加剂量是每千克体重 2～5mg 肌内注射；大手术（矫形手术等）的剂量是每千克体重 10～15mg 肌内注射，追加剂量是每千克体重 5～7mg 肌内注射。

犬舒泰的使用剂量和用法，见表 1-2-4。

表 1-2-4 犬用舒泰的使用剂量（以每千克体重计）

临床要求	肌内注射/mg	静脉注射/mg	追加剂量/mg
镇静	7～10	2～5	
小手术（<30min）	4	7	
小手术（>30min）	7	10	
大手术（健康犬）	5（麻醉前）	5	5
大手术（老龄犬）		2.5（麻醉前给药），5	2.5
气管插管（诱导麻醉）		2	

5. 巴比妥类麻醉

(1) 戊巴比妥钠。静脉注射 5％～6％戊巴比妥钠溶液，剂量为每千克体重 25～30mg。

麻醉作用时间为30min至2h，苏醒期6～24h。麻醉前应用镇静药或止痛药，其用量可减少30%～50%。

（2）硫喷妥钠。用生理盐水或注射用水现配现用，2.5%溶液供静脉注射、诱导麻醉，剂量为每千克体重8～10mg，在10～15s内一次全部注射完；手术麻醉剂量为每千克体重20～30mg，先在10～15s内注射总量的1/3，间隔30～60s，将剩余药物在1～2min内缓慢注射完、诱导麻醉维持1～1.5min，手术麻醉维持10～20min，苏醒期1～2h。追加用药剂量，苏醒期延长。如为60min手术麻醉期，苏醒长达6～24h。

（3）硫戊巴比妥钠。用生理盐水或注射用水现配现用，4%的水溶液供静脉注射。诱导麻醉剂量为每千克体重6～8mg；手术麻醉剂量为每千克体重10～25mg。用法及作用时间同硫喷妥钠。

（4）甲己炔巴比妥钠。用生理盐水或注射用水现配现用，25%溶液用于静脉注射。其诱导麻醉剂量为每千克体重10～12mg，作用时间5～10min，苏醒期25～30min。

（二）吸入麻醉

吸入麻醉是使挥发性麻醉药经呼吸道以蒸汽或气体状态吸入而产生麻醉的方法。吸入麻醉可根据宠物对麻醉药耐受程度，人工控制麻醉深度，提高麻醉效力，确保宠物的生命安全。另外，吸入麻醉药主要通过肺泡摄取和排出，如安氟醚有87%以原形从肺泡排出，能迅速终止麻醉，苏醒快。因此，吸入麻醉是全身麻醉中最易控制的，也是宠物全身麻醉最常用和最安全的麻醉方法。缺点是吸入麻醉需要一定的麻醉设备、训练有素的麻醉师和严格的监护，而且有些麻醉药具有易燃、易爆、对呼吸道有刺激等副作用。

1. 吸入麻醉药的可控性　吸入麻醉药的可控性与麻醉药的血/气分配系数（表示麻醉药在血中的溶解度）有关。任何吸入麻醉药在肺泡内的浓度与血液和中枢神经系统组织麻醉药浓度都要保持一定的平衡状态。麻醉药血/气分配系数越小，在血中溶解度越低，动脉血中药物浓度越高，则血液和中枢神经系统药浓度与肺泡内药物浓度越易达到平衡，故诱导和苏醒快，可控性也越大。常见吸入麻醉药的参数见表1-2-5。

2. 麻醉强度　吸入麻醉药的麻醉强度，一般按其在肺泡中最低有效浓度（minimal alveolar concentration，MAC）表示。MAC指50%宠物在切皮、钳夹四肢或尾根无疼痛反应时，在1个大气压力下肺泡最低麻醉药浓度，一般以终末呼气麻醉药浓度（Vol%）表达。MAC越小，麻醉强度越大，此与麻醉药的油/气分配系数有关。

表1-2-5　几种吸入麻醉药血/气分配系数、油/气分配系数及MAC

吸入麻醉药	血/气分配系数	油/气分配系数	MAC/（Vol%）	
			犬	猫
氧化亚氮	0.47	1.4	188～222	250
异氟醚	1.41	98	1.63	
安氟醚	1.78	98	2.2～2.06	1.2
氟烷	2.3	224	0.87	0.82～1.14
乙醚	12.1	65	3.04～3.29	2.1
甲氧氟烷	12.0	970	0.23	0.23

为了方便，吸入麻醉药的肺泡浓度通常用其MAC的倍数或分数（小数）表示。例如，犬安氟醚2.2%为1MAC，当测定终末呼气安氟醚浓度（即肺泡安氟醚浓度）为3.3%时，

即为1.5MAC，测定1.1%安氟醚时，用0.5MAC表示。

3. 全身麻醉的分期 全身麻醉可分为以下4个期。因临床上许多因素相互影响，进而改变了临床症候和实际反应，故临床上全身麻醉不可能如此明确地划分。但有了此麻醉分期，有利于掌握麻醉的深度。

(1) 第Ⅰ期（镇痛期）。是麻醉药开始进入体内至意识丧失。宠物表现为运动不协调，出现幻觉和吠叫，瞳孔对光有反射、大小正常，均有保护性反射。呼吸和心率基本正常。

(2) 第Ⅱ期（兴奋期）。是宠物对所有感觉刺激反应强烈，呈昏迷状态，四肢呈划桨样动作。胃内有食物、水或空气时发生呕吐。一般宠物中枢神经系统反应敏感，故此期十分危险。宠物呼吸不规则，气喘，通气过度，心率加快，血压升高，瞳孔散大，眼球位于中央（或眼球震颤），角膜有反射，有明显的咀嚼、张口或吞咽动作等。

(3) 第Ⅲ期（外科麻醉期）。呼吸、循环、肌张力和保护性反射均受到渐进性抑制。此期由浅入深又分4级。

①1级（浅麻醉期）。呼吸频率12～20次/min，呼吸规则，节律整齐。如有疼痛刺激，如钳夹指（趾）端或切开皮肤，可使呼吸增快。心率为90～120次/min（猫稍快），脉搏规则有力。眼球向内转动，轻度震颤。瞳孔缩小，有对光反应。眼睑、口腔及喉反射开始消失，但其他反射仍保持，肌张力明显。

此期犬有张口动作，气管插管引起反射性咳嗽和咀嚼，不过气管插管仍可进行。猫咬肌紧张，气管插管可引起痉挛性闭口或严重喉痉挛。

②2级（中麻醉期）。可作为正常的外科麻醉期。呼吸不规则，潮气量下降，心率减慢，血压下降，脉搏有力。手术刺激，可引起呼吸和血压增加（由于氟烷相对弱的镇痛作用）。眼球稍向内转动，第三眼睑仍突出，眼球颤动停止。瞳孔缩小或轻度散大，有轻度对光反射。角膜反射减弱或无。在猫，口腔、喉、耳郭及足仍有反射。髌骨有反射，但强度减弱，肌松弛。

此期动物仍有唾液分泌，应予重视，防止发生吸入性肺炎。

③3级（深麻醉期）。呼吸浅表，胸廓扩张不一致，潮气量进一步减少，肋间肌渐进性麻痹，由部分膈肌和腹肌代偿，出现“摇船”型呼吸。心率开始增快. 以后则减慢，因心排血量明显减少，脉搏弱，血压下降，出现神经性休克。毛细血管充盈时间延长（1.5～2s）。眼球固定在中央，第三眼睑不像1级和2级时突出。角膜干燥，瞳孔中度散大，对光反射减弱或消失。髌骨反射减弱，肌张力更加减弱。

④4级（麻醉药过量）。特征为动物呼吸不规则，更浅表，肋间肌和腹肌全麻痹。因膈肌抽动，出现腹部抽搐式运动，并伴有明显的下颌移动，这种现象易被误认为是麻醉太浅，在未检查呼吸、脉搏及血压等主要指征之前，不能再加深麻醉。凡遇此种情况。心率减少，血压显著降低，脉搏微弱、毛细血管充盈时间延长，皮肤变凉；眼球位于中央，瞳孔散大，各种反射均消失；无内脏牵引性反应，肌肉极度松弛，应立即减轻麻醉。

此级十分危险，动物往往因呼吸肌麻痹而窒息死亡，临床麻醉时应防止进入此级。但如进入此级，只要及时减轻麻醉，多数仍可恢复。

(4) 第Ⅳ期（延髓麻醉期）。是第Ⅲ期4级呼吸停止和第Ⅳ期心跳停止的间隔时期。一旦心脏停止跳动，大脑缺氧，如在很短时间内循环和氧合作用得不到恢复，就会出现持久性脑损伤或死亡。故第Ⅳ期必须立即采取复苏措施，恢复呼吸和心血管功能。

4. 常用吸入麻醉药

（1）乙醚。乙醚为一种毒性小、麻醉作用较弱、安全范围广的吸入麻醉药。心排血量和血压一般维持正常，但心率加快，极少引起心律失常。止痛和肌松效果好。乙醚可刺激呼吸道黏膜，引起唾液分泌增多，又因易燃、易爆，故宠物临床已很少使用。

（2）氟烷。是一种澄清的具有挥发性的液体，不燃烧，不爆炸，带有苹果香味，对呼吸道无刺激。本品麻醉性能强，血/气分配系数（MAC）为0.87%（犬）和0.82%（猫），是乙醚的4～5倍，诱导快而平稳。小型品种犬和猫可用面罩或麻醉箱诱导麻醉、苏醒亦快。多数病例在停药后，很快恢复保护性反射和意识，在15min内就可站立。

氟烷抑制心血管系统，使心收缩力降低，心排血量和每搏输出量减少，引起血压下降和外周血管阻力降低。心率不受影响，但麻醉过深时，可使心动过缓，麻醉前可用阿托品纠正。氟烷可增强心肌对儿茶酚胺的敏感性，故使用氟烷麻醉时慎用肾上腺素。氟烷对呼吸有明显的抑制作用，可使潮气量减少，呼吸率增加，有扩张支气管作用，故麻醉15min后，气管插管的气囊需再充气。镇痛作用较好，肌肉松弛不够理想，对肝有不良影响。

因氟烷麻醉作用强，临床应用时，若控制不当易导致麻醉过深，故需用精密的挥发器。开始麻醉时，吸入浓度可调至1.5%～2.5%的刻度，持续10～15min，一旦达到外科麻醉浓度，可调到1.0%～1.5%做维持麻醉，并根据宠物呼吸、血压及心率等变化，调整档次，控制麻醉深度。

（3）甲氧氟烷。为一种液态麻醉药。挥发前澄清无色，挥发后或放在汽化器中，则变为琥珀色，但并不改变其麻醉性能，对宠物也不会产生不良影响。该品有水果样香味，无刺激性，易被宠物吸入，也不易燃、不易爆。

本品有强大的麻醉作用。由于有相当高的血溶解度（MAC为12.0），故诱导和苏醒很慢，但比乙醚要快。甲氧氟烷对心血管系统抑制较氟烷轻，心律失常少见。应用肾上腺素能诱发室性纤颤，其敏感性比氟烷轻。呼吸抑制明显，必须辅助人工呼吸。镇痛和肌松作用强。

甲氧氟烷有一定的肾毒性作用，故有肾病的宠物应少用。甲氧氟烷和氟烷一样，仍是犬、猫吸入麻醉中最常用药之一。为克服甲氧氟烷诱导缓慢、恢复时间长的缺陷，临床上常与氧化亚氮或其他非吸入性麻醉药并用，以减少甲氧氟烷吸入量。

（4）安氟醚。为一种在各种浓度都不燃烧的新的吸入麻醉药，无色、透明，具有愉快的乙醚样气味，宠物乐于接受。遇光不起化学反应，和碱石灰接触不分解。其物理和药理特性与氟烷接近。麻醉性能均低于氟烷、甲氧氟烷和异氟醚。诱导和苏醒均迅速。随吸入浓度的升高，血压下降明显，平均动脉压与吸入浓度有高度相关性。一般对心率影响不大，只有在深麻醉时，心率才趋减慢。麻醉深时可出现呼吸抑制，呼吸频率减慢，潮气量减少。麻醉前使用安定药或用硫喷妥钠诱导麻醉，可避免宠物头颈和四肢出现抽搐现象。无肝毒害作用。

（5）异氟醚。是一种新的吸入麻醉药，它和安氟醚是同分异构体，特性与安氟醚相同，有轻度刺激性气味，但不会引起宠物窒息和咳嗽。血压下降与安氟醚、氟烷相同，不过心率增加，心排血量和心搏量减少低于氟烷，对心肌抑制作用较其他氟类吸入麻醉药为轻，不引起心律失常。同安氟醚一样，对呼吸抑制明显，因MAC小，故诱导、苏醒均比其他氟类吸入麻醉药快，更易控制麻醉深度。异氟醚的肝、肾毒性作用更小。

（6）氧化亚氮。又称为笑气，为无色、有甜味及无刺激性的气体吸入麻醉药。本品不易爆但能助燃，和乙醚、氧结合可引起爆炸，临床上常用高压液体氧化亚氮。

本品诱导及苏醒快，但麻醉性能弱，其MAC极低。目前临床多与氟烷等吸入麻醉药混合应用，并可使后者MAC降低，使其摄入增快（第二气体效应）。如用65%氧化亚氮与氟烷同时进行吸入麻醉，不仅使氟烷MAC减少22%±8.4%，还可快速产生麻醉作用。使用本品单独麻醉时，必须和氧气按一定比例吸入。

该药是毒性最低的吸入麻醉药，对心血管、呼吸系统无抑制作用，对肝、肾等器官也无影响，因此，对于休克、衰竭或高度病危的宠物，用50%～60%氧化亚氮和低浓度的吸入麻醉药或止痛药（如氧吗啡酮）合并麻醉是十分安全的。凡患有气胸、肺水肿、膈疝或其他肺部疾病的宠物不可用氧化亚氮麻醉。

5. 气管插管 为便于吸入麻醉药和输氧，将特制的导管经宠物的口腔插入气管，这种方法称为气管插管术。气管插管能保持呼吸道通畅，减少解剖无效腔，及时清除气管内分泌物，防止吸入性肺炎；也便于过度通气，控制和辅助呼吸，故气管插管是麻醉和抢救病危宠物的一个重要措施。

（1）喉镜。由两部分组成，即镜柄和镜片。镜片又有弯形和直形两种。其片顶端有一小的电珠供照明用，镜柄可装两节2号电池。当镜片和镜柄成直角正交时，电源接通，电珠发亮。

（2）气管插管。多用橡胶或塑料制成。导管柔软而有弹性，不易断裂，有一定弯度（45°～60°），尖端钝，有斜面。宠物可选用人用气管插管。导管规格目前通常用导管周长的毫米数（mm）来编号，用F表示（F=导管直径×3.1416）。编号越大，导管越粗。一般成年犬、猫可根据体重选用导管，见表1-2-6。导管选择好后，再用导管测量鼻端到肩胛骨的长度。导管应超出鼻端1～2cm。

气管插管的前端通常有一个气囊，是一种防漏装置，附着于导管壁，距斜面开口0.5～1.0cm。套囊充气后，使套囊与气管紧密相贴，不漏气，防止胃内容物反流入气管。

表1-2-6 根据体重选用气管插管

品种	体重/kg	F编号	内径/mm
猫	1.0	13	3
	2.0	14	4
	4.0	16	4.5
犬	2.2	16	5
	4.0	22	6
	7.0	24	7
	9.0	26	7～8
	12.0	26	8
	14.0	28	9～10
	16.0	30	10～11
	18.0	32	11～12
	20.0	34	12

气管插管时，将宠物俯卧保定，头抬起伸直，使下颌与颈呈一直线；助手打开口腔后，拉出舌头，使会厌前移；麻醉师一手持喉镜插入口腔，其镜片压住舌根和会厌基部，暴露会

厌背面、声带和杓状软骨；另一手将气管插管经声门裂插入气管至胸腔入口处。此时，触摸颈部，若触到两个硬质索状物，提示气管插管插入食道，应退出重新插入。正确插入气管后，在导管后段于切齿后方系上纱布条，固定在上颌，以防滑脱；然后用注射器连接套囊上的胶管注入空气，30～45min 后再充气一次。最后将气管插管与麻醉机上螺形管接头连接，施自主呼吸或辅助呼吸。

6. 麻醉机　宠物麻醉机种类各异，但其组成有两大部分，一是气源部分，包括氧气瓶、氧化亚氮瓶、减压器、流量表、流量表调节器和药物挥发器；二是呼吸循环部分，包括二氧化碳吸收器（碱石灰）、吸气和呼气活瓣、排气瓣、呼吸囊、螺形管、Y 形接头和呼吸压力表等。

接麻醉机进行维持麻醉，将气管插管与麻醉机上螺形管接头连接后，可开始通过吸入麻醉药进行麻醉。初期可将挥发器的刻度调大，待宠物进入外科麻醉期后，可适当调小。手术过程中可根据宠物的反应和麻醉药的不同进行调节。

四、麻醉监护及急救

宠物手术的麻醉事故，与患病宠物的年龄、健康状况、麻醉方法和所患疾病等因素有关。而监护疏忽往往是临床麻醉致死性事故的常见原因。

手术期间，需要对麻醉宠物进行严密的监护。目前在国内宠物临床上，手术期间往往将主要关注点集中在手术过程，而麻醉监护常处于次要地位。在很多情况下，麻醉和麻醉监护往往是由助手进行，而非由专门的麻醉兽医师负责。同时，随着一些现代化的仪器设备，如麻醉监测系统和心电监护仪等监测系统设备引入宠物临床，宠物机体在麻醉状态下的总体状况能够被快速客观反映出来，提高了宠物临床麻醉监护的水平，但是这些设备往往需要一定的经济投入和专业的技术培训。国内宠物临床的麻醉监护目前主要是以临床观察为主，仪器监护为辅。

在生命指征消失之前，通常存在一些征兆，及早发现这些异常，是成功救治的关键。因此，麻醉监护的目的是及早发现机体生理平衡异常，以便能及时治疗。而麻醉监护就是借助人的感官和特定监护仪器观察、检查、记录器官的功能改变。由于麻醉监护是治疗的基础，因而麻醉监护需按系统进行，其结果才可靠。

特别要注意患病宠物在诱导麻醉与手术准备期间的监护。因剪毛和宠物摆放时工作人员的注意力会被分散，许多麻醉事故就出现在这个时期。在诱导麻醉期，由于麻醉药的作用，存在呼吸抑制及随后氧不足与高碳酸血症的危险。此时期的监护应重点检查脉搏，观察黏膜颜色，指压齿龈黏膜观察毛细血管再充盈时间，以及呼吸深度与频率等。

手术期间的患病宠物监护重点是中枢神经系统、呼吸系统、心血管系统、体温和肾功能。监护的程度最好根据麻醉前检查结果和手术的种类与持续时间而定。通常借助简单的手段，如视诊、触诊和听诊，也能及时发觉大多数麻醉并发症。

（一）麻醉宠物的监护

1. 人工监护　麻醉监护需要从诱导麻醉就开始，直到宠物意识基本恢复为止，特别是对于一些身体虚弱的宠物和手术复杂或手术时间长的全身麻醉。在监护的过程中应当注意一些指标的变化，以时间为纵轴，通过这些指标的变化来判断麻醉的深浅以及是否还要采取其他的处理手段，见表 1-2-7。

表 1-2-7　人工麻醉监护表

时间 学习任务	诱导麻醉	维持麻醉	10min	20min	30min	40min	50min	60min	意识基本恢复
1. 眼睑反射									
2. 眼球位置									
3. 瞳孔反射									
4. 肛门反射									
5. 呼吸频率									
6. 呼吸类型									
7. 可视黏膜									
8. 心率									
9. 心节律									
10. 毛细血管再充盈时间									
11. 血压									
12. 体温									
13. 疼痛反应									

2. 麻醉监护仪　当宠物镇静之后，即可连接监护仪。要正确连接各个监护感受器，特别是心率、血氧、脉搏和体温的感受器，保证监护仪的正常工作。但应当注意，监护仪只能作为监护人员的辅助监护，特别是对于一些危重病例。

（二）心肺复苏

心肺复苏（CPR）是指当宠物突然发生心跳、呼吸停止时，对其迅速采取的一切有效抢救措施。心肺复苏能否成功，取决于是否快速有效的实施急救措施。临床兽医师应熟悉心肺复苏的过程，并在临床上定期训练。心肺复苏的程序如图 1-2-1 所示。

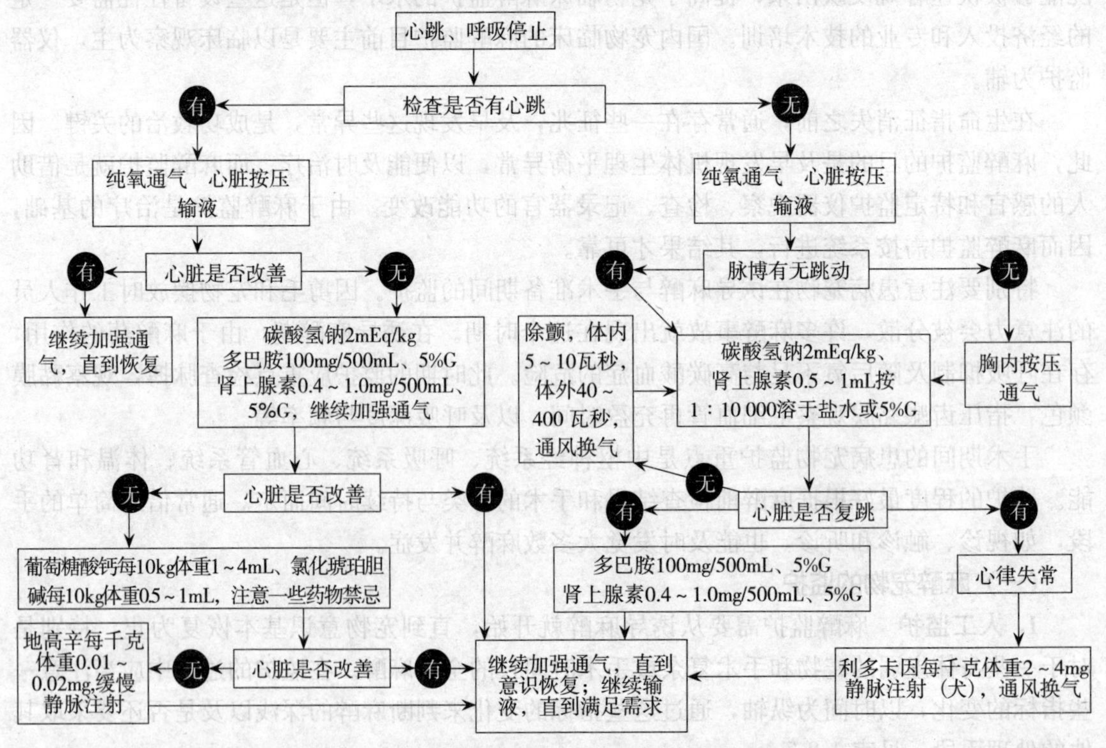

图 1-2-1　心肺复苏的程序（G 为葡萄糖溶液简称）

1. 心跳停止　包括呼吸和循环停止。呼吸停止也会促使心跳停止，或者两者同时发生。心跳停止可能是由于心、肺本身的疾病引起，如气胸、胸水、贫血、酸碱或电解质平衡失调、迷走神经受到刺激或毒血症；一些医源性因素引发，如麻醉前给药及麻醉药使用不当、保定不当及外科手术等。

心跳停止的后果是外周氧气供应停止。机体首先能对细胞缺氧进行代偿，血液中剩余的氧气用于维持器官功能。这样的时间间隔较短，对大脑来说仅有 10s。然后就无氧气供应，在这种情况下，糖原无氧分解，产生能量，以维持细胞结构，但器官功能受限。因此心跳停止后 10s，患病宠物的意识丧失是中枢神经系统功能障碍的信号。

尽管如此，如果没有不可逆性损伤，器官可在一定的时间内恢复其功能。这一复活时间对不同器官而言，其长短不一。复活时间取决于器官的氧气供应、血流灌注量和器官损伤状况，以及体温、年龄和代谢强度等。对于大脑而言，它仅持续 4～6min。

如果患病宠物在复活时间内能成功复活，经一定的康复期后，器官可完全恢复其功能。康复期的长短与缺氧时间的长短成正比。如复活时间内不能复活，那么就会出现不可逆的细胞形态损伤，导致惊厥、不可逆性昏迷或脑死亡等后果。

只有迅速实施急救，复活才能成功。实施基础生命支持越早，成活率就越高。在复活时间内开始实施急救是患病宠物完全康复的重要先决条件。如果错过这一时间，通常意味着患病宠物死亡。

2. 临床症状　发生心跳停止前，宠物表现脉搏微弱或不规则，渐进性心律不齐，毛细血管再充盈时间延长，呼吸方式改变，尤其是呼吸次数增加、呼吸量减少及发绀等。

心跳完全停止表现为呼吸停止、无脉搏及心跳、瞳孔散大，组织切割面不流血及意识丧失（特别是宠物未麻醉），对外界刺激无反应。一旦怀疑有心跳停止的发生，应立即采取急救措施。

3. 基本检查　在开始实施急救措施前，应对患病宠物做一快速基本检查，如呼吸、脉搏、可视黏膜颜色、毛细血管再充盈时间、意识、眼睑反射、角膜反射、瞳孔大小、瞳孔对光反射等，以便评价宠物的状况。这种快速基本检查最好在 1min 内完成。

在宠物临床上，多是直接对麻醉患病宠物实施心肺复苏，因此评价患病宠物意识状态往往相对较少。眼部反射的定向检查可提示患病宠物的神经状况。深度意识丧失或麻醉的征象为眼睑反射和角膜反射消失。此外，瞳孔对光无反射是脑内氧气供应不足的表现。心肺复苏时，脑内氧气供应改善表现为瞳孔缩小，重新出现瞳孔对光的反射。

做快速基本检查时，主要是评价呼吸功能和心脏循环功能。如在麻醉中有心电图记录，则是诊断心律失常和心跳停止的可靠方法。但必须排除由于电极接触不良所致的无心跳或期外收缩等技术失误。

即使在心肺复苏时，也必须定期做基本检查以便评价治疗效果。

4. 心肺复苏技术　心肺复苏技术和所需时间因素决定心肺复苏能否成功。为了在紧急情况下正确、顺利地实施心肺复苏，应遵循一定的模式，所有参与人员必须了解心肺复苏过程，并各尽其职。只有一支训练有素的急救队伍，才可能成功进行心肺复苏。

心肺复苏可分为 3 个不同阶段：基础生命支持、继续生命支持和成功复苏后的后期复苏处理。通常这样的基本计划已足以急救成功，即呼吸道畅通、人工通气、建立人工循环和药物治疗。

（1）呼吸道畅通。清除气管内异物，气管插管，严重的可进行气管切开术。首先必须检查呼吸道，并使呼吸道畅通。清除口咽部的异物、呕吐物、分泌物等。为使呼吸通畅和通气充分，必须做一气管内插管。因呼吸面罩不合适，对犬、猫经面罩做人工呼吸常常不充分。如无法进行气管内插管，则需尽快做气管切开术。

（2）人工通气。供应100%的纯氧，用气囊或呼吸机进行人工换气8～10次/min；在气管内插管之前，可做嘴-鼻人工呼吸。只有气管内插管可确保吹入气体不进入食道而进入肺中。气管内插管后，可方便地做嘴-气管插管人工呼吸。使用呼吸囊进行人工呼吸，也是简单而有效的方法。尽可能使用100%氧气做人工呼吸，频率为8～10次/min，每分钟呼吸量约为每千克体重150mL。每5次胸外心脏按压后，应做1次人工呼吸。有条件者，接呼吸机。

（3）建立人工循环。通过心脏按压，恢复循环，60～100次/min；尽早进行扩充血容量；为不损害患病宠物，只有在无脉搏存在时，才可进行心脏按压。仅在心跳停止的最初1min内，可施行一次性心前区叩击做心肺复苏。如心脏起搏无效，则应立即进行胸外心脏按压。将患病宠物尽可能右侧卧，在胸外壁第4～6肋骨间进行胸外心脏按压，按压频率为60～100次/min。可通过外周摸脉检查心脏按压效果。心脏按压有效的标志是外周动脉可感触到脉搏、发绀消失、散大的瞳孔开始缩小甚至出现自主呼吸。如在胸腔或腹腔手术期间出现心跳停止，则可采用胸内心脏按压。

（4）药物治疗。通过给予一定的药物，如碳酸氢钠（2mmol/kg）、葡萄糖酸钙（每10kg体重1～4mL）及肾上腺素（每500mL 5%葡萄糖溶液0.4～1.0mg）等药物。药物治疗是属于继续生命支持阶段。在心肺复苏期间，应一直静脉给药，勿皮下或肌内注射给药。如果无静脉通道，肾上腺素、阿托品等药物也可经气管内施药。不应盲目做心腔内注射给药，这是心肺复苏时的最后一条给药途径。心肺复苏时所用药物见表1-2-8。

表1-2-8 心肺复苏继续生命支持措施

临床适应证	治疗措施
心跳停止	肾上腺素，每千克体重0.005～0.01mg，静脉注射或气管内给药
补充血容量	全血，每千克体重40～60mL，静脉注射
期外收缩、心室纤颤、心动过速	利多卡因，每千克体重1～3mg，静脉注射或气管内给药
心动缓慢、低血压	阿托品，每千克体重0.05mg，静脉注射或气管内给药
代谢性酸中毒	碳酸氢钠（每克碳酸氢钠相当于12mmol碳酸氢根离子），每千克体重1mmol静脉注射

后期复苏处理：除了基础生命支持和继续生命支持措施外，成功复苏后的后期复苏处理有着重要作用。后期复苏处理包括进一步支持脑、循环和呼吸功能，防止肾衰竭，纠正水、电解质及酸碱平衡紊乱，防止脑水肿、脑缺氧，防止感染等。如果患病宠物的状况允许，尽快做胸部X射线检查，以排除急救过程中所发生的气胸、肋骨骨折等损伤。通过输液使血容量、血细胞比容、电解质和pH恢复正常，做好体温监控。犬的平均动脉血压应达到约12kPa（90mmHg）。

5. 预后 心肺复苏能否成功主要取决于时间。生命指征的消失并非没有异常征兆，因此可通过仔细的监控，在出现呼吸、心跳停止之前，及早识别异常征兆，及早实施心肺复

苏。除了心肺复苏技术外，心肺复苏的成功率还取决于患病宠物所患的疾病。心肺复苏成功后，应做好重症监控，防止复发。

学习任务二　组织切开术

学习目标

掌握正确手术通路的打开。

学习内容

★ 打开手术通路。

★ 肌肉的切开。

★ 骨组织的切开。

外科手术基本上可以分为3个步骤：打开手术通路、进行主手术和闭合创口。打开手术通路，充分暴露术野，是保证后续主手术顺利进行的先决条件，对于一些深部手术尤为重要。

一、打开手术通路

（一）组织切开

组织切开是显露术野的第一步。浅表部位的手术，切口可直接位于病变部位上或其附近，而深部的手术还需要进一步的分离。在组织切开时应注意下列问题：

（1）切口需要接近病变部位，最好能直接到达手术区，并能根据手术需要，便于创口的延长扩大。

（2）切口在体侧、颈侧以垂直地面或斜行切口为好，体背、颈背和腹下以靠近正中线的矢状切口比较合理。

（3）切口应避免损伤大血管、神经和腺体的输出管，以免影响术部组织或器官功能。

（4）切口的大小必须适当。过小，术野暴露不充分，过大，损伤过多组织。

（5）手术刀应与皮肤、肌肉垂直，防止斜切或多次在同一平面上切割，切口必须整齐，力求一次切开，避免切口呈锯齿状，两侧的创缘要能密切接触，以利于缝合和愈合。

（6）切口应利于创液的排出，特别是脓汁的排出。

（7）二次手术时，应该避免在疤痕上切开，因为疤痕组织再生能力差，易发生弥漫性凝血。切口尽量选择在健康组织上，坏死组织及被污染的组织要充分切除。

（8）切开时需要按解剖层次分层进行，并注意保持切口从外到内的大小相同。切口两侧需要覆盖、固定无菌纱布，以免操作过程中把皮肤表面细菌带入切口，造成污染。

（9）肌肉切开时，一般先沿肌纤维方向切一小口，然后用刀柄或手指沿组织间隙进行分离，少作切断，特别是横断，以减少损伤，促进愈合。

（10）深部筋膜切开时，为了避免深层血管和神经的损伤，可先用止血钳或组织剪分离后再紧张切开。

（11）切开胸膜和腹膜时，操作要轻，以防损伤内脏，特别是在腹压比较大的情况下。

（12）切割骨组织时，要先进行骨、膜分离，尽可能地保留其健康部分，以利于骨组织的愈合。

（13）术中，要尽量借助拉钩帮助暴露。负责牵拉的助手应时刻注意调整拉钩的位置、方向和力量。可利用大块纱布垫将其他脏器从术野中推开，增加暴露。

（二）皮肤的切开

皮肤的切开以最少的损伤为原则。由于皮肤的活动性比较大，切开皮肤时易造成皮肤和皮下组织切口不一致，为此经常采用紧张切开法。这是最常用的一种切开方法，主要用于一些正常情况下皮肤组织的切口，如绝育手术。而当皮下组织较为疏松，且在切口的下面可能有大血管、大神经、分泌管和重要器官时，常采用皱襞切开法，如疝气和肿瘤手术。这种切开方法，也常用于薄的膜状组织的切开，如腹膜的切开。

1. 紧张切开法 较大的皮肤切口应由术者与助手用手在切口两旁或上、下将皮肤展开固定，而较小的切口由术者用拇指及食指在切口两旁将皮肤撑紧并固定，刀刃与皮肤垂直，用力、均匀地一刀切开所需长度和深度的皮肤及皮下组织，如图1-2-2所示。必要时也可补充运刀，但要避免多次切割，重复刀痕，以免切口边缘参差不齐，出现锯齿状的切口，影响创缘对合和愈合。

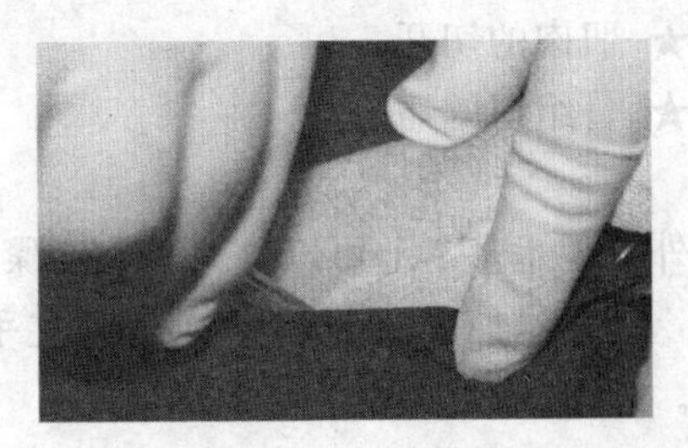

图1-2-2 紧张切开法（术者左手拇指、食指撑紧皮肤，右手拿刀切开皮肤）

2. 皱襞切开法 术者和助手应在预定切线的两侧，用镊子提拉皮肤呈垂直皱襞，并进行垂直切开，如图1-2-3所示。切开一小口后，将食指或中指或用探针伸入创口，张开并提起皮肤，再用手术刀或直手术剪进行扩创。

在切开皮肤时，刀片锋应与皮肤垂直接触，以10号刀片切割时，刀柄需与皮肤有30°～40°的夹角；如果操作时为了避免影响术者的视野，还可以采用使刀柄与皮肤90°夹角的垂直方式进行切割。

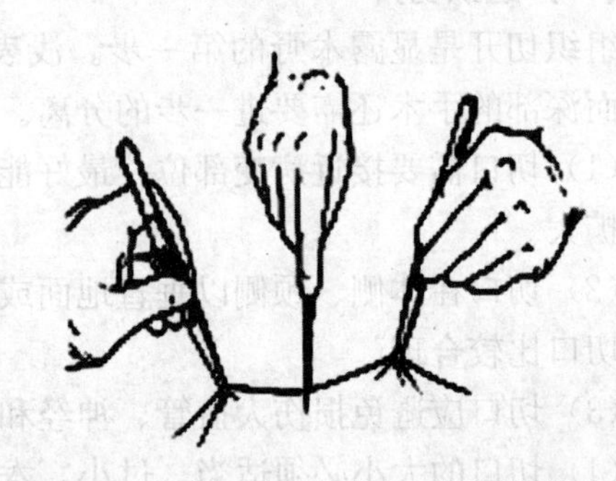

图1-2-3 皱襞切开法（术者用镊子提拉皮肤，用刀做一小切口，再用剪刀剪开）

（三）组织分离

组织分离是显露深部组织和游离病变组织的重要步骤。分离的范围应根据手术的需要确定，按照正常组织间隙的解剖平面进行分离。故需要在术前熟悉正常部位的局部解剖，掌握血管、神经和重要器官的走向和解剖关系。但是当有炎症粘连、疤痕组织以及较大的肿块时，正常解剖关系已经改变或正常组织间隙已不清楚，组织的分离比较困难时，应谨慎进行，防止损伤邻近的重要器官。

在手术过程中，组织的切开和分离往往交替进行，根据操作方法基本上可以分为两大类：锐性分离（切开）和钝性分离。

锐性分离（切开）是用手术刀或手术剪在直视下将组织切开或剪开。分离时，动作要准

确、精细，一次切剪组织不应过多，不要损伤邻近器官和组织。锐性分离用于分离重要神经血管，切除肿瘤或用于较致密的组织，如腱鞘、粘连组织和疤痕等的分离，对组织损伤较小。

钝性分离不用刀剪，而主要是用止血钳、刀柄、剪刀背和手指等，以撑开、推离或牵引等方式沿组织间隙进行分离。钝性分离时，组织损伤较锐性分离大，往往残留许多失去活性的组织细胞，因此，术后组织反应较重，愈合较慢。钝性分离有时可在非直视下进行，但应防止粗暴用力、撕破邻近组织。这种方法主要用于无重要神经、血管或脏器的部位，如正常解剖间隙、较疏松的粘连、囊肿包膜外间隙、疏松结缔组织等。在疤痕较大、粘连过多或血管神经丰富的部位，不宜采用。

(四) 皮下组织和筋膜的分离

(1) 皮下结缔组织分离时先将组织刺破，再用手术刀柄、止血钳或手指进行剥离。

(2) 筋膜和腱膜的分离时，用刀在其中央做一小切口，然后用弯止血钳在此切口上、下将筋膜下组织与筋膜分开，沿分开线剪开筋膜。筋膜的切口应与皮肤切口等长。若筋膜下有神经、血管，则用手术镊将筋膜提起，用反挑式执刀法做一小孔，插入有沟探针，沿针沟外向切开。

(五) 皮下囊状物的分离

对未机化的粘连可用手指或刀柄直接剥离；对已机化的致密组织，可先用手术刀切一小口，再钝性剥离。剥离时手的主要动作应是前后方向或略施加压力于一侧，使较疏松或粘连最小部分自行分离，然后将手指伸入组织间隙，再逐步深入。在深部非直视下，应避免手指左右大幅度的剥离动作，否则易导致组织及脏器的严重撕裂或大出血。对某些不易钝性分离的组织，可将钝性分离与锐性切割结合使用，一般是用弯剪伸入组织间隙，将剪尖微张，轻轻向前推进，进行剥离。

二、肌肉的切开

肌肉的切开一般是沿肌纤维方向做钝性分离，即顺着肌纤维方向用刀柄、止血钳或手指剥离，扩大到所需要的长度。但在紧急情况下，或肌肉较厚并含有大量腱质时，为了暴露手术通路和排液方便也可横断切开。横过切口的血管可用止血钳钳夹，或用细缝线从两端结扎后，从中间将血管切断。

三、骨组织的切开

分离骨膜时，先用手术刀切开骨膜（切成“十”字形或“工”字形），然后用骨膜分离器分离骨膜。骨组织的切开一般是用骨剪剪断或骨锯锯断，当锯（剪）断骨组织时，不应损伤骨膜。为了防止骨的断端损伤软组织，应使用骨锉锉平断端锐缘，并清除骨片，以免遗留在手术创内引起不良反应和愈合障碍。

学习任务三　止　血

学习目标

掌握正确的止血方法。

学习内容

★ 物理止血法。
★ 药物止血法。

在手术过程中，因组织被切开、分离、切除等操作，手术创口必然会发生不同程度的出血，手术术野积存的血液不仅妨碍术野的清晰，使组织分辨不清，延长手术时间，增加手术困难，而且容易发生二次损伤。大量出血未及时制止，可导致手术宠物失血量增加，引起血压下降，导致休克，严重者可引起死亡。如止血不完善，缝合的切口中就会有大量积血，形成血肿，易引起感染，形成脓肿，导致伤口愈合不良，或者造成伤口裂开。因此，手术中必须及时、可靠、彻底地进行止血。

一、物理止血法

1. 压迫止血法 用纱布压迫出血的部位，如机体凝血功能正常，压迫片刻，出血即可自行停止。为了提高压迫止血的效果，可选用温生理盐水、1%～2%麻黄碱、0.1%肾上腺素、2%氯化钙溶液浸湿后拧干的纱布块做压迫止血。在止血时，必须采用按压方式，不可用擦拭方式，避免损伤组织或使血栓脱落。

2. 钳夹止血法 用止血钳最前端夹住血管的断端，钳夹方向应尽量与血管垂直，如机体凝血功能正常，压迫片刻，出血即可自行停止。如效果不理想，还可以将止血钳扭转1～2圈，轻轻去钳即可。

钳夹时，应尽量少夹出血点周围组织，减少不必要的损伤。术中突然发生大量出血时，切忌慌乱，更不要在看不清出血点的血泊中盲目钳夹，避免造成重要组织损伤。正确的做法是：首先用手指或纱布暂时压迫出血的血管，用吸引器或纱布垫吸尽积血，看清出血部位，找到出血点，再用止血钳夹住出血点结扎。对已显露出的血管，可以先分离，夹住血管两端，在止血钳间切断，然后结扎血管断端。也可先引过结扎线，结扎血管两端，再从中切断。器官切除时，也常用此种止血方法，可使出血量显著减少，从而使术野保持清晰。

3. 结扎止血法 结扎止血法是手术中最常用，也是最主要的止血方法。凡能看清明显出血点的出血都可使用。有单纯结扎和贯穿结扎两种。

（1）单纯结扎止血。即缝线绕过血管后打结进行结扎，适用于一般部位及小血管出血。对较大血管也可以采用此法，但需在血管的近心端采用两个单纯结扎（双重结扎），即在单纯结扎的远端再加一单纯结扎。

首先用纱布吸尽积血，看清出血部位，随即迅速、准确地用止血钳垂直夹住出血点，用丝线绕过止血钳所夹住的血管及少量组织而结扎。在打结的同时，由助手放开止血钳，于结扣收紧时，即可完全放松。过早放松，血管可能脱出，过晚放松，则结扎住钳头不能收紧。结扎时所用的力量也应大小适中。也可由助手提起止血钳柄使之直立绕过结扎线后将止血钳放平，钳尖上翘，待收紧第一单结时，助手即松开止血钳。松钳时收紧结扎线不要停顿，松钳后应继续将第一单结进一步收紧，再打第二单结。打结时，拉线方向与线结的绕行方向一致，否则结扎线易断且易形成滑结；应使两手拉线的着力点与结扎点三点在一直线上，并使结扎点保持原位，不因结扎而被撕脱。

（2）贯穿结扎止血法。与单纯结扎基本相似，不同之处在于将缝线用缝针穿过所钳夹组织（勿穿透血管）后，绕过一侧，再绕过另一侧打结，可呈“8”字形打结或单纯打结，如图1-2-4所示。

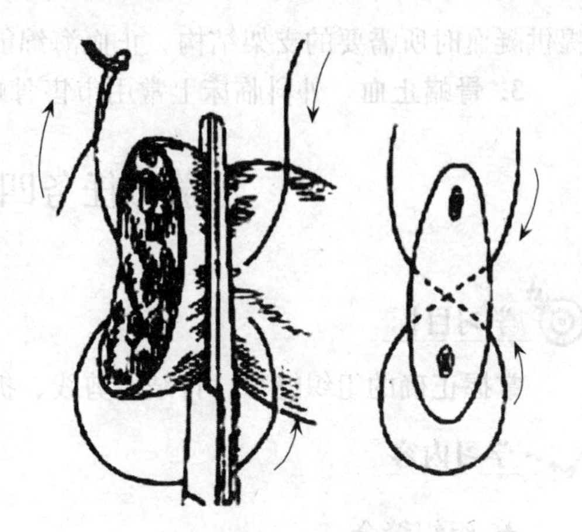

图1-2-4　贯穿结扎止血法

贯穿结扎法的优点是结扎线不易脱落，适用于大血管或重要部分的止血，其止血效果更可靠。在不易用止血钳夹住的出血点，不可用单纯结扎止血，而宜采用贯穿结扎止血的方法。贯穿结扎有时与单纯结扎联合应用为双重结扎，如结扎大血管近心端时，先做一贯穿结扎，再在其远端加一单纯结扎，此时贯穿结扎线可穿过大血管断端管壁。

4. 填塞止血法　压迫止血法是手术中较常用的止血方法之一，适用于毛细血管渗血和小血管出血；填塞止血法主要用于一些深部组织（如子宫腔、腹腔等）的大血管损伤，一时找不到出血点时，特别是在损伤严重、组织形态都已发生损毁，或大血管结扎止血失败的情况下使用。

该法常用大量灭菌纱布或止血明胶海绵填塞于出血的创腔或解剖腔内，压迫血管断端以达到止血的目的。在填塞时，必须将创腔填满，以便有足够的压力压迫血管断端。填塞止血留置的敷料通常在12～48h后取出，如果是明胶海绵等可吸收材料，可以不必取出。

5. 烧烙止血　烧烙止血是利用高温使蛋白变性以达到凝固止血的目的，多用于较表浅的小出血点或不易结扎的渗血。其优点是止血迅速，不留线结于组织内，但止血效果不完全可靠，凝固的组织易于自脱落而造成再次出血，且坏死的组织，易引起术后反应，所以对较大的血管仍宜采用结扎止血，避免发生继发性出血。

该法具体操作为：用止血纱布擦干血液，将高频电刀的刀尖或烙铁的尖端直接接触出血点止血。只要轻轻碰触即可，否则烧伤范围过大，会影响切口的愈合。

二、药物止血法

药物止血法类似压迫止血法和填塞止血法，只是在压迫或填塞之前，用纱布吸干积血后，在出血处敷以止血药物，然后用纱布进行压迫或直接用蘸有药物的纱布进行压迫或填塞。

用物理止血方法难于止血的创面、实质性器官或骨断端的出血，可用局部药物止血法止血。

1. 麻黄碱、肾上腺素止血　用1%～2%麻黄碱溶液或0.1%肾上腺素溶液浸湿的纱布进行压迫止血（见压迫止血法）。临床上也常用上述药品浸湿系有棉线绳的棉包做鼻出血、拔牙后齿槽出血的填塞止血，待止血后拉出棉包。

2. 明胶海绵止血　多用于一般方法难以止血的创面出血，实质器官、骨松质及海绵质出血。使用时将止血海绵铺在出血面上或填塞在出血的伤口内，即能达到止血的目的。如果在填塞后加以组织缝合，更能发挥优良的止血效果。止血明胶海绵的种类很多，如纤维蛋白海绵、氧化纤维素海绵、白明胶海绵及淀粉海绵等。它们止血的基本原理是促进血液凝固和提供凝血时所需要的支架结构。止血海绵能被组织吸收并使受伤血管日后保持贯通。

3. 骨蜡止血 外科临床上常用市售骨蜡制止骨质渗血，用于骨的手术。

学习任务四 组织缝合技术

学习目标

掌握正确的组织缝合、打结、剪线、拆线和引流技术。

学习内容

★ 组织缝合。
★ 打结、剪线、拆线。
★ 引流。

一、组织缝合法

组织缝合的基本要求是：①各层组织应按层次由深至浅进行严密而准确地对合。浅而短的切口可按一层缝合，但缝线必须包括各层组织；较大的切口则必须自深而浅逐层缝合，以消灭无效腔和减少皮肤的张力。②选择合适的缝线。缝线粗细的选择要视该处组织张力而定，并掌握好针距、边距，其缝合密度应使两针间不发生弧形裂隙为度。③每层缝线在两侧所包含组织的厚度应等量、对称、对合整齐，并应为同类组织。④缝合线结扎的松紧度要适当，使创缘紧密相接，以不割裂缝合组织和不使结扎部位组织发生缺血性坏死为宜。缝合皮肤时，皮肤表面的对合线应略隆起，不应下陷或卷曲。⑤无论何种缝线（可吸收或不可吸收）均为异物，故应尽量减少缝线的用量。

（一）结节缝合法

1. 简单结节缝合法 缝合时，将缝针引入 15～25cm 缝线，于创缘一侧垂直刺入，于对侧相应的部位穿出打结。每缝一针，打一次结。缝合时要求创缘要密切对合。缝线距创缘距离，根据缝合的皮肤厚度来决定，犬、猫一般为 3～5mm。缝线间距要根据创缘张力来决定，为使创缘彼此对合，一般间距为 0.5～0.8cm。打结在切口一侧，防止压迫切口。该法用于皮肤、皮下组织、筋膜、黏膜、血管、神经、胃肠道缝合，如图 1-2-5、图 1-2-6、图 1-2-7、图 1-2-8 所示。

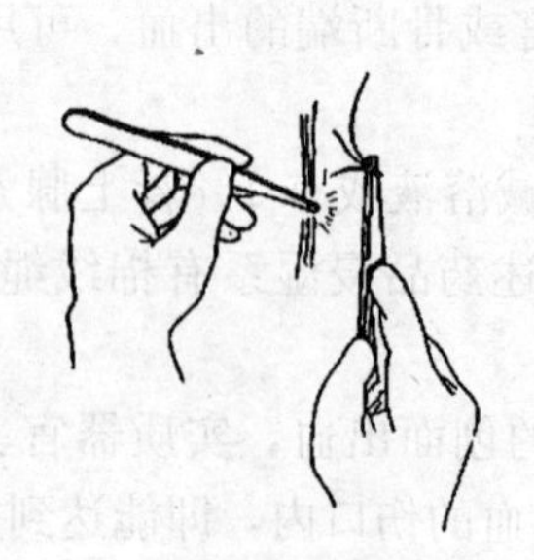

图 1-2-5 提起皮肤边缘，右手执持针钳

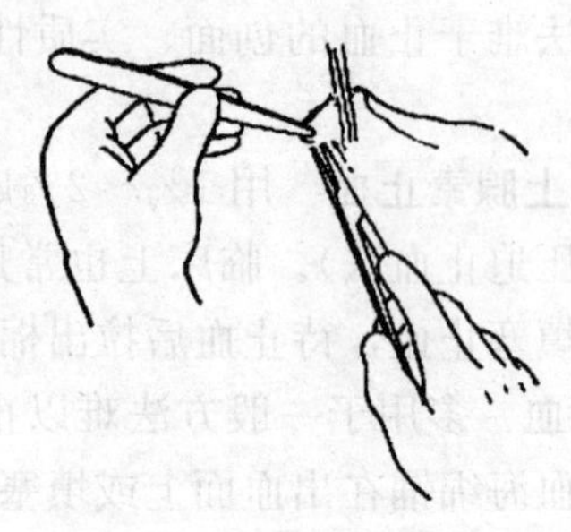

图 1-2-6 用镊子固定

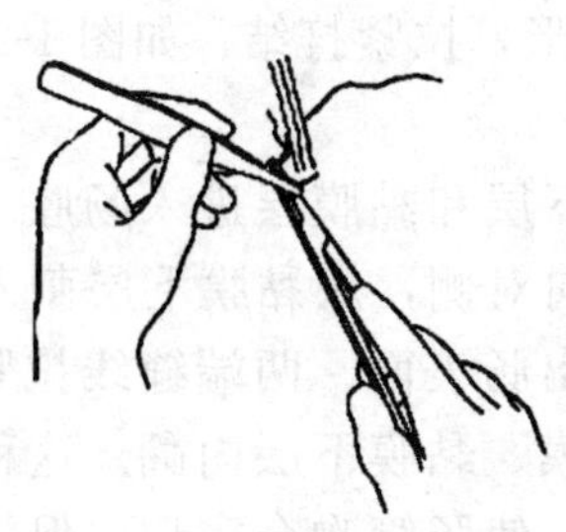
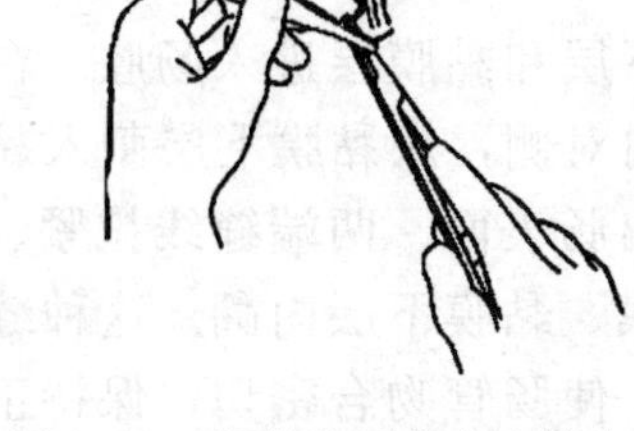

图 1-2-7　顺针的弧度完全拔出缝针　　图 1-2-8　简单结节缝合法示意

2. 水平褥式缝合法　将针刺入皮肤，距创缘 2～3mm，使创缘相互对合，越过切口到对侧相应部位刺出皮肤，然后缝线与切口平行向前约 8mm，再刺入皮肤，越过切口到相应对侧刺出皮肤，与另一端缝线打结。该缝合要求缝针刺入皮肤时刺在真皮下，不能刺入皮下组织，这样皮肤创缘对合才能良好，不出现过多外翻，如图 1-2-9、图 1-2-10 所示。根据缝合组织的张力，每个水平褥式缝合间距为 4mm。

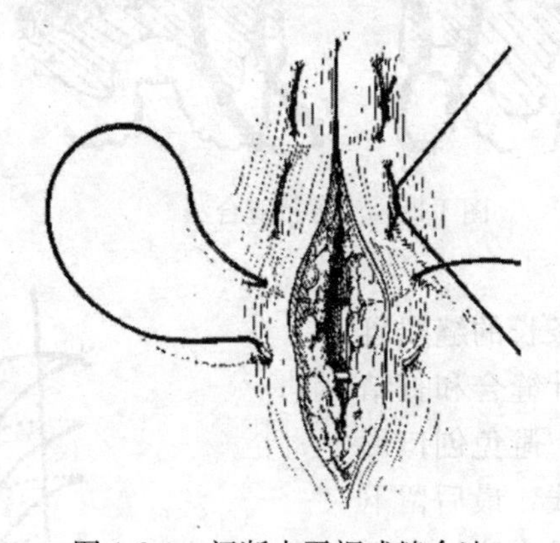
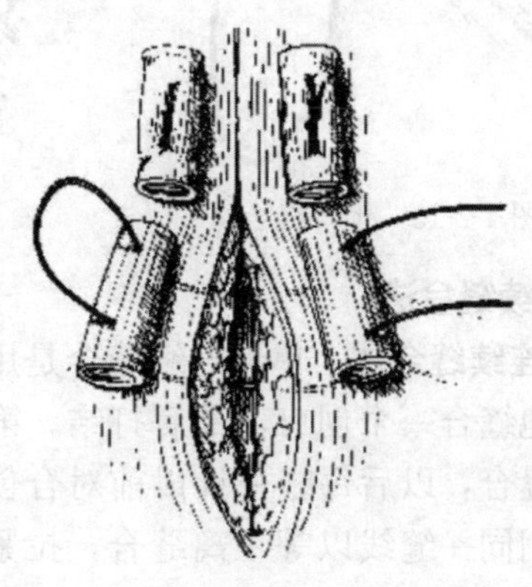
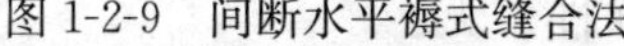

图 1-2-9　间断水平褥式缝合法　　图 1-2-10　改进间断水平褥式缝合法

3. 垂直褥式缝合法　将针刺入皮肤，距离创缘约 8mm，使创缘相互对合，越过切口到相应对侧刺出皮肤。然后将缝针翻转在同侧距切口约 4mm 处刺入皮肤，越过切口到相应对侧距切口约 4mm 处刺出皮肤，与另一端缝线打结。该缝合要求缝针刺入皮肤时，只能刺入真皮下，接近切口的两侧刺入点要求接近切口，这样皮肤创缘对合良好，不能外翻。缝线间距为 5mm，如图 1-2-11、图 1-2-12 所示。

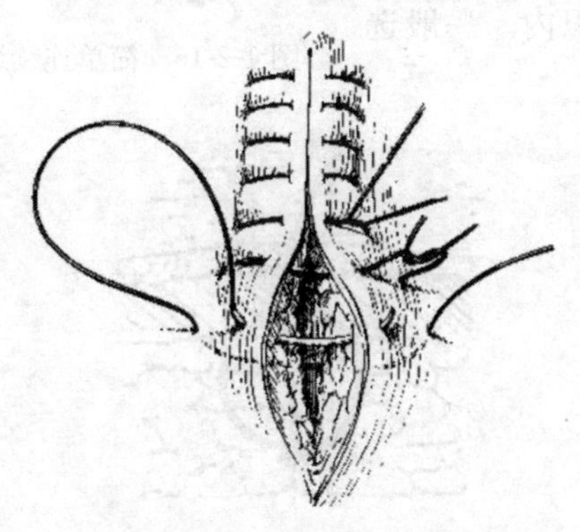
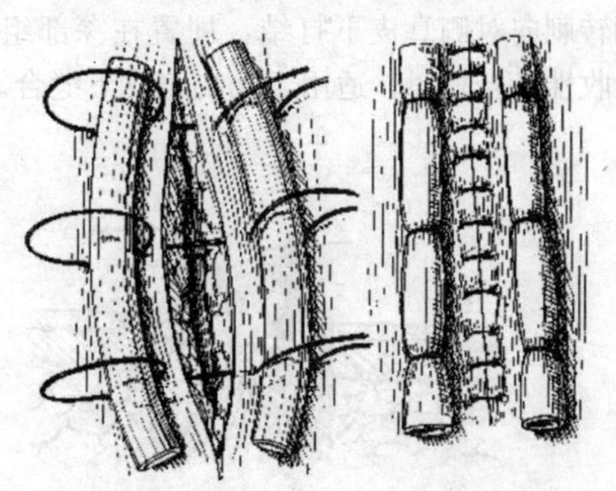

图 1-2-11　间断垂直褥式缝合法　　图 1-2-12　改进间断垂直褥式缝合法

4. 十字缝合法 第一针开始，缝针从一侧到另一侧，第二针平行第一针从一侧到另一侧穿过切口，缝线的两端在切口上交叉形成“×”字形，拉紧打结，如图 1-2-13 所示。用于张力较大的皮肤缝合。

5. 压挤缝合法 将缝针刺入浆膜、肌层、黏膜下层和黏膜层进入肠腔。在越过切口前，从肠腔再刺入黏膜到黏膜下层。越过切口，转向对侧，从黏膜下层刺入黏膜层进入肠腔。在同侧从黏膜层、黏膜下层、肌层到浆膜刺出肠表面。两端缝线拉紧、打结，如图 1-2-14 所示。这种缝合使浆膜、肌层相对接，黏膜、黏膜下层内翻。这种缝合法使肠组织自身组织相互压挤，可以很好地防止液体泄漏，使肠管吻合密切，保持正常的肠腔容积。

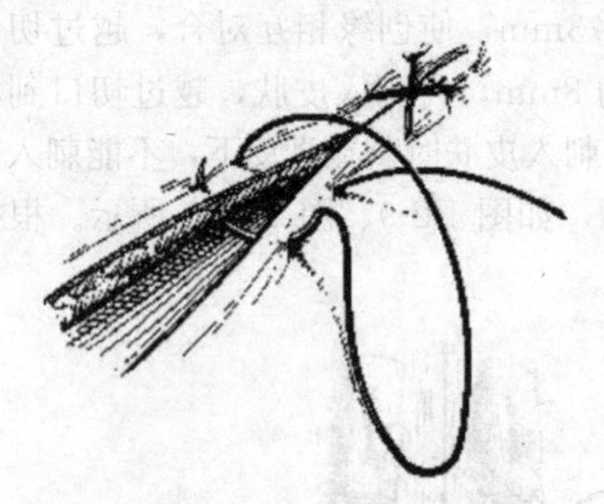

图 1-2-13 十字缝合法

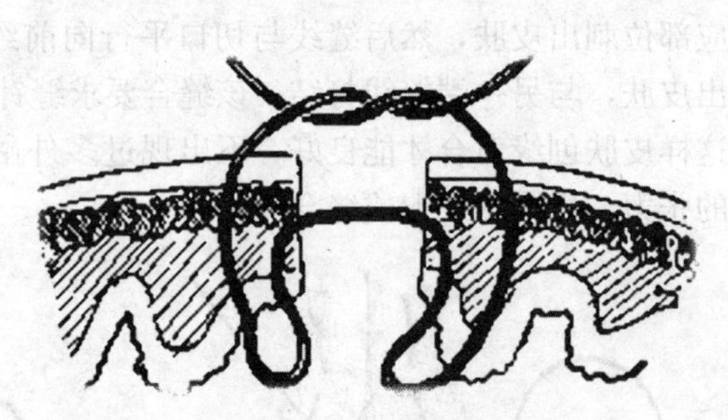

图 1-2-14 压挤缝合法

（二）连续缝合法

1. 简单连续缝合法 单纯连续缝合是用一条长的缝线自始至终连续地缝合一个创口，最后打结。第一针缝合和打结操作同结节缝合，以后每缝一针以前对合创缘，避免创口形成皱襞，使用同一缝线以等距离缝合，拉紧缝线，最后留下线尾，在一侧打结，如图 1-2-15 所示。常用于具有弹性、无太大张力的较长创口；用于皮肤、皮下组织、筋膜、血管、胃肠道的缝合。

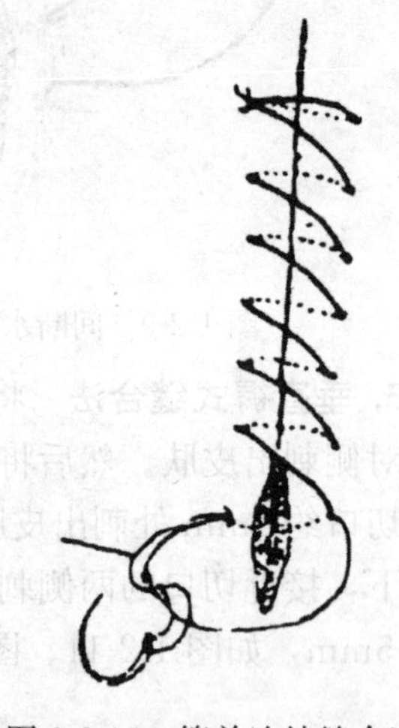

图 1-2-15 简单连续缝合法

2. 表皮下缝合法 缝合从切口一端开始，将缝针刺入真皮下，再翻转缝针刺入另一侧真皮，在组织深处打结，如图 1-2-16、图 1-2-17 所示。应用连续水平褥式缝合切口。最后缝针翻转刺向对侧真皮下打结，埋置在深部组织内。一般选择可吸收性缝合材料。适用于宠物表皮下缝合。

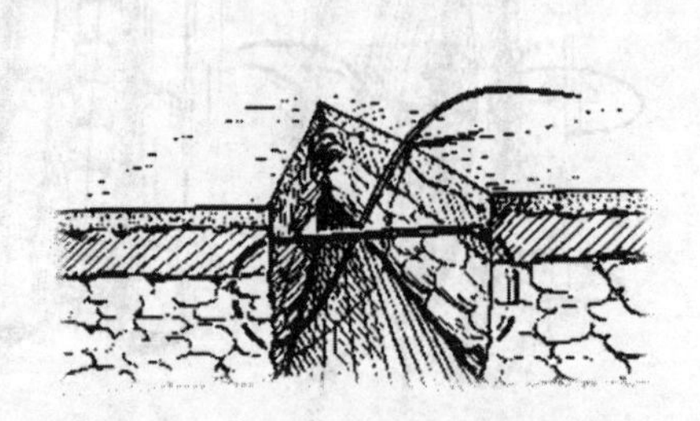

图 1-2-16 表皮下缝合进针方式

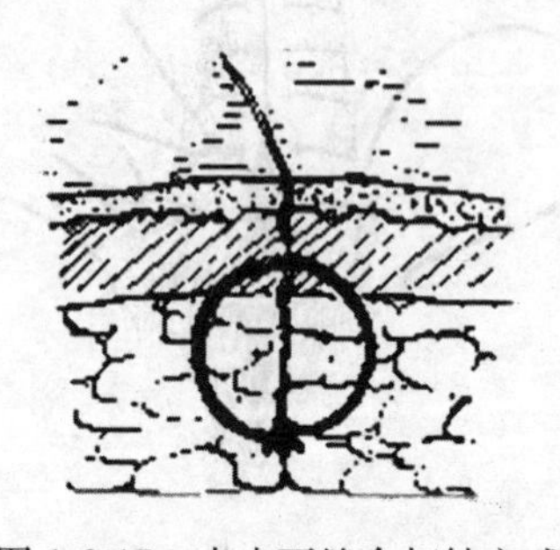

图 1-2-17 表皮下缝合打结方式

3. 伦勃特缝合法　又称为垂直褥式内翻连续缝合法。于切口一端开始，先做一浆膜肌层间断内翻缝合，再用同一缝线做浆膜肌层连续缝合至切口另一端，如图 1-2-18、图 1-2-19 所示。同时也可以采用间断缝合法，缝线分别穿过切口两侧浆膜及肌层后即打结，使部分浆膜内翻对合，用于胃肠道的外层缝合。

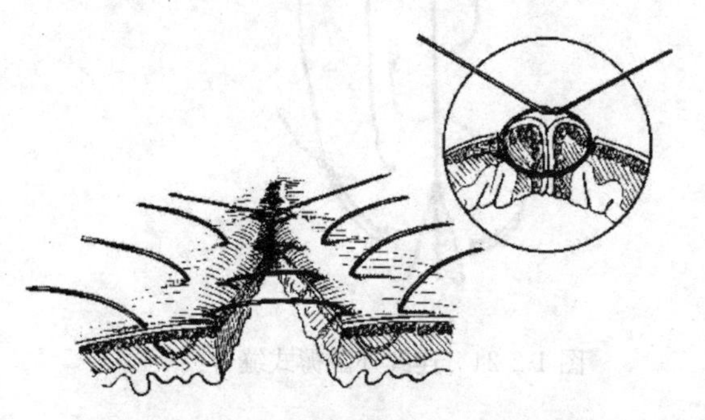
图 1-2-18　垂直褥式内翻间断缝合法

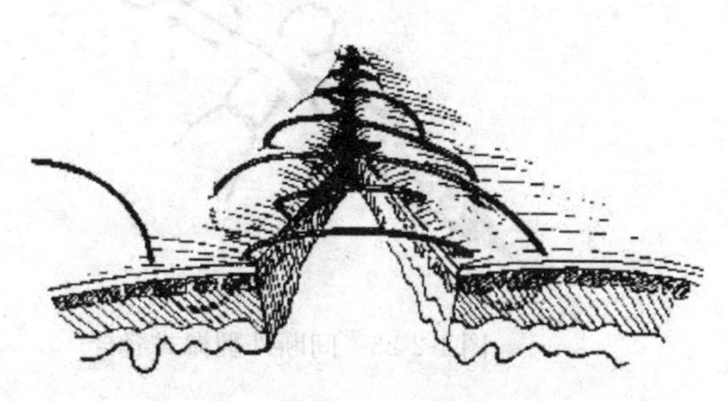
图 1-2-19　垂直褥式内翻连续缝合法

4. 康奈尔缝合法和库兴式缝合法　又称为全层连续水平褥式内翻缝合法和非全层连续水平褥式内翻缝合法。缝合时，先于切口一端做一全层（浆膜肌层）间断内翻缝合，再用同一缝线平行于切口做全层（浆膜肌层）连续内翻缝合至切口的另一端，如图 1-2-20、图 1-2-21 所示。多用于胃肠等空腔器官的缝合。

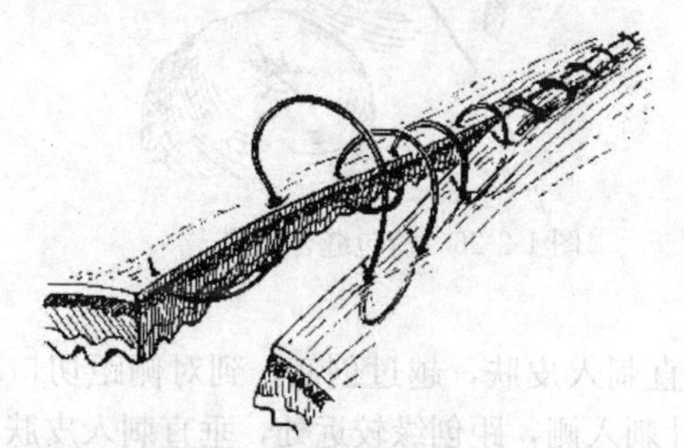
图 1-2-20　康奈尔缝合法

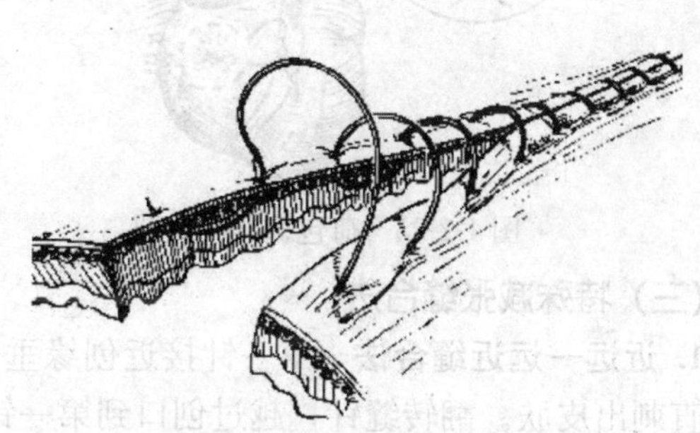
图 1-2-21　库兴式缝合法

5. 连锁缝合法　这种缝合方法与单纯连续缝合基本相似。在缝合时，每次使缝合交锁，如图 1-2-22 所示。多用于皮肤直线形切口及薄而活动性较大的部位缝合。

6. 外翻褥式缝合法　缝合时，先于切口一端做一全层（浆膜肌层）垂直创缘进针至切口另一端出针，再在同侧切口一端做一全层（浆膜肌层）垂直创缘进针至切口另一端出针的间断外翻缝合，也可采用连续外翻缝合，距创缘约 5mm，针距 7～8mm，如图 1-2-23、图 1-2-24 所示。适于皮肤的快速缝合。

7. 荷包缝合　是环状的浆膜肌层连续缝合，主要用于胃、肠壁上小范围的内翻缝合，如缝合小的胃、肠穿孔。此外，还用于胃、肠、膀胱等引流管固定的缝合，如图 1-2-25、

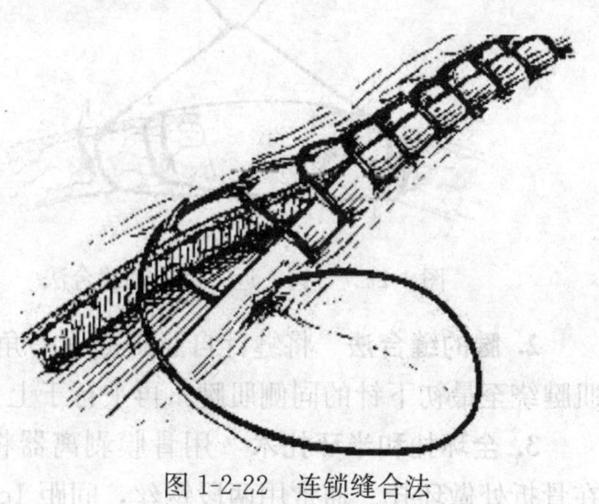
图 1-2-22　连锁缝合法

图 1-2-26 所示。

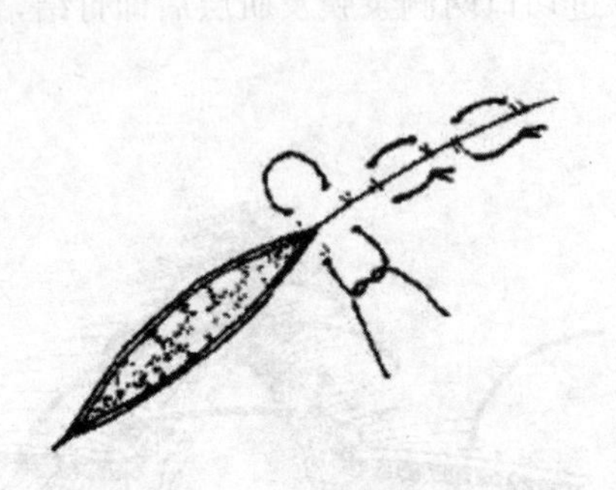

图 1-2-23　间断外翻褥式缝合

图 1-2-24　连续外翻褥式缝合

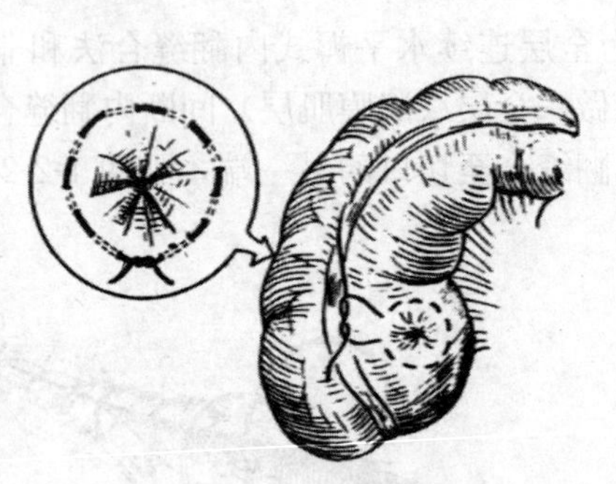

图 1-2-25　荷包缝合模式图

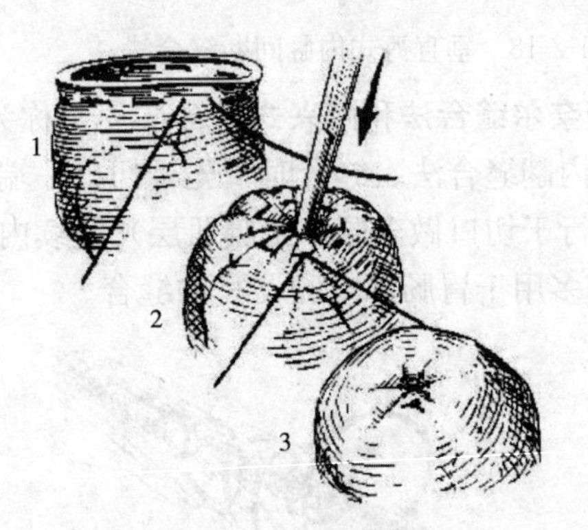

图 1-2-26　荷包缝合步骤

（三）特殊减张缝合法

1. 近远—远近缝合法　第一针接近创缘垂直刺入皮肤，越过创底，到对侧距切口较远处垂直刺出皮肤。翻转缝针，越过创口到第一针刺入侧，距创缘较远处，垂直刺入皮肤，越过创底，到对侧距创缘近处垂直刺出皮肤，与第一针缝线末端拉紧打结，如图 1-2-27、图 1-2-28 所示。近远—远近缝合是一种张力缝合。

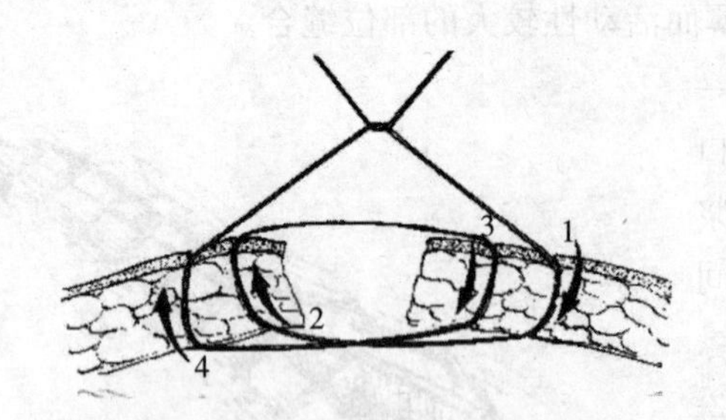

图 1-2-27　远—近—近—远缝合法

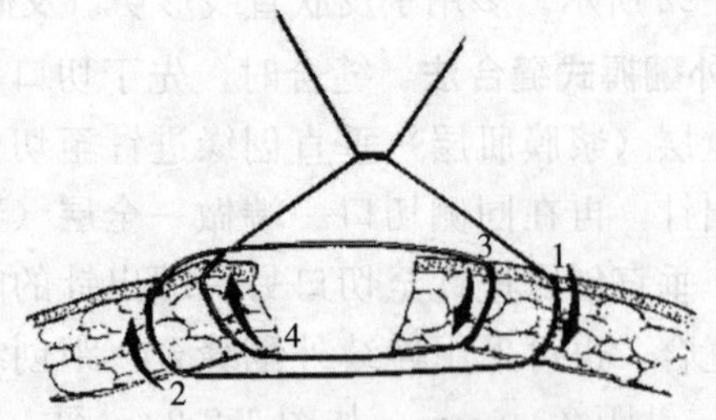

图 1-2-28　远—远—近—近缝合法

2. 腱的缝合法　将缝针自肌腱断面一角进针，从对角穿出，在肌腱表面，将缝线垂直肌腱绕至最初下针的同侧肌腱，再平行于上一针成对角线穿过肌腱，如图 1-2-29 所示。

3. 全环扎和半环扎术　用骨膜剥离器将骨骼附属组织剥离，将钢丝尽可能贴近骨骼，在骨折处做环扎。通常用两段钢丝，间距 1cm 或距骨折断端不得小于 5mm，或将钢丝穿过

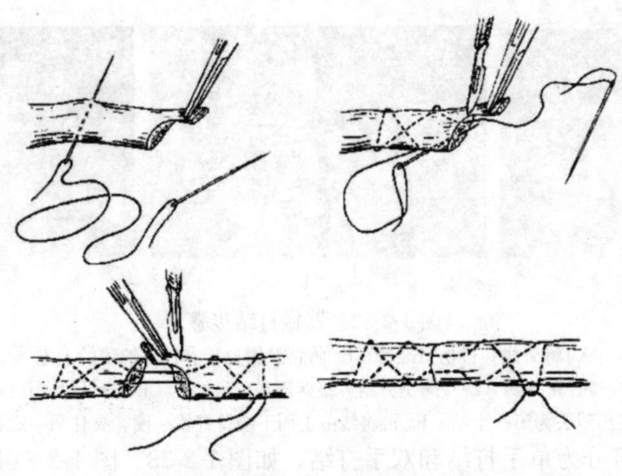

图 1-2-29　腱断裂的处理与缝合方法

骨骼做半环扎，如图 1-2-30、图 1-2-31 所示。

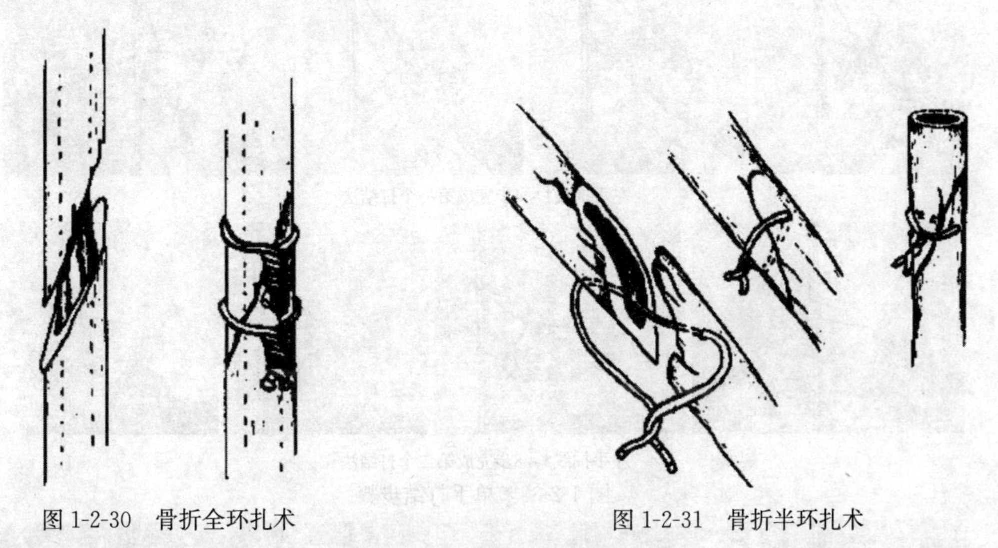

图 1-2-30　骨折全环扎术　　　　图 1-2-31　骨折半环扎术

二、打结、剪线与拆线

(一) 打结

1. 器械打结　把持针钳放在缝线较长端和结扎物之间，用长线端缝线环绕止血钳一圈后，再打结即可完成第一结。打第二结时向相反方向环绕持针钳一圈后拉紧，通常打 3 个结，可以打成方结或外科结，如图 1-2-32 所示。

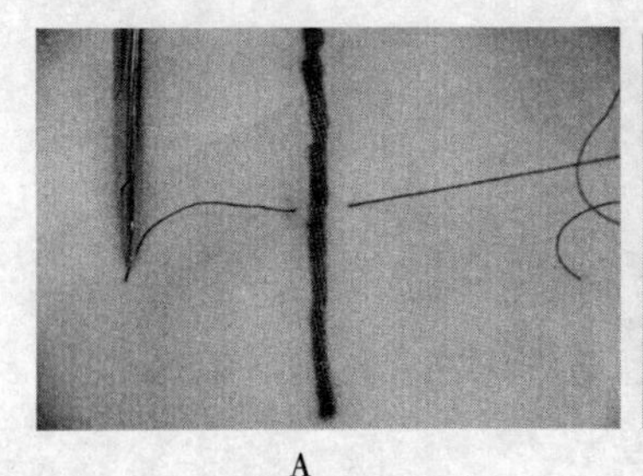

A

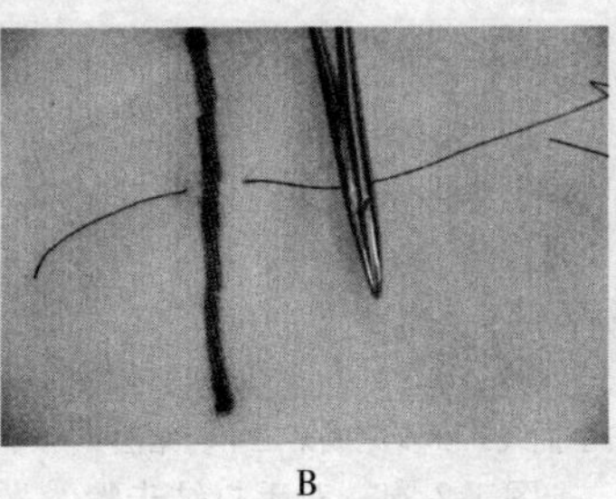

B

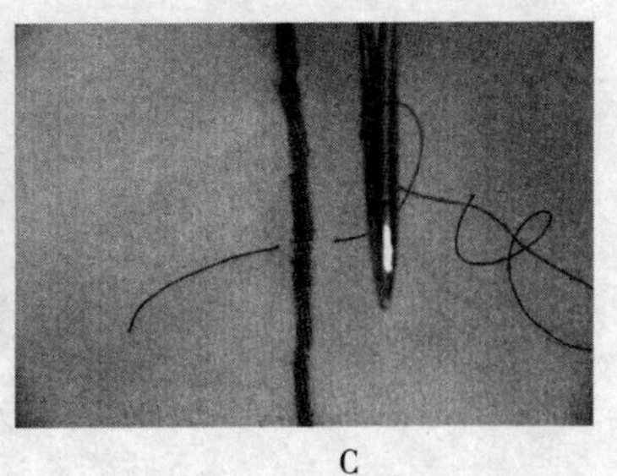

C

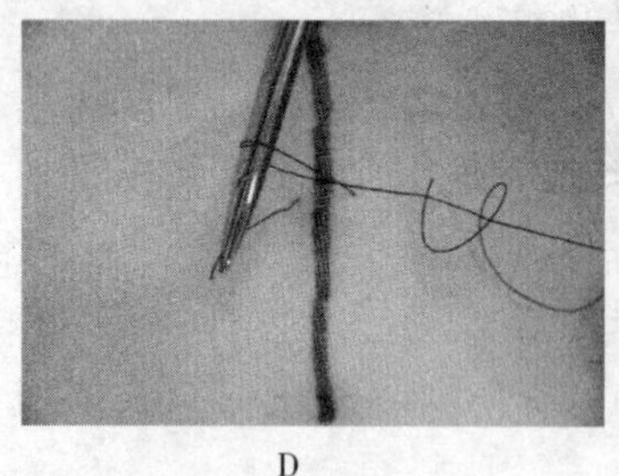

D

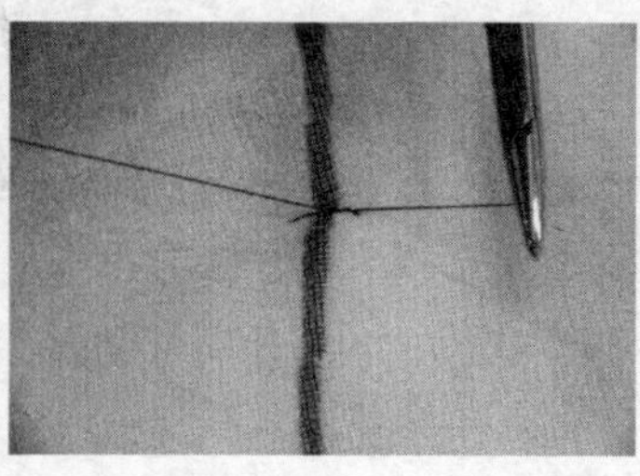

E

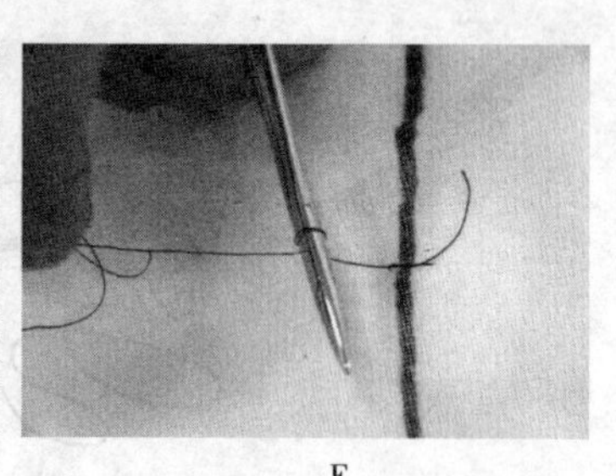

F

图 1-2-32　器械打结步骤

A. 将缝线穿过伤口准备　B. 将持针钳放于有针一端线的上方

C. 用线绕持针钳一圈（绕一圈是方结，绕两圈是外科结）　D. 持针钳夹住线另一端

E. 双手交叉拉出线头为第一个结　F. 再将线由上而下绕持针钳一圈，夹住另一端拉出为第二结

2. 徒手打结　可分为单手打结和双手打结，如图 1-2-33、图 1-2-34 所示。

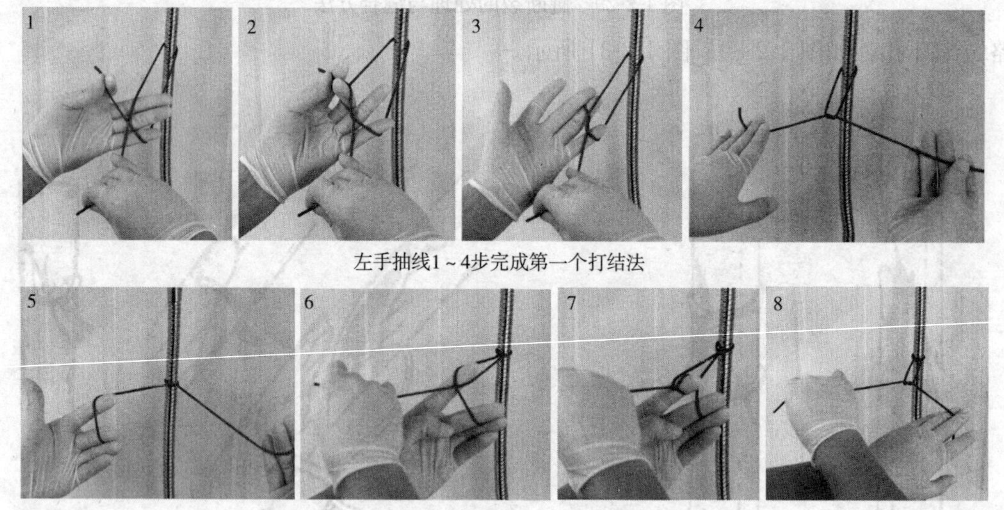

左手抽线1～4步完成第一个打结法

左手抽线5～8步完成第二个打结法

图 1-2-33　单手打结步骤

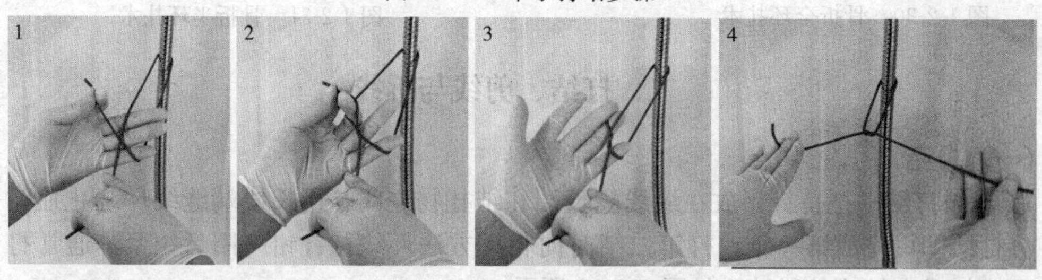

左手抽线1～4步完成第一个打结法

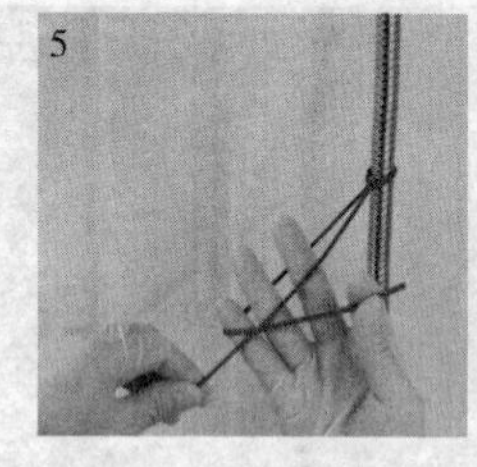

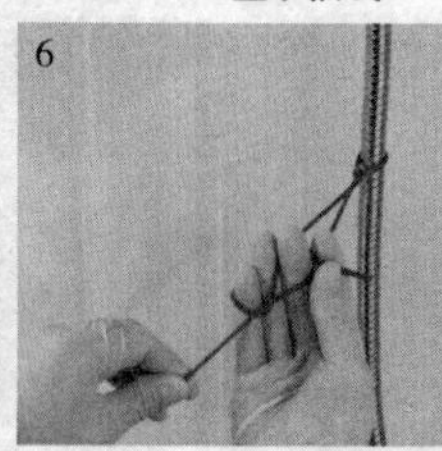

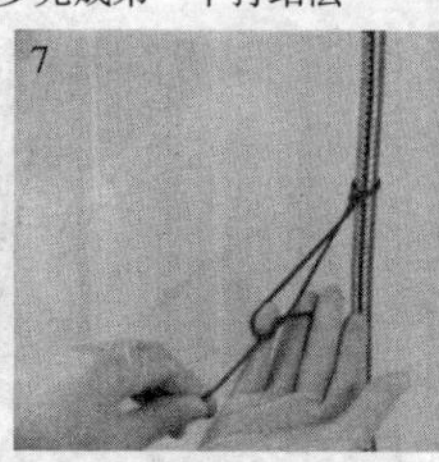

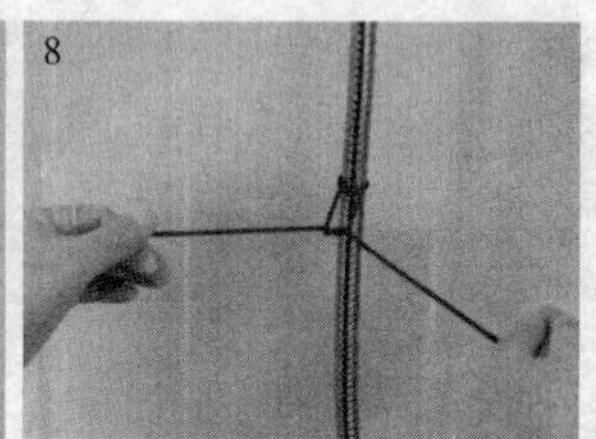

右手抽线5～8步完成第二个打结法

图 1-2-34　双手打结步骤

（二）剪线

结扎血管或缝合组织的线头，均应剪短，以减少留于组织中的异物，但不宜过短，否则线结易松脱。线头应留的长度与缝线种类、粗细及结扎的紧张性有关，不能统一规定。一般丝线应留1～2mm，肠线、尼龙线留3～5mm，皮肤缝线留5～10mm；粗线、一些重要部位的结扎线，线头可留长一些，细线可留短些；浅部结扎可留短些，深部结扎要留长些；结扣次数多的可留短些，结扣次数少的可留长些。

正确的剪线方法是：剪线时，由打结者提起结扎线，偏向一侧，保证不妨碍剪线者的视线，如图1-2-35所示。剪线者（一般为助手）右手持线剪（多用尖头直剪或尖-圆头剪）。微张开剪尖，先以一侧剪刃靠近结扎线，再沿结扎线滑下至线结处，然后将剪刀向上倾斜30°～45°剪断结扎线。倾斜的角度大小决定于需要留下线头的长短。可记为四字动作要领"靠、滑、斜、剪"。

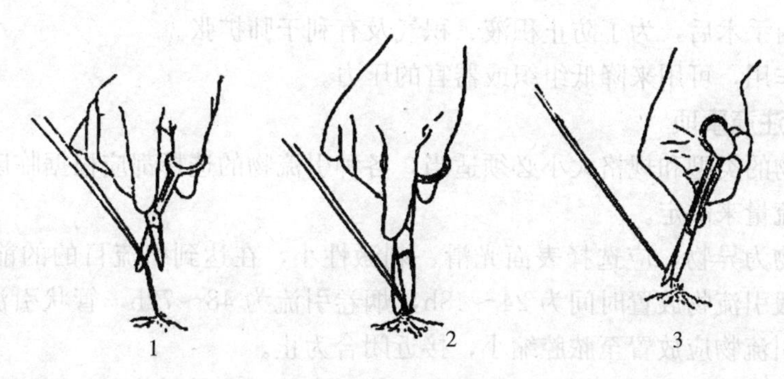

图1-2-35　正确的剪线方法

（三）拆除缝线

一般只拆除皮肤外层缝合的缝线。在皮肤切口愈合后，通常在术后的7～10d拆除缝线。拆除的过早，会引起伤口开裂；拆除过晚，会引起伤口感染。拆除时注意勿将外露的线段拉入组织内，以免增加感染机会。

先以酒精棉球消毒切口皮肤及缝线，左手用消毒镊提起线头，使埋于皮内的缝线稍稍露出一段，右手持消毒拆线剪用剪尖凹陷处在线结下将露出部剪断，沿拆线方向侧拉出缝线即可，如图1-2-36、图1-2-37所示。

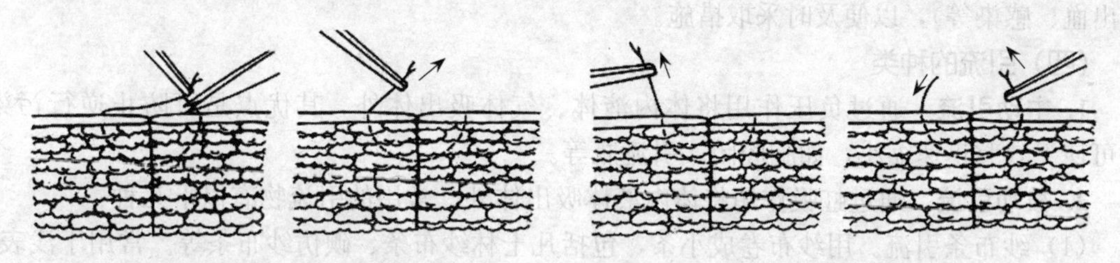

图1-2-36　正确剪线与抽线法　　　图1-2-37　不正确剪线与抽线法

三、引　　流

引流是外科临床最常用、最重要的基本技能之一，正确引流是非常重要的。引流物种类很多，用于引出体腔或创口内存在的液体和气体。正确引流，可防止感染扩散，减少并发症的发生。

(一) 引流的作用

(1) 将手术创口内或腔隙中的分泌物、血液、渗出物、异物等排出体外。

(2) 刺激组织使渗出液增多，以稀释中和毒素。

(二) 引流的临床适应证

(1) 脓肿或化脓性感染，如脓胸或腹腔脓肿等切开。

(2) 积液或积血（血肿）切开后，仍留有残腔，伤口有可能再积液。

(3) 肿块摘除后，残腔不易消除可能会导致伤口积液。

(4) 软组织广泛挫伤，创面广泛剥离，伤口继续渗血、渗液。

(5) 严重污染、感染的伤口，或有坏死组织未彻底清除。

(6) 胃肠道吻合或修补术后，有可能发生瘘管；泌尿系统等外伤或手术后，防止液体外渗和积聚。

(7) 胸腔内手术后，为了防止积液、积气及有利于肺扩张。

(8) 减压作用，可用来降低组织或器官的压力。

(三) 引流注意事项

(1) 引流物的类型和规格大小必须适当，各种引流物的选择都应根据临床适应证、引流物的性能和引流量来决定。

(2) 引流物为异物，应选择表面光滑、刺激性小，在达到引流目的的前提下，尽早拔除。例如，一般引流物放置时间为 24～48h，烟卷引流为 48～72h，管状引流一般不超过 1 周。脓腔内的引流物应放置至脓腔缩小，接近闭合为止。

(3) 引流物放置的位置必须正确。引流液体时应放置在最低位置；引流气体则应放在高位。体腔内的引流物最好不要经过手术切口，以免刺激伤口，或使细菌逆行进入伤口，导致崩裂，而应在其附近另做一小切口引出。引流物不要直接压迫血管、神经和脏器，以防发生出血、瘫痪或胃肠道瘘管等并发症。

(4) 引流物必须在体外固定牢，以防脱落或滑入伤口，并对引流物的类型、数目和部位等做好记录，以便取出时进行核对。引流出口不要太紧，以保障引流通畅，而且引流物不可受压、扭曲、堵塞。如怀疑有堵塞，可松动引流物或轻轻冲洗引流管。

(5) 手术后应密切观察引流液体的性质和数量，并记录，用以判断病情发展情况（如有无出血、感染等），以便及时采取措施。

(四) 引流的种类

1. 主动引流 通过负压作用将体内液体、气体吸出体外。其优点是可防止逆行污染，并可使无效腔迅速缩小，如胸腔闭式引流瓶等。

2. 被动引流 通过虹吸作用将体内液体吸出体外。常用的引流物有以下几种：

(1) 纱布条引流。用纱布卷成小条，包括凡士林纱布条、碘仿纱布条等。常用于浅表创面和脓肿切开后的脓腔引流或小溃疡面的湿敷引流。此种引流方法刺激性小，可防止创面与敷料黏着和脓腔浅层过早闭合。

(2) 橡皮片引流。一般可将破橡皮手套剪成大小适当的条状，消毒后使用。常用于皮下、肌层等表浅内腔较小的组织引流，如表浅的创口引流。血肿或小脓肿切开后，以利于排出，多于 24h 拔除，个别可延长至 48h。

(3) 烟卷引流。由薄橡皮管中填以纱布卷而制成，质软，刺激性小，而且其表面光滑不

与组织粘连，容易拔出，故多用于深部引流。用于腹腔和深部创口的引流时，橡皮管前端应另剪数个小孔，一般于48～72h拔出或逐日剪短拔除。

（4）橡皮管引流。有不同口径、形状及硬度，常用于深部伤口、泌尿道及体腔引流，如一般橡皮管、T形管、各种导尿管等。一般橡皮管使用时，管壁前端应另剪数个小孔，以利于引流。

由粗细不同的两根橡皮管（前端备有几个小孔）套叠构成的双套管，适用于腹腔多量积液的引流，内管可连接于吸引器行持续吸引，外管可防止周围组织（如大网膜）堵塞引流管。

学习任务五　术后宠物的护理

学习目标

掌握术后宠物的一般护理，熟悉术后宠物的特殊护理。

学习内容

★ 一般护理。

★ 特殊护理。

术前准备、手术治疗和术后护理是手术治疗的3个环节，环环相扣，缺一不可。俗话说："三分治疗、七分护理"，这表明术后护理的重要性。对此，医护人员不仅应有明确的认识，而且在术前和术后应向宠物主人详细介绍如何操作，否则会因为术后护理不当，而造成手术失败。

一、一般护理

1. 苏醒和保温　一般手术操作结束到宠物意识恢复还需要一段时间，在这段时间内的监护与麻醉期间的监护操作基本相似，不同之处在于不必再维持麻醉的深度，而使宠物一直往清醒的方向发展；不必维持宠物的适当低温，而是将宠物的体温恢复到正常；因宠物在苏醒阶段，组织代谢加强，氧气的需求量会增大，所以，要保持良好的通气和氧气供应。

（1）麻醉苏醒。全身麻醉的宠物，手术后宜尽快苏醒，苏醒时间延长，可能引起某些并发症，例如由于体位的变化，影响呼吸和循环等。在全身麻醉未苏醒之前，应设专人看管，苏醒后辅助站立，避免撞碰和摔伤。术后24h内严密观察宠物的体温、呼吸和心血管的变化，若发现异常，要尽快找出原因。在吞咽功能未完全恢复之前，绝对禁止饮水、喂食，以防止误咽。对较大的手术，要注意评价患病宠物的水和电解质变化，若有失调，及时给予纠正，或参考心肺复苏术。

对一些宠物来说，术后通风是必要的，如血氧严重不足（血氧分压小于6.7～8.0kPa）、严重的心肥大（动脉内二氧化碳分压大于8.0kPa）或颅内压升高的患病宠物。此时就需要使用循环呼吸机。呼吸频率和潮气量要使二氧化碳分压保持在4.0～5.3kPa，血氧分压在8.0kPa以上，但应避免气道压力过大。血氧分压通常是吸入氧的浓度的5倍（例如：如果患病宠物能吸进40%的氧，那么血氧分压就要达到26.7kPa)；如果达不到，说明气体交换不足。此时需要根据不足的程度进行处理，如呼气末正压（PEEP）。呼气末正压可以提高肺部进行气体交换的体积，减少肺泡的塌陷。

（2）保温。全身麻醉后的宠物体温往往会降低，特别对于手术时间比较长、体质比较弱或是手术暴露比较多的宠物，更应注意保温。至少每个小时要测一次体温（对于严重病例更要经常测体温），直到患病宠物的体温正常、精神转好为止。体温低的宠物需要用加热箱、热水垫、热水袋或电热毯保暖。当宠物的体温低于正常体温2℃以上时，将危及宠物的生命。

2. 控制活动 术后一般建议笼养，以限制宠物的活动，特别是一些骨科手术和缝合部位张力比较大的手术。另外，宠物术后会啃咬或舔舐伤口，应对宠物的头部和肢体的活动有一定的限制（参考宠物的包扎）。

3. 预防和控制感染 术后一般建议应用2～3d抗生素（可参照预防性抗生素的使用）；如果宠物术后出现明显的感染，应更换抗生素或改变抗生素的使用方法，或根据临床药敏试验选择敏感的抗生素。

手术创的感染决定于无菌技术的执行程度和患病宠物抵抗感染的能力。而术后的护理不当也是继发感染的重要原因，因此要保持病房干燥、清洁。在蚊蝇滋生季节和多发地区，要杀蝇灭蚊。对大面积创伤或深部创也要预防破伤风感染。防止宠物自伤咬啃、舔、摩擦，应采用颈圈、侧杆等保定方法施行保护。抗生素药物，对预防和控制术后感染，提高手术的治愈率，有良好效果。对污染手术应在手术之前给予抗生素，使得在手术时血液中含有足够量的抗生素，并可维持一段时间。应用抗生素治疗，首先应对病原菌进行了解，在没有做药物敏感试验的条件下，可使用广谱抗生素。抗生素绝不可滥用，对严格执行无菌操作的手术，不一定使用抗生素，这既可以减少浪费，又可避免周围环境中耐药菌株增加。

二、特殊护理

（一）能自主采食的宠物

对非消化道手术，术后食欲良好者，一般可于术后12～24h，给予半流质食物，再逐步转变为日常饲喂。不限制喂饮，但一定要防止暴饮暴食，应根据病情逐步恢复到日常用量。消化道手术，一般应禁食24～48h，当宠物出现排粪、肠蠕动音恢复正常后方可给予易消化的食物，对术后出现水、盐、电解质失衡者，要及时进行纠正，并静脉补充营养。

（二）不能自主采食的宠物

1. 静脉补充营养 可以通过在静脉放置留置针或插入静脉导管，进行营养补充。

2. 鼻饲管补充营养 提起宠物头部将局部麻醉药喷洒在鼻黏膜上，将聚丙烯导管插入鼻腔，为保证鼻黏膜的麻醉效果，在插管过程中要不断地追加麻醉。如果患病宠物不能承受插鼻管的痛苦，就要深度镇静，注射利多卡因（如12%利多卡因1～2mL）或采用轻度基础麻醉。另外选择一个适当长度的饲喂管，可沿患病宠物的侧颈从鼻开始到第七和第八肋间测量一下，并在适当的位置上做个标记。在插管前，可用5%利多卡因润滑导管，并把患病宠物的头部保定在正常位置（要避免过度弯曲和过度伸展）。把导管沿腹外侧的鼻腔插入，当导管插入鼻腔2～3cm时，拉住中隔就使鼻腔空出。再沿背侧往里送导管，以使腹部的管腔

打开，估计导管的末端并使其接近咽和食道。

检查导管是否进入食道：

（1）负压检查法。

（2）往导管内注射3～5mL消毒盐水，看是否引起患病宠物咳嗽。

（3）管内注射6～12mL空气，在剑状软骨处听是否有腹鸣。

（4）用胸部超声来检查导管位置。

如患病宠物用的是基础麻醉，则可以用手击的方法感觉导管的位置。一旦导管插好后，将其缝合在鼻和头上以避免被患病宠物抓掉，并给宠物戴上伊丽莎白颈圈。对于猫来说，一定注意不要碰到它们的胡子，可在它的鼻的背侧和头部固定导管。对于犬来说，可把导管固定在鼻的侧面和背面，也用同样的缝合方法或胶带固定。在封闭导管以前要先灌入少许水以排空空气，也可避免食道内容物回流或导管被食物堵塞。

学习任务六　手术室管理与设备

学习目标

掌握手术场所的日常整理和消毒、手术后的手术场所的整理。

学习内容

★ 手术场所的日常整理和消毒。

★ 手术后的手术场所的整理。

先进的宠物外科手术室，其设计布局可以有多种方式，但总的原则是更好地为患病宠物服务以及保证手术的顺利进行。手术室应该和外科准备室、X射线检查室、治疗室以及其他科室独立开来。对大型宠物医院，通常也应该把手术麻醉区和手术准备区分隔开来。

一、手术场所的日常整理和消毒

手术场所每天都需要进行整理和消毒，时间可以安排在每天工作结束的时候，以方便第二天的使用。操作学习任务包括以下几项：

（1）清空、整理和消毒所有垃圾桶里的垃圾，特别应注意具有脚踏的垃圾桶的脚踏。

（2）检查天花板、墙壁、柜门、柜台表面以及所有器械的表面并及时进行清洁，并用消毒药水对柜子及柜台的表面进行消毒。

（3）对使用的一些器械设备进行检查和整理，如呼吸麻醉机应进行整理，注意碳石灰的变色程度；如果用的面罩，应注意面罩的消毒；如果用气管插管，应注意气管插管的清洁和消毒。

（4）对手术室的地面进行清洁，然后用消毒药水进行消毒。

（5）检查手术室内的各类药品、物品并及时进行补充。

（6）待手术室内的消毒药水适当干燥后，打开紫外线灯进行消毒，一般2h以上即可。

（一）麻醉及手术准备室

进行诱导麻醉以及手术准备的房间应和手术室直接相通。通常会配备一些急救设备、药物等（如喉镜、气管插管、氧气插孔以及医用手推车等），故还可以在紧急情况下当做急救室或一些小型污染创手术的手术室。此外，还需要有麻醉设备（麻醉机和麻醉药）、输液架（固定在墙上或者是天花板上）、剃刀、吸毛器及宠物皮肤清洗、消毒准备需要使用的物品（抗菌香皂、酒精、碘伏以及无菌纱布等）等。这些器械及药物应该是随时可以使用的，以保证患病宠物能进行充分术前准备，并防止意外的发生。一个方便擦写的黑板用来记录麻醉和手术的计划以及制订每天的工作计划等对手术室工作的开展是很有帮助的。

1. 手术准备台 手术准备台的表面应该是容易清理的，现在常用的是带洗刷池的钢制操作台，带有一个用于冲洗的软管喷头，台面上有一个排水孔，以方便冲洗操作。

2. 急救车 是一个带抽屉的小推车，将急救药物和器械放在推车上，可以很方便地从一个房间移动到另外一个房间。

3. 医用手术推车 医用手术推车上一般有保温措施，如循环水系统或者是保温毯，用于帮助体温过低的宠物复温。手术车可以方便的转运患病宠物，并能提供良好的服务。这些推车最好是不锈钢制的，较大的轮子能提供良好的支撑从而易于移动，在拐角的地方使用橡皮制品来防止撞到墙壁或门等。

4. 刷手池 位于手术准备室的一角。抗菌香皂、刷子和指甲刷、指甲剪应该放在刷手池四周容易拿到的位置。理想的刷手池是不锈钢的。使用可重复利用的刷子时，污染的刷子和干净的刷子需要分开放置并经常使用高压锅进行灭菌。刷手池不能位于无菌用品区附近，以避免水珠飞出污染无菌物品。另外，刷手池不能用于器械或者设备的冲洗以及体液的排出。有时为了配合使用，通常会配有两个泡手桶，以方便术者手臂的消毒。

（二）手术室

手术室是一个单独的房间，这个房间要能提供足够的空间供医生在无菌手术台的周围移动而不会造成污染，并且可以在手术需要时使用一些器械。整个手术室应该看起来较为整齐并且易于清理。地板、天花板墙壁以及其他物品的表面都应该是光滑、无孔的，并且最好用防火材料制成。光滑的表面方便进行清洁和消毒，并且可以防止微生物在其上生长而造成交叉污染。器具的表面应是耐腐蚀的，能够经常进行清洗以及使用强消毒剂消毒而不会损害。

1. 通风系统 在设计时需要给手术室设计良好的通风系统，维持手术室内的正压力，防止外部的空气进入手术室内造成污染。理想的通风系统每小时至少应可以进行15～20m^3的空气交换。手术室内正压可以有效地降低手术室外可能含有病原微生物的空气和手术室内空气的交流。空气净化系统可以有效地将空气中的细菌除去并将净化过的空气注入手术室内。手术室内需要维持一定的湿度，合适的湿度可以降低静电的产生以及微生物的生长；理想的空气相对湿度是50%或者更低，环境温度则是17～20℃。

2. 手术台 不锈钢的手术台应能够进行调整从而适用于各种体型的宠物，而且还应可以进行一定角度的倾斜。手术台的表面可以是平的（配手术垫/袋），也可以具有一个V形的凹槽。在手术过程中要维持患病宠物的体温，尤其对于体重小于10kg或者是需要持续较长时间手术（超过2h）的宠物。患病宠物可以通过水循环保温毯和/或其他增温装置来保温。另外还需要一个和手术台相连的固定装置让麻醉师/监护者看到患病宠物的头部并在不

污染手术区域的情况下对患病宠物进行监控。

3. 器械车　不锈钢器械车，可以方便地进行移动和调整，大小适当，以放置所有器械。

4. 真空吸引器　在手术室内需要有一个吸引器（移动的或是固定的）。吸引器的容器要方便清理和消毒。因放置抽吸物的容器通常是手术过程中常见的污染源，故每次使用后应消毒后再使用。

5. 垃圾箱　在手术室内需要一个带有脚踏活塞的垃圾箱，以方便外科医生在手术过程中及时将污染的纱布等东西处理。这个容器应是可以在手术室内方便移动的（底部有滑轮，用脚移动）。垃圾箱内衬垫一个塑料袋方便进行清理和消毒。

6. 物品柜　物品柜要求门密闭良好（最大限度降低灰尘的聚集），用来贮存缝合材料、手术服、手术器械、手术刀片以及其他偶尔会用到的东西。

7. 其他的附属装置　包括生理监测仪、呼吸麻醉机、静脉注射架、观片灯和钟表等。

（三）手术恢复室

术后恢复期宠物需要和其他住院的患病宠物区别开来。患病宠物应该放置在单独的、温暖的笼子里并且需要定期进行观测直到患病宠物最后完全苏醒。如果患病宠物需要进行严密的监护，最好是放在急救室内。恢复室的温度应稍高于手术室内的温度（即 21～25℃）。笼子可采用循环热水、加热毯或红外加热器来维持温度。另外还需要有止痛药等一些可能需要的药物以及仪器（喉镜、气管内插管、抽吸器、氧气和推车等）。

二、手术后的手术场所的整理

手术后应及时整理手术场所，清洗器械、各种台面，特别是手术台及被污染的地方，地板也应用消毒药水进行清洁。

（1）术后应及时清点手术器械、物品和部分耗材。

（2）将所有的一次性材料及其他手术垃圾分别放置在恰当的垃圾桶中。

（3）将所有使用的器械浸泡在加有去污剂或酶的冷水溶液中进行清洗。

（4）用抹布蘸消毒液擦洗仪器及手术台和垃圾桶等。

（5）对手术场所的地板进行清洁，如果有液体流到手术桌下的时候，将手术桌稍稍移动一下进行清洁消毒。

（6）器械清洗后，放置在器械台上晾干，备用。

（7）如果手术场所的血腥味比较重，可进行适当通风。

第二篇

宠物临床常见外科手术

项目一　眼部手术

学习任务一　第三眼睑腺摘除手术

【临床适应证】第三眼睑腺脱出又称为樱桃眼，是某些品种犬常见的一种眼病，如北京犬、西施犬、比格犬、松狮犬等，病因是腺体肥大越过第三眼睑游离缘而脱出于眼球表面。多为单眼发病，偶尔也有双眼发病。开始可见小块粉红色软组织从眼内眦（内眼角、眼内角）脱出，随后逐渐增大；由于脱出物长期暴露在外，引起充血、肿胀、流泪；宠物表现不安，常用前爪搔抓患眼；严重者，脱出物呈暗红色，破溃，刺激患眼可引起角膜炎和结膜炎。对于脱出物严重充血、肿胀，甚或破溃者，可采用第三眼睑腺脱出切除术。

【局部解剖】第三眼睑又称为瞬膜，是位于眼内眦的半月状结膜褶，随眼球曲循行，故其球面凹，睑面凸。第三眼睑前缘有色素沉着。

第三眼睑腺位于瞬膜前下方，被脂肪组织覆盖，由一扁平的T形玻璃样软骨支撑，如图2-1-1所示，其臂与瞬膜前缘平行，而其杆部则包埋在第三眼睑腺的基部。腺体分泌液经多个导管抵至球结膜表面，产生25%～40%的水性泪膜。第三眼睑腺与眶周组织间为纤维样组织连接，可限制腺体的活动，防止其脱出。

第三眼睑的血液供给来自眼动脉分支，其感觉受交感神经纤维支配。第三眼睑的运动大都是被动的，当眼球受眼球牵引肌（展神经支配）牵引时而引起第三眼睑的移动。第三眼睑具有保护角膜、除去角膜上异物、分泌和驱散角膜泪膜及免疫等功能。

【保定与麻醉】可采用吸入全身麻醉。在给予全身麻醉药前15min先给予皮下注射阿托品注射液（犬每千克体重0.05mg）和抗生素、镇痛药等。然后静脉注射基础麻醉药，使宠物快速麻醉，气管插管后再给予吸入麻醉药，维持麻醉。

也可用舒泰做全身麻醉，犬每千克体重5～11mg肌内注射，麻醉维持时间30min；追加麻醉时，犬每千克体重3～6mg肌内注射。

全身麻醉，结合患眼结膜囊内滴入含0.1%肾上腺素（1∶100 000浓度）、1.5%盐酸丁卡因（局部麻醉药），进行表面麻醉。将宠物患眼朝上侧卧保定，如果双眼患病，则进行俯卧保定，并确实固定头部。用无菌创巾隔离术野。

【手术方法】患眼用生理盐水冲洗，以消除眼内分泌物，用一把小号弯止血钳钳夹住脱出的第三眼睑腺体根部，沿止血钳上缘小心地用手术刀切除脱出的腺体，如图 2-1-1 至图 2-1-3 所示。止血钳暂不松开，用注射针头在酒精灯上烧红后，立即烧烙出血点进行烧烙法止血，止血确实后松开止血钳。若断端仍有出血，用可吸收缝线结扎止血。用 3%氯霉素眼药水滴入患眼结膜囊内，解除保定。

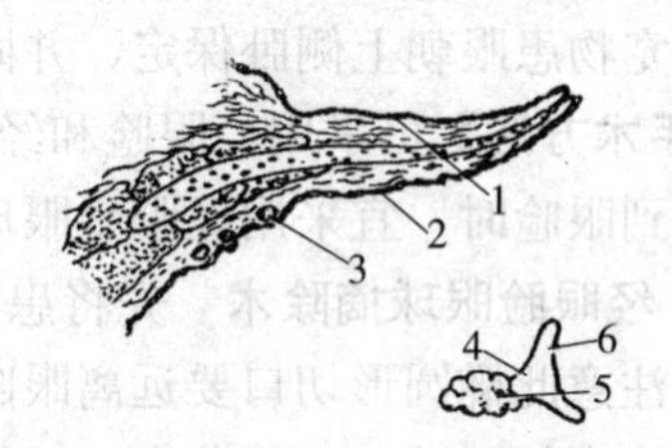

图 2-1-1　第三眼睑局部解剖

1. 睑面　2. 球面　3. 淋巴组织　4. T 形软骨杆部　5. 第三眼睑腺　6. T 形软骨臂部

图 2-1-2　脱出的睑腺体

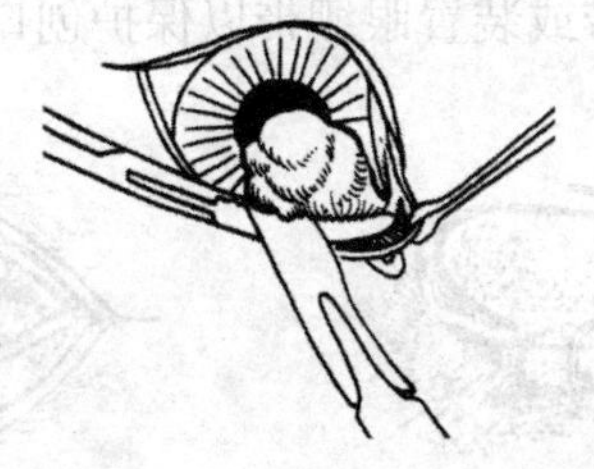

图 2-1-3　脱出睑腺体切除

【术后护理】术后用 3%氯霉素眼药水滴眼，每天 3～4 次，连用 3～4d。

学习任务二　眼球摘除手术

【临床适应证】严重眼穿孔、严重眼突出、眼内肿瘤、难以治愈的青光眼、眼内炎及全眼球炎等适宜做眼球摘除术。

【局部解剖】眼球似球形，由眼球、保护装置、运动器官及视神经组成。眼球位于眼眶的前部和眼睑的后侧，后方间隙称为眼球后间隙，有眼球直肌、眼球斜肌、眼球退缩肌等肌肉，神经和脂肪填充。眼球借助视神经通过视神经孔与大脑相连接。眼睑的内面被覆眼睑结膜，翻转到眼球上的称为眼睑结膜，翻转处称为眼球穹隆，如图 2-1-4 所示。

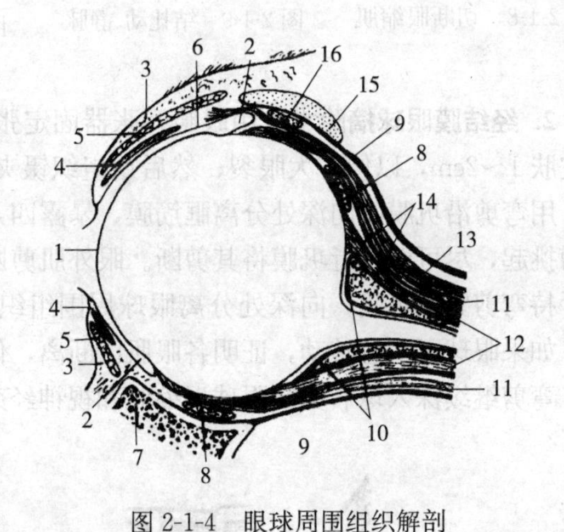

图 2-1-4　眼球周围组织解剖

1. 球结膜　2. 结膜穹隆　3. 上、下眼睑　4. 上、下眼板腺　5. 眼轮匝肌　6. 眼睑结膜　7. 颧骨断面　8. 上、下球斜肌　9. 眶骨膜　10. 肌膜鞘　11. 眼球直肌　12. 眼球退缩肌　13. 上眼睑提肌　14. 深筋膜　15. 眶上突　16. 泪腺

【保定与麻醉】可采用吸入全身麻醉。在给予全身麻醉药前 15min 先给予皮下注射阿托品注射液（按犬每千克体重 0.05mg）和抗生素、镇痛药等。然后静脉注射基础麻醉药，使宠物快速麻醉，气管插管后再给予吸入麻醉药，维持麻醉。

也可用舒泰做全身麻醉，犬每千克体重 5～11mg 肌内注射，麻醉维持时间 30min，追加麻醉时，犬每千克体重 3～6mg 肌内注射。

将宠物患眼朝上侧卧保定，并固定头部。

【手术方法】可采用经眼睑和经结膜两种眼球摘除方法。当宠物全眼球化脓或眶内肿瘤已蔓延到眼睑时，宜采用经眼睑眼球摘除术。

1. 经眼睑眼球摘除术 先将患眼上、下眼睑做连续缝合，然后环绕眼睑缘做一椭圆形切口，注意此椭圆形切口要远离眼睑缘。切开皮肤、眼轮匝肌至睑结膜（不要切开睑结膜）后，一边牵拉眼球，一边分离球后组织，并紧贴眼球壁切断眼外肌，以显露眼球退缩肌。用弯止血钳伸入眼窝底连同眼球退缩肌及其周围的动脉、静脉和神经一起钳住，再用手术刀或者弯剪沿止血钳上缘将其切断，取出眼球。然后在止血钳下面结扎动脉、静脉，控制出血。松开止血钳，再将球后组织连同眼外肌一并结扎，堵塞眶内无效腔。最后结节缝合皮肤切口，给患眼结系绷带或装置眼绷带以保护创口，如图 2-1-5 至图 2-1-11 所示。

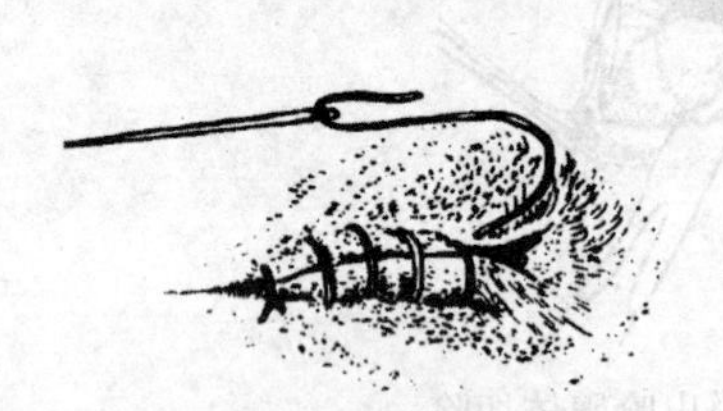
图 2-1-5　将上、下眼睑缝合

图 2-1-6　切至睑结膜

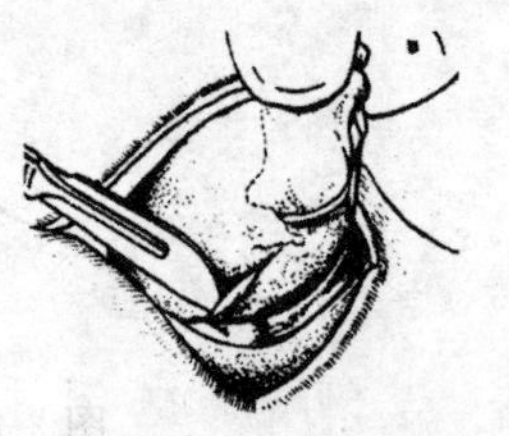
图 2-1-7　切断眼外肌

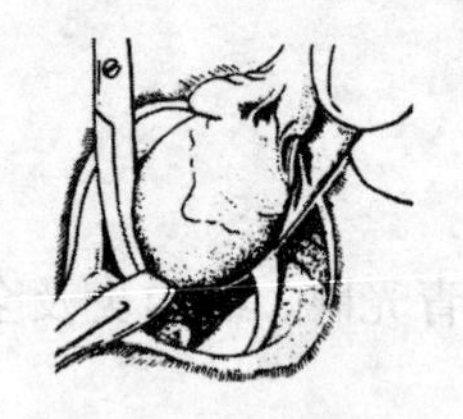
图 2-1-8　切断眼缩肌

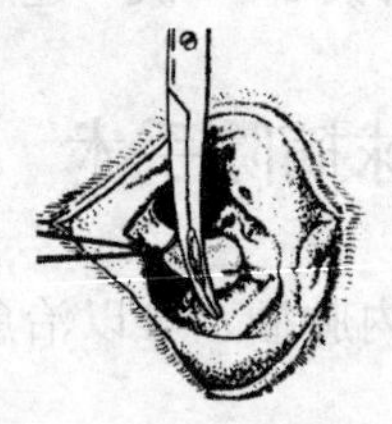
图 2-1-9　结扎动、静脉

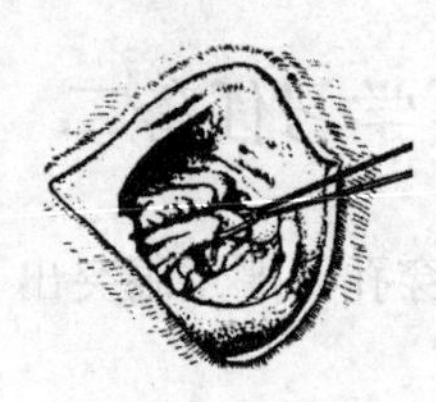
图 2-1-10　填塞眶内无效腔

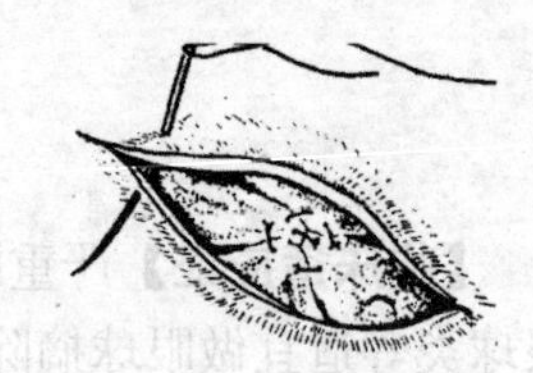
图 2-1-11　结节缝合皮肤

2. 经结膜眼球摘除术 用眼睑开张器固定张开眼睑，先在眼外眦（眼外角、外眼角）切开皮肤 1～2cm，以便扩大眼裂；然后用组织镊夹持角膜缘，并在其外侧的球结膜上做环形切开。用弯剪沿巩膜面向深处分离眶筋膜，暴露四条眼球直肌和眼球上、下斜肌的止端，再用手术剪挑起，尽可能靠近巩膜将其剪断。眼外肌剪断后，术者一手持止血钳夹持眼球直肌残端，一手持弯剪紧贴巩膜，向深处分离眼球周围组织至眼球后部。用止血钳夹持眼球壁做旋转运动，如果眼球可随意转动，证明各眼肌已断离，仅遗留眼球退缩肌及视神经束。将眼球继续前提，弯剪继续深入球后剪断眼球退缩肌和视神经束，如图 2-1-12 至图 2-1-15 所示。

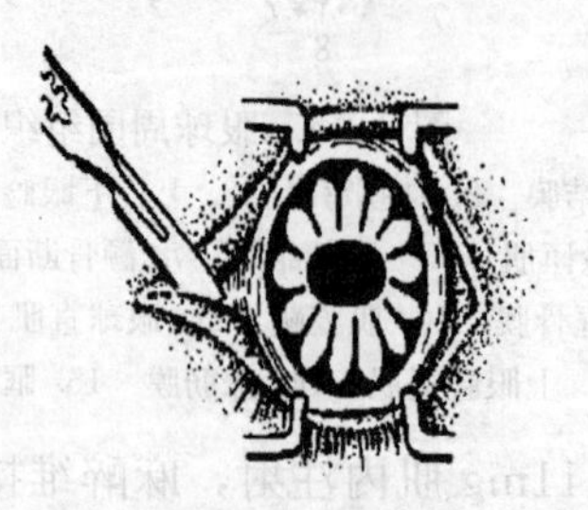
图 2-1-12　切开皮肤 1～2cm

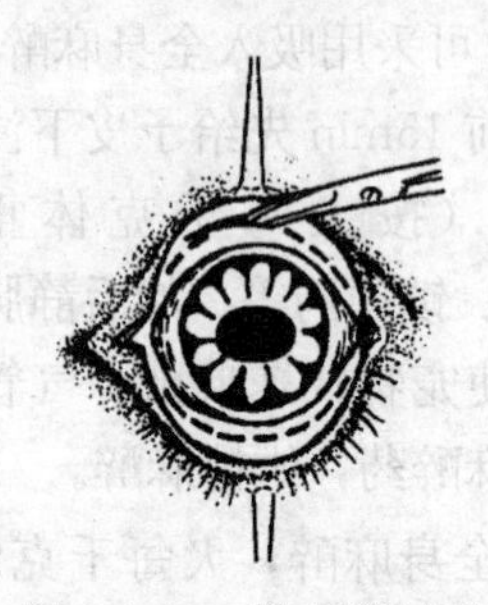
图 2-1-13　做环形切开

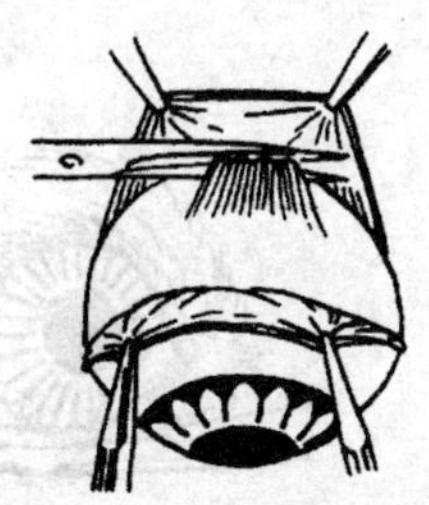

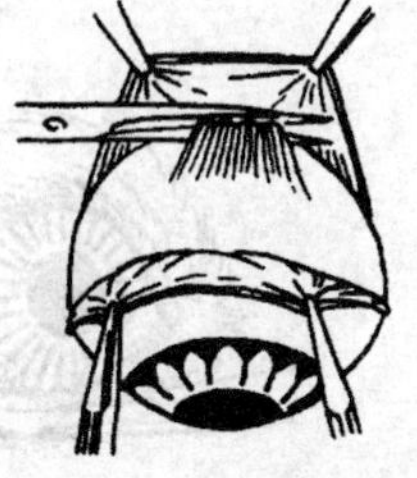

图 2-1-14　靠近巩膜剪断眼外肌

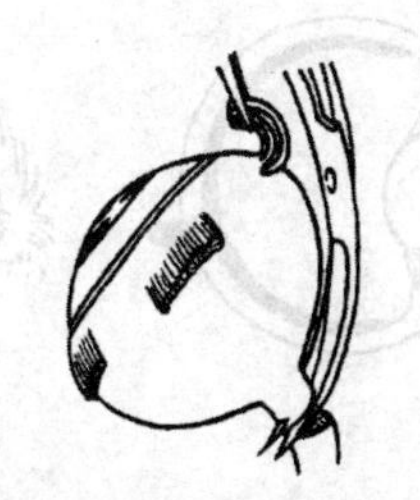

图 2-1-15　剪断视神经束等

眼球摘除后，立即用温生理盐水纱布填塞眼眶，压迫止血。出血停止后，取出纱布块，再用生理盐水清洗创腔。将各眼外肌和眶筋膜对应靠拢缝合。也可先在眶内放置球形填充物，再将眼外肌覆盖于其上面缝合，可减少眼眶内腔隙。将球结膜和眶筋膜创缘做间断缝合，最后闭合上、下眼睑。

【术后护理】术后可能因眶内出血使术部肿胀，且从创口处或鼻孔流出血清色液体，持续 3～4d。局部温敷可减轻肿胀，缓解疼痛。对感染的外伤眼，应全身应用抗生素。术后 7～10d 拆除眼睑缝线。

学习任务三　眼睑内翻手术

【临床适应证】眼睑内翻是宠物常见的一种眼病，多发生于面部皮肤皱褶的犬种。由于眼睑内翻，睫毛或睑毛刺激角膜、结膜，引起角膜或结膜炎症，严重影响宠物视力。其病因有先天性、痉挛性和后天性三种。

【局部解剖】眼睑分内、外两层，外层为皮肤、眼轮匝肌，内层为睑板、睑结膜。犬仅上眼睑有睫毛，猫无真正的睫毛。眼睑皮肤疏松，移动性大。眼轮匝肌为平滑肌，仅有起闭合眼裂作用。其感觉受三叉神经支配，运动受面神经支配。上睑提肌功能为提起上睑，受动眼神经支配。米勒氏是一层平滑肌，有加强上睑提肌的作用。内眦提肌为一小的肌肉，也有提内侧上睑的作用，受面神经支配。睑板为一层纤维板，与眶隔相连，附着于眶缘骨膜。每个睑板有 20～40 个睑板腺，腺管沿皮纹沟分布，在睑缘形成一"灰线"。其他眼睑腺包括皮脂腺、汗腺和副泪腺等。睑结膜薄而松弛，含有杯状细胞、副泪腺、淋巴滤泡等。

【保定与麻醉】可采用吸入全身麻醉。在给予全身麻醉药前 15min 先给予皮下注射阿托品注射液（犬每千克体重 0.05mg）和抗生素、镇痛药等。然后静脉注射基础麻醉药，使宠物快速麻醉，气管插管后再给予吸入麻醉药，维持麻醉。

也可用舒泰做全身麻醉，犬每千克体重 5～11mg 肌内注射，麻醉维持时间 30min，追加麻醉时，犬每千克体重 3～6mg 肌内注射。

将宠物患眼在上侧卧保定，固定头部。

【手术方法】局部剃毛、常规消毒。在距眼睑缘 2～4mm 处用镊子镊起皮肤，并用一把或两把直止血钳钳住。夹持皮肤的多少，视内翻严重程度而定，用力钳夹皮肤 30s 后松开止血钳；用镊子提起皱起的皮肤，再用手术剪沿皮肤皱褶的基部将其剪除，切除后的皮肤创口呈半月形。一般半月状切口最大宽度应稍大于内翻的宽度。最后用 4 号丝线结节缝合，闭合创口。缝合要紧密，针距为 2mm，如图 2-1-16 至图 2-1-20 所示。

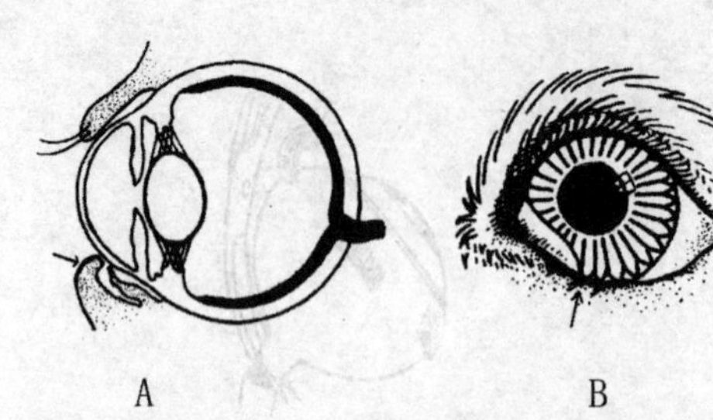

图 2-1-16 眼睑和睫毛内翻处（箭头所指）

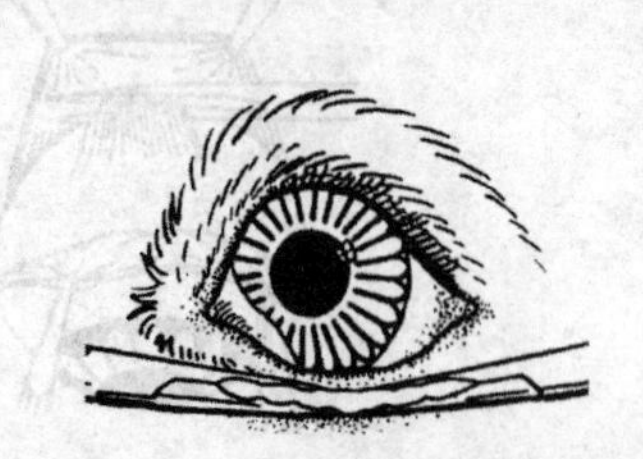

图 2-1-17 用镊子镊起皮肤

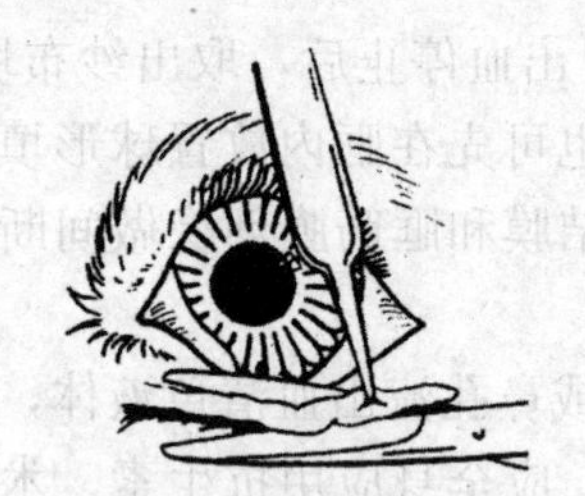

图 2-1-18 剪除皱褶的皮肤

图 2-1-19 皮肤创口呈半月形

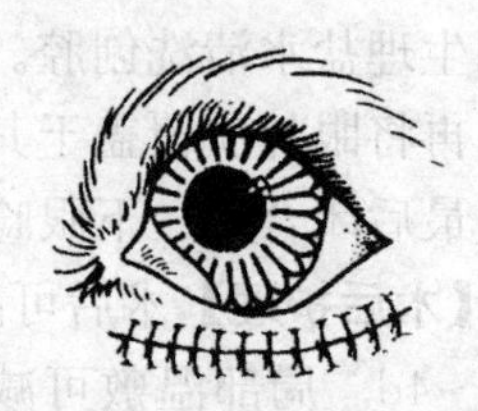

图 2-1-20 结节缝合皮肤创口

【术后护理】在术后前几天伤口处因创伤而肿胀，眼睑似乎矫正“过度”，待肿胀消退后则会恢复正常。术后患眼可用抗生素眼膏或抗生素眼药水滴眼，3～4 次/d。颈部安装颈圈，防止患犬自我损伤病眼。经过 10～14d 伤口愈合后可拆除缝线。

项目二　耳部手术

学习任务一　外耳道外侧壁切除手术

【临床适应证】 主要用于促进外耳道的引流和增加其通透性，有助于治疗由于原发性皮肤病、异物、寄生虫（耳螨）、解剖异常、过度潮湿、细菌感染引起的慢性外耳道炎，也常用于移除垂直耳道外侧的肿瘤或者增生性病变。如果患病宠物的水平耳道出现堵塞或狭窄，患有中耳炎或者严重的耳道增生则不宜进行此手术。如果患病宠物患有甲状腺皮质功能减退或者不明原因的皮脂溢，通常手术效果不良。

【手术前准备】 宠物术前应禁食 24h 以上，停止给水 3h。对患病宠物要进行全面检查和评估，确保手术的成功率。仔细检查耳道及耳郭的病变性质和范围。由于此手术为污染手术，应在手术前给予抗生素治疗，防止术后感染。

对耳郭及周围皮肤进行剃毛，轻轻冲洗耳道，将组织碎屑和分泌物彻底清除，术部常规消毒，准备常规软组织器械和缝针、缝线。

【保定与麻醉】 可采用吸入全身麻醉。在给予全身麻醉药前 15min 先给予皮下注射阿托品注射液（犬每千克体重 0.05mg）和抗生素、镇痛药等。然后静脉注射基础麻醉药，使宠物快速麻醉，气管插管后再给予吸入麻醉药，维持麻醉。

也可用舒泰做全身麻醉，犬每千克体重 5～11mg 肌内注射，麻醉维持时间 30min，追加麻醉时，犬每千克体重 3～6mg 肌内注射。

宠物保定采用手术台侧卧保定，使患耳在上，在头颈部下垫入毛巾抬高头部。固定四肢和头部，将手术部位剃毛消毒。

【手术方法】 用探针测量垂直耳道的深度，在距离水平耳道与垂直耳道转折处下方约垂直耳道深度 1/2 的位置进行标记。在沿着垂直耳道的方向在垂直耳道外侧做两条平行切口，由耳屏处向腹侧延伸至标记处，两道切口的长度为垂直耳道长度的 1.5 倍，在腹侧将两道平行切口连接起来，形成一 U 形皮瓣。在腹侧将皮瓣与皮下组织分离，逐渐向上钝性或者锐性分离，暴露出垂直耳道的外侧软骨壁。在分离时，应尽可能靠近耳道软骨，避免损伤面神经、腮腺及大的血管，可以使用电凝止血，以保持术野清洁。在垂直耳道的前侧和后侧用剪刀做两条平行切口，向腹侧切开直至水平耳道位置。将垂直耳道的外侧壁下翻，根据与皮肤切口边缘的距离将多余的耳道壁切除，将剩余的外侧壁与皮肤缝合一针，在水平耳道处将垂直耳道的切口末端处前后两侧分别与皮肤进行缝合，如图 2-2-1 所示。依次将剩余的耳道切口与皮肤进行间断结节缝合，如图 2-2-2 所示。

【术后护理】 术后宠物佩戴伊丽莎白项圈防止抓伤伤口。在手术的恢复期间，应给予抗生素治疗，观察术部有无渗出、出血和肿胀，应及时清理术部的血痂和渗出物，保持术部清洁，如果感染严重应在最低点切开皮肤进行引流。术后应积极治疗原发病因，促进术部愈合。术后无感染、恢复良好的，可在 10～14d 拆线。

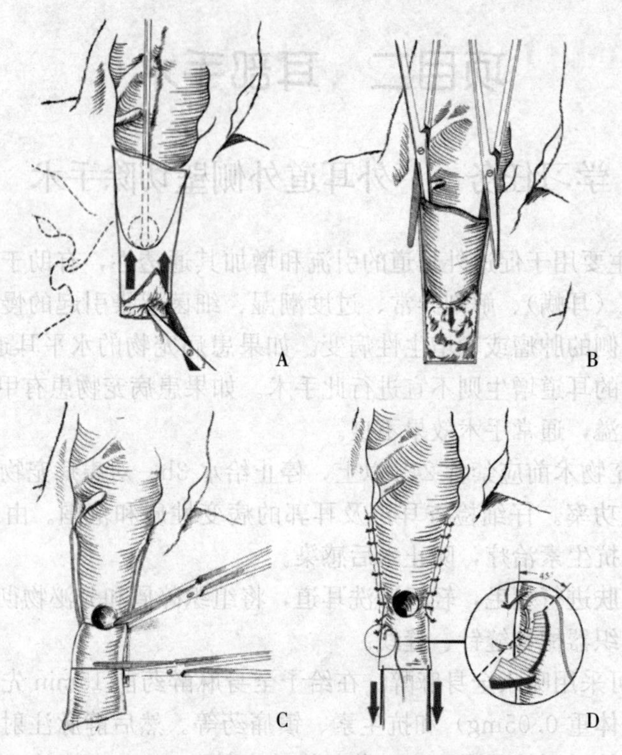

图 2-2-1　垂直耳道外侧壁切除术示意

（Theresa Welch Fossum，*et al*，2007. Small Animal Surgery. 2nd ed.）

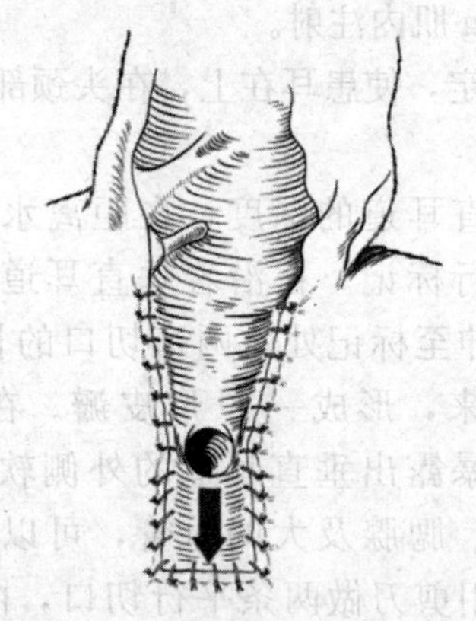

图 2-2-2　耳道黏膜与皮肤缝合示意

（Theresa Welch Fossum，*et al*，2007. Small Animal Surgery. 2nd ed.）

学习任务二　耳血肿与外伤

【临床适应证】 耳部炎症、寄生虫（耳螨）、异物、耳部浸水或者过度潮湿等常常引起耳部疼痛、瘙痒，导致后肢经常抓耳或者蹭耳，外力因素可引起耳部血管破裂而出现耳血肿。耳部外伤多见于美容、咬伤、车祸等情况。

【手术前准备】 术前应禁食 24h 以上，停止给水 3h。对患病宠物要进行全面检查和

评估，尤其对于车祸、咬伤等病例，应检查全身情况，以确保手术的成功率。应仔细检查耳血肿的范围和严重程度，观察耳郭颜色，判断血液供应情况，查找原发病因。对于外伤应采取及时的止血措施，避免失血过多。应在手术前给予抗生素治疗，防止术后感染。

对耳郭及周围皮肤进行剃毛，轻轻冲洗耳道，将组织碎屑和分泌物彻底清除，术部常规消毒，准备常规软组织器械和缝针缝线。

【保定与麻醉】可采用吸入全身麻醉。在给予全身麻醉药前15min先给予皮下注射阿托品注射液（犬每千克体重0.05mg）和抗生素、镇痛药等。然后静脉注射基础麻醉药，使宠物快速麻醉，气管插管后再给予吸入麻醉药，维持麻醉。

也可用舒泰做全身麻醉，犬每千克体重5～11mg肌内注射，麻醉维持时间30min，追加麻醉时，犬每千克体重3～6mg肌内注射。

宠物保定采用手术台侧卧保定，使患耳在上，在头颈部下垫入毛巾抬高头部。固定四肢和头部，将手术部位剃毛、消毒。

【手术方法】

1. 耳血肿手术　用无菌棉球将外耳道填塞，防止将耳血肿切开后渗出液和冲洗液流入耳道内，进一步确定耳血肿的范围，用手术刀片或者电刀在耳朵的凹面将血肿切开，切口形状呈S形，切透耳部皮肤和其下的耳软骨，在切开时注意深度，勿伤及耳背侧的组织，对切开的皮肤和软骨组织上的出血点进行止血处理。将耳血肿内的渗出液排出并用温的含有抗生素的生理盐水溶液进行彻底冲洗，清除纤维蛋白凝块，观察内部有无出血点，对于明显的出血点进行电凝止血。用缝线将内外侧皮肤和中间的软骨进行全层缝合，每个缝线的长度为0.75～1cm。缝合时进针点和出针点应避开血管，缝线结应与血管保持平行。打结时应注意缝线的松紧度，不可过松，过松不能有效闭合空腔，过紧会阻碍血液供应，并容易勒伤组织，为防止勒伤可以将缝线穿过输液管再进行缝合，也可以使用商品化的垫片。保持切口部位开放，不可将其缝合，以便于持续引流，如图2-2-3所示。必要时可放置引流管或者引流条，如图2-2-4所示。

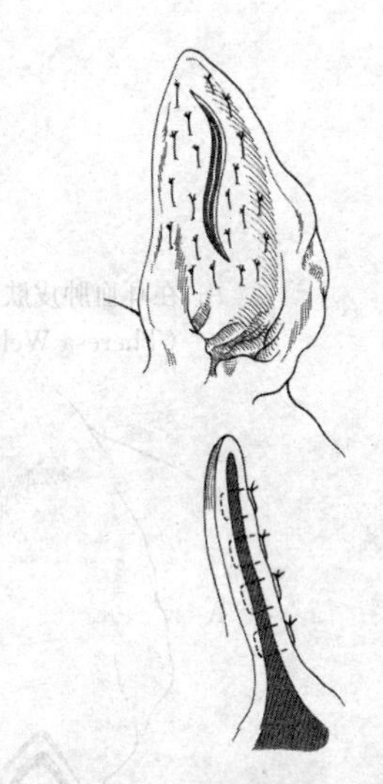

图2-2-3　耳血肿手术示意
（Theresa Welch Fossum，*et al*，2007. Small Animal Surgery. 2nd ed.）

2. 耳外伤手术　根据外伤的性质不同手术方法各异，对于小的耳缘撕脱伤，可以通过切除周围组织恢复耳郭的正常轮廓来治疗，对新形成的皮肤边缘新鲜创口进行连续缝合。对于大的缺损可以使用带蒂皮瓣进行修复。带蒂皮瓣可以就近使用颈部皮肤获得。方法是：首先将耳部缺损的部位进行修整，切出新鲜的创口，将耳部自然伸展，在缺口部对应的颈侧壁上做一与耳部创口大小对应的V形切口，分离皮下组织，注意勿损伤皮瓣的血液供应，将皮瓣与耳缘创口背侧的皮肤进行间断缝合，10～14d后拆除缝线，并按照缺损腹侧面的形状在皮瓣的底侧切下皮瓣并将其缝合在缺损部位的腹侧面，将颈部供皮区进行缝合闭合，10～14d后拆除缝线，如图2-2-5所示。对于因咬伤引起的皮肤透创，应及时进行清创处理，根据创伤时间、污染情况等确定采取一期闭合或者二期闭合。

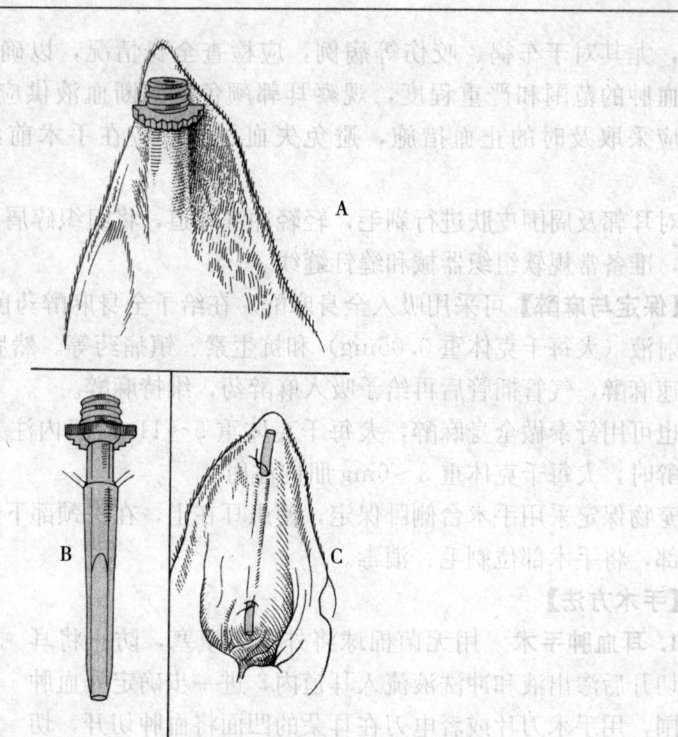

图 2-2-4　放置引流管示意

A. 在耳血肿皮肤和软骨组织上用打洞器打孔　B. 专用打洞器　C. 放入引流管

（Theresa Welch Fossum，*et al*，Small Animal Surgery. Second Edition）

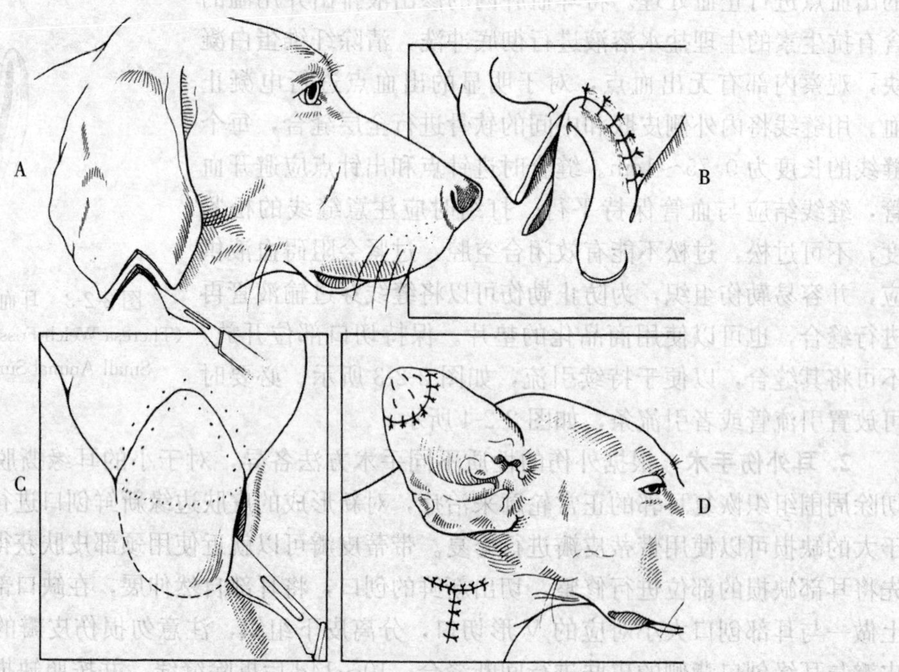

图 2-2-5　耳缘缺损整形手术

A. 耳部创口大小对应的 V 形切口　B. 皮瓣与耳缘创口背侧的皮肤进行间断缝合

C. 按照缺损腹侧面的形状在皮瓣的底侧切下皮瓣　D. 将皮瓣缝合在缺损部位的腹侧面

（Theresa Welch Fossum，*et al*，2007. Small Animal Surgery. 2nd ed.）

【术后护理】术后宠物佩戴伊丽莎白项圈防止抓伤伤口，或者使用绷带将耳部固定在头部，如图 2-2-6 所示。手术的恢复期间，应给予抗生素治疗，观察术部有无渗出、出血和肿胀，应及时清理术部的血痂和渗出物，保持术部清洁。术后应积极治疗原发病，促进术部愈合。术后无感染、恢复良好的 10～14d 可拆线。

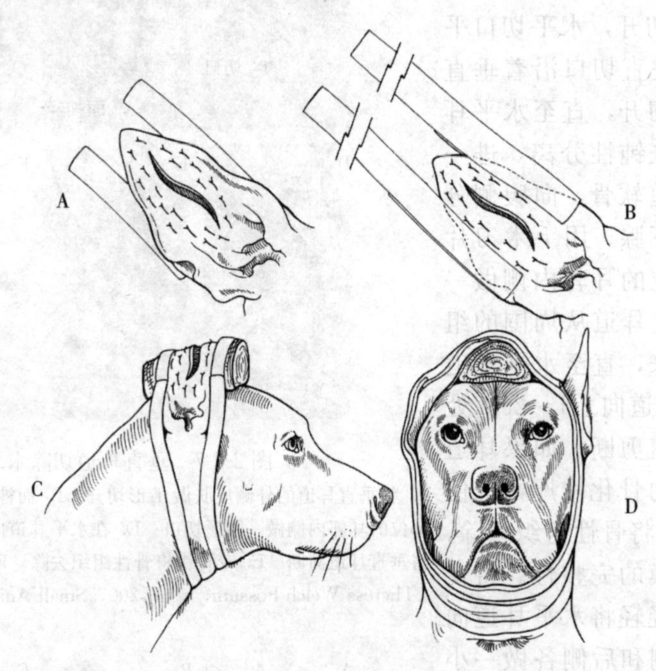

图 2-2-6　耳部包扎示意

（Theresa Welch Fossum，*et al*，2007. Small Animal Surgery. 2nd ed.）

学习任务三　外耳道肿瘤

【临床适应证】耵聍腺或者慢性炎症继发引起的外耳道肿瘤。

【手术前准备】术前应禁食 24h 以上，停止给水 3h。对患病宠物要进行全面检查和评估，观察肿瘤组织有无侵袭、转移或者激发其他疾病。检查耳道堵塞状况和分泌物情况。应在手术前给予抗生素治疗，防止术后感染。

对耳郭及周围皮肤进行剃毛，轻轻冲洗耳道外侧，将组织碎屑和分泌物尽可能清除，术部常规消毒，准备常规软组织器械和缝针、缝线，必要时准备骨剪、咬骨钳、骨锉等骨科器械。

【保定与麻醉】可采用吸入全身麻醉。在给予全身麻醉药前 15min 先给予皮下注射阿托品注射液（犬每千克体重 0.05mg）和抗生素、镇痛药等。然后静脉注射基础麻醉药，使宠物快速麻醉，气管插管后再给予吸入麻醉药，维持麻醉。

也可用舒泰做全身麻醉，犬每千克体重 5～11mg 肌内注射，麻醉维持时间 30min，追加麻醉时，犬每千克体重 3～6mg 肌内注射。

宠物保定采用手术台侧卧保定，使患耳在上，在头颈部下垫入毛巾抬高头部。固定四肢和头部，将手术部位剃毛、消毒。

【手术方法】

1. 垂直耳道切除术　用无菌棉球将外耳道填塞，防止耳道内的污染物渗出污染术野。将垂直耳道的外侧皮肤做T形切开，水平切口平行于耳屏上缘，垂直切口沿着垂直耳道的方向向下切开，直至水平耳道处，将两侧皮肤钝性分离，进一步暴露出垂直耳道软骨，向腹侧分离，钝性分离耳下腺。用手术刀片在外耳道入口部位的耳郭内侧做一圆形切口，将垂直耳道从周围的组织上钝性分离下来，直至水平耳道折转处。在水平耳道向上1～2cm处用剪刀将垂直耳道剪断，如果耳道的软骨出现严重的骨化增厚，应使用骨剪或者咬骨钳将骨性组织去除，注意保留内侧黏膜的完整性。将皮肤做T形闭合，轻轻将水平耳道向腹侧牵引并在前侧和后侧各做一小切口，将其与皮肤切口的最低点做环形缝合，如图2-2-7所示。

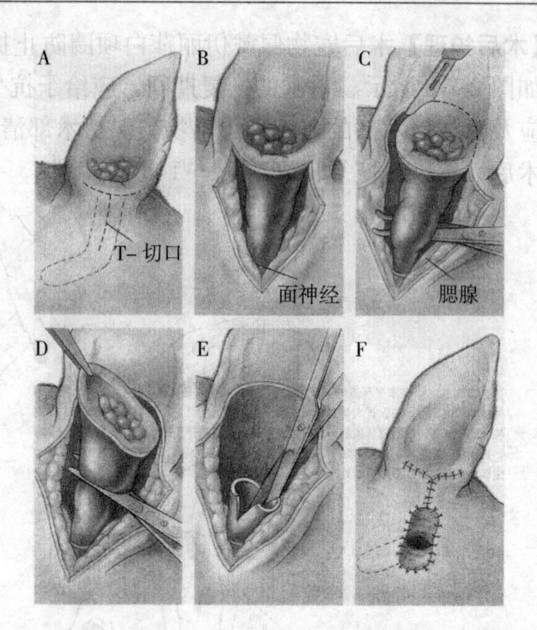

图2-2-7　垂直耳道切除术示意

A. 将垂直耳道的外侧皮肤做T形切开　B. 面神经　C. 在外耳道入口部位的耳郭内侧做一圆形切口　D. 在水平耳道向上1～2cm处用剪刀将垂直耳道剪断　E. 咬骨钳将骨性组织去除　F. 皮肤做T形闭合

（Theresa Welch Fossum，*et al*，2007. Small Animal Surgery. 2nd ed.）

2. 全耳道切除术　首先进行垂直耳道的分离，方法同垂直耳道切除术，将垂直耳道分离至与水平耳道的折转处，继续小心缓慢地向深部分离水平耳道。由于面神经包围在水平耳道的腹侧和后侧，所以应慎重地进行剥离，特别是耳道严重钙化扩张时，神经已经伸展开来，需要格外注意。在水平耳道的最深部将其剪断，用锐匙仔细刮除残余耳道内的所有软骨及上皮组织，上皮组织清除不彻底会导致术后溃疡和慢性瘘管的发生。必要时将外侧鼓膜切开，进行彻底清理。缝合前用含有抗生素的温生理盐水溶液反复冲洗，放置引流管，将皮下组织和皮肤依次进行间断结节缝合，如图2-2-8、图2-2-9所示。

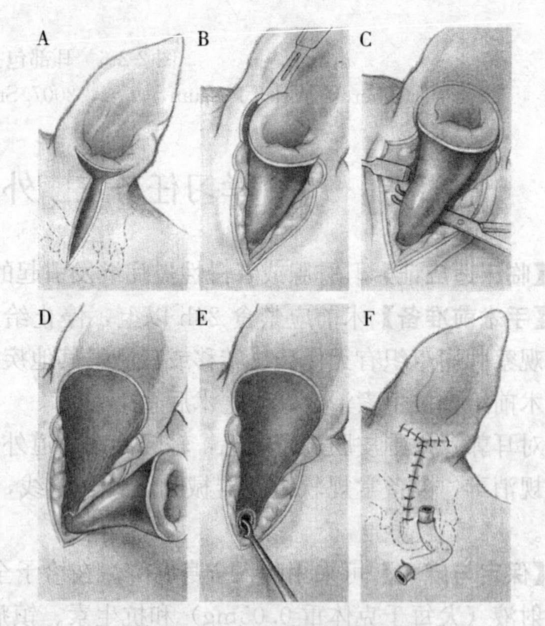

图2-2-8　犬耳道切除术示意

A. 进行垂直耳道的分离　B. 垂直耳道分离至与水平耳道的折转处　C. 慎重地进行剥离　D. 在水平耳道的最深部将其剪断　E. 用锐匙仔细刮除残余耳道内的所有软骨及上皮组织　F. 将皮下组织和皮肤依次进行间断结节缝合

（Theresa Welch Fossum，*et al*，2007. Small Animal Surgery. 2nd ed.）

【术后护理】宠物术后佩戴伊丽莎白项圈防止抓伤伤口。在手术的恢复期间，应给予抗生素治疗，观察术部有无渗出、出血和肿胀，应及时清理术部的血痂和渗出物，保持术部清洁。术后应积极治疗原发病，促进术部愈合。术后无感染、恢复良好的10～14d可拆线。

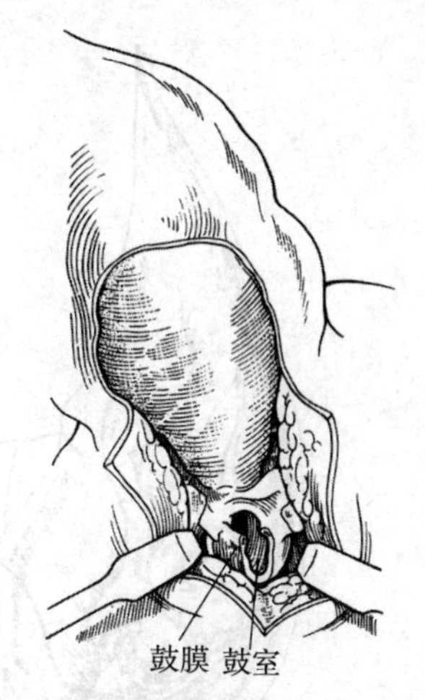

图 2-2-9　犬外侧鼓膜切开术示意
（Theresa Welch Fossum，*et al*，2007. Small Animal Surgery. 2nd ed.）

学习任务四　耳整形手术

【临床适应证】特定品种（如大丹犬、杜宾犬、雪纳瑞犬、拳师犬、斗牛犬等）的耳部美容手术；病理性引起的犬耳郭软骨发育异常和外伤性损伤。

【手术前准备】一般实施犬立耳术应以3月龄以下的幼犬为宜。术前应禁食24h以上，停止给水3h。应与宠物主人详细沟通耳部切除的范围、手术方式以及注意事项。根据犬的实际情况、宠物主人的意愿以及各个品种的整形标准确定最终的手术方案。对宠物的耳部发育情况以及全身营养、免疫情况等进行全面检查和评估，尤其注意检查耳软骨的发育支撑情况。应对耳道分泌物进行检查，观察有无炎症和寄生虫感染。应在手术前给予抗生素治疗，防止术后感染。

对耳郭及周围皮肤进行剃毛，必要时冲洗耳道，术部常规消毒，准备常规软组织器械、耳夹以及无损伤缝针、缝线。

【保定与麻醉】可采用吸入全身麻醉。在给予全身麻醉药前15min先给予皮下注射阿托品注射液（犬每千克体重0.05mg）和抗生素、镇痛药等。然后静脉注射基础麻醉药，使宠物快速麻醉，气管插管后再给予吸入麻醉药，维持麻醉。

也可用舒泰做全身麻醉，犬每千克体重5～11mg肌内注射，麻醉维持时间30min，追加麻醉时，犬每千克体重3～6mg肌内注射。

宠物采用手术台侧卧保定，拟手术耳在上，在头颈部下垫入毛巾抬高头部。固定四肢和头部，用记号笔将切口线进行标记，并将两侧耳拎起对合在一起进行对比，保证手术切除后两侧耳的对称性。将手术部位剃毛、消毒。

【手术方法】用无菌棉球将外耳道填塞，防止术部出血进入耳道。在记号笔标示内侧将耳部夹住，防止在切除过程中耳郭内、外侧皮肤出现移位。用手术剪或者手术刀片沿着记号笔所示将多余的耳组织进行切除，切除完毕后将切口自下而上连续缝合。距耳尖的上1/3应将皮肤与软骨分离，用可吸收线进行锁边缝合，缝合时注意只缝合耳郭内外侧的皮肤组织，将软骨包裹在内，余下部分采用连续缝合，并缝合软骨，此过程若发现有耳软骨外露，应将其剪除，以免手术后耳朵不美观。有些宠物，为保证术后立耳效果，常需要将垂直耳道也做部分切除，在垂直耳道外侧自上而下做一皮肤和耳道的V形切口，充分止血后将耳道和皮肤依次重新缝合，如图2-2-10所示。

【术后护理】宠物术后佩戴伊丽莎白项圈防止抓伤伤口。在耳郭的凹面垫一轻质的管状支撑物并用绷带将其竖立缠绕固定，在两侧耳中间的头顶部位置放置一次性纸杯，将两侧耳与纸杯进行绷带固定。在手术的恢复期间，应给予抗生素治疗，观察术部有无渗出、出血和

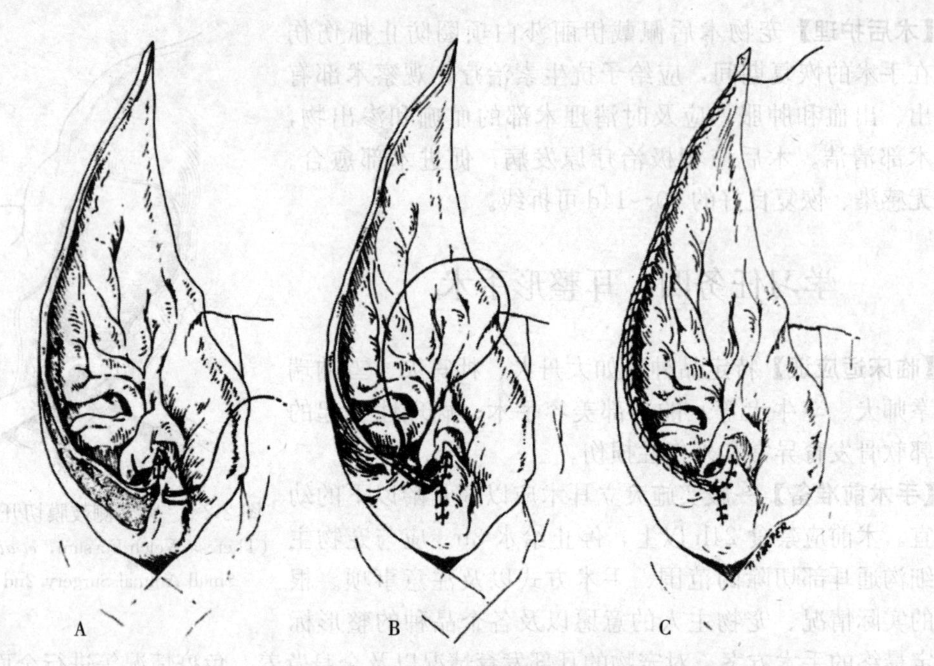

图 2-2-10　耳整形手术缝合法示意

A. 缝合垂直耳道外侧自上而下和耳道的 V 形切口　B. 缝合耳郭内外侧的皮肤组织，将软骨包裹在内　C. 距耳尖 1/3 处连续缝合皮肤和软骨

肿胀，应及时清理术部的血痂和渗出物，保持术部清洁，促进术部愈合。术后无感染恢复良好的 10～14d 可拆线。

项目三　口腔部手术

学习任务一　口唇成形手术

【临床适应证】 由于病毒、细菌感染而发生于口唇部皮肤向黏膜移行部位的皮肤炎症，经多次治疗难以治愈、反复发生的可采用口唇成形手术，也用于口唇部皮肤肿瘤的切除。

【手术前准备】 对病变部位可以进行细胞学检查，确定病变性质和手术需要切除的范围后，对患病宠物局部进行清洗消毒，做常规外科处理，并准备常用的手术器械、缝合器械、缝线等。

【保定与麻醉】 可采用吸入全身麻醉。在给予全身麻醉药前 15min 先给予皮下注射阿托品注射液（犬每千克体重 0.05mg）和抗生素、镇痛药等。然后静脉注射基础麻醉药，使宠物快速麻醉，气管插管后再给予吸入麻醉药，维持麻醉。

也可用舒泰做全身麻醉，犬每千克体重 5～11mg 肌内注射，麻醉维持时间 30min，追加麻醉时，犬每千克体重 3～6mg 肌内注射。

宠物保定采用手术台侧卧保定，将手术部位剃毛、消毒。

【手术方法】 首先要用标记笔确定手术切除的范围，然后在发生皮肤炎症或者肿瘤周围的健康皮肤组织上做菱形切开，用组织剪分离皮下组织，使皮瓣彻底游离，对创面进行钳夹、烧烙或者电凝止血处理。当充分止血后，用可吸收缝合线进行皮下缝合，然后将创缘拉至对角线上，结节缝合皮肤创缘，如图 2-3-1、图 2-3-2 所示。对于较大的皮肤缺损可以采用推进皮瓣的方式闭合伤口，修整好缺损部的创缘后，制作推进皮瓣缝合。推进皮瓣的前端必须与缺损部位的形状相吻合，为了不使推进皮瓣过度紧张，可以在皮瓣的根部切除两个对称的三角形皮瓣。结节缝合皮瓣与缺损皮肤，如图 2-3-3 所示。

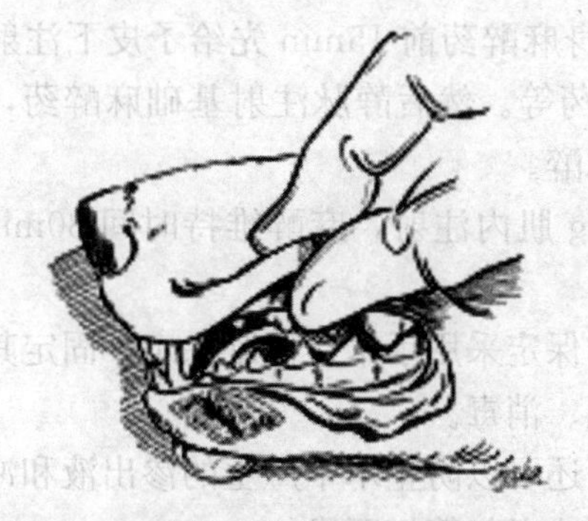

图 2-3-1　在健康皮肤组织上做菱形切开
（任晓明，2009. 图解小动物外科技术）

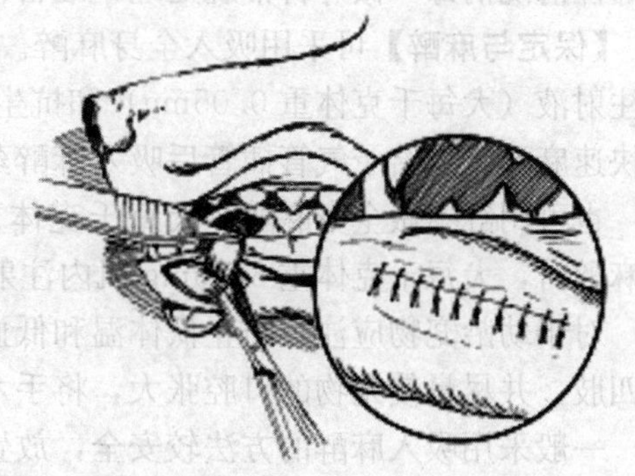

图 2-3-2　切除病变范围，结节缝合皮肤创缘
（任晓明，2009. 图解小动物外科技术）

【术后护理】

（1）小动物术后佩戴伊丽莎白项圈防止抓挠、蹭伤口，进食时应注意保持术部清洁，必要时可以给予静脉注射或者放置鼻饲管或胃饲管。

（2）在术后 5d 内每天定时给予抗生素，每天一次，以控制感染。

（3）术后无感染、恢复良好的 10～14d 可拆线。

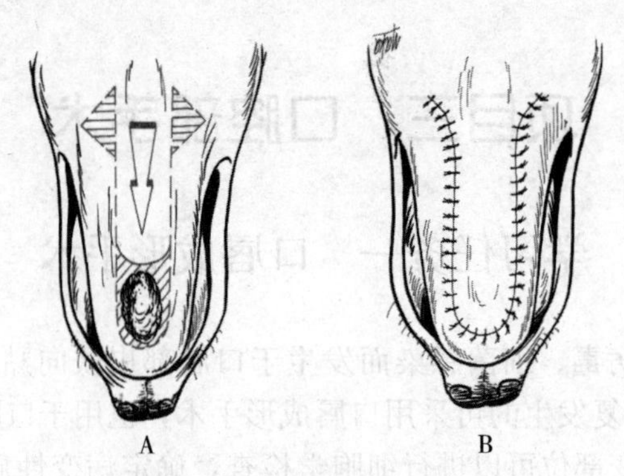

图 2-3-3　结节缝合皮瓣与缺损皮肤

A. 皮肤缺损可以采用推进皮瓣的方式闭合伤口，在皮瓣的根部切除 2 个对称的三角皮瓣　B. 结节缝合缺损皮肤

（任晓明，2009. 图解小动物外科技术）

学习任务二　软硬腭缺损修补

【临床适应证】 适用于先天性硬腭裂或者外伤性硬腭裂。对于猫因摔伤导致的外伤性硬腭裂，如果裂开缝隙在 3mm 以内，可不实施外科手术，采用保守治疗。

【手术前准备】 局部进行清洗消毒，准备眼科弯剪以及眼科常用的手术器械。

幼龄动物的手术最好在 4～8 周龄进行，对于患病宠物应仔细检查，对先天性腭裂的检查主要通过视诊。打开口腔对上颌骨、硬腭和软腭进行仔细检查，必要时需要对宠物进行麻醉。患病动物通常较为瘦弱、发育不良，术前应注意补充营养，可通过胃饲管或者食道饲管给予流质食物。进行全面检查，全面评估，注意是否存在异物性肺炎，确保手术的成功率。

先诱导麻醉放置好气管插管后，用生理盐水或者稀释的抗菌溶液冲洗鼻腔和口腔。将手术部位清洗消毒，做外科常规处理，准备常用的手术器械和两套缝合器械、缝线等。

【保定与麻醉】 可采用吸入全身麻醉。在给予全身麻醉药前 15min 先给予皮下注射阿托品注射液（犬每千克体重 0.05mg）和抗生素、镇痛药等。然后静脉注射基础麻醉药，使宠物快速麻醉，再给予气管插管后吸入麻醉药，维持麻醉。

也可用舒泰做全身麻醉，犬每千克体重 5～11mg 肌内注射，麻醉维持时间 30min，追加麻醉时，犬每千克体重 3～6mg 肌内注射。

对于幼龄宠物应注意防止低体温和低血糖。宠物保定采用手术台仰卧保定，固定其头部和四肢，并尽量使宠物的口腔张大，将手术部位剃毛、消毒。

一般采用吸入麻醉的方法较安全，放置气管插管还可以防止术中产生的渗出液和冲洗液进入气管。对于严重的腭裂病例，需要进行咽切开术或者气管切开术。

【手术方法】

1. 硬腭缺损的闭合

（1）沿着腭裂缺损的边缘做切口并沿着两侧牙弓的内缘做剥离切口。用骨膜剥离器剥离两侧的黏膜骨膜层，使其具有足够的移动性，操作中应注意勿伤及腭大动脉。使用按压式止血并使用吸引器及时将手术渗出液移除。在缺损的边缘闭合鼻腔的黏膜层和骨膜层，在打结时可将结打在鼻腔侧。将剥离好的黏膜骨膜拉向缺损的部位并使用简单间断缝合的方式进行

缝合。在牙弓内缘的硬腭切口可以行二期愈合，如图 2-3-4 所示。

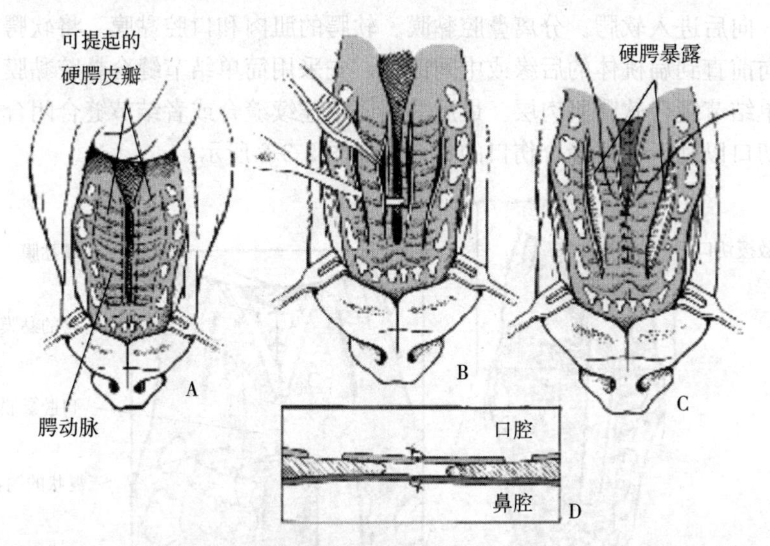

图 2-3-4　使用滑动的双蒂瓣闭合硬腭裂

A. 提起硬腭皮瓣，沿着腭裂缺损的边缘做切口　B. 用骨膜剥离器剥离两侧的黏膜骨膜层，达到可移动　C. 在缺损的边缘闭合鼻腔的黏膜层和骨膜层　D. 将结打在鼻腔侧

(Iram. Gourley *et al*，2015. Atlas of Small Animal Surgery)

（2）另一种手术方位，是在缺损的一侧硬腭边缘上做切口，分离口腔和鼻腔黏膜。沿切口剥离出约 5mm 宽的黏膜骨膜层。在缺损的对侧做一可以翻转的黏膜骨膜皮瓣，其大小要能完全覆盖缺损。在牙弓内缘做与硬腭缺损平行的切口，皮瓣的大小应比缺损大 2～4mm。在皮瓣的两端做垂直切口，使皮瓣能覆盖缺口。提起黏膜骨膜层，不要撕裂皮瓣的蒂部，将腭动脉小心地从其周围的纤维组织中剥离出来。翻转皮瓣将其覆盖在缺损处。将皮瓣的边缘放在对侧的黏膜骨膜层下，使用扣状缝合将两层组织缝合在一起，如图 2-3-5 所示。

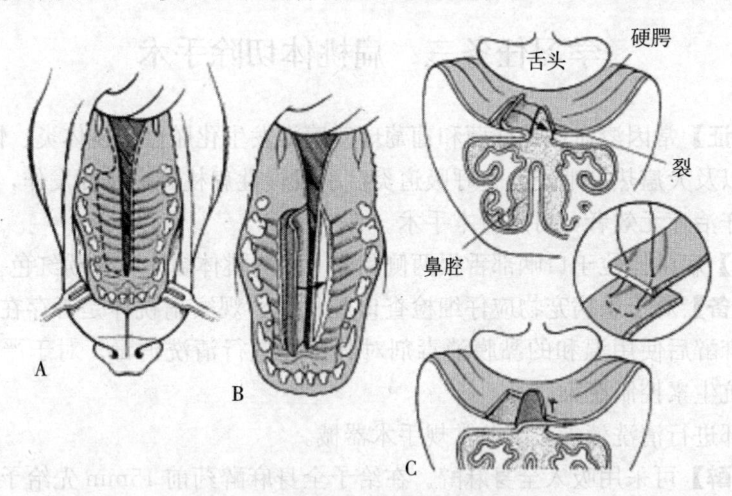

图 2-3-5　使用翻转瓣闭合硬腭裂

A. 在缺损的一侧硬腭边缘上做切口，分离口腔和鼻腔黏膜　B. 在缺损的对侧做一可以翻转的黏膜骨膜皮瓣，其大小要能完全覆盖缺损　C. 将皮瓣的边缘放在对侧的黏膜骨膜层下，使用扣状缝合将两层组织缝合在一起

(Iram. Gourley *et al*，2015. Atlas of Small Animal Surgery)

2. 软腭缺损的闭合 在缺损的边缘做切口，分离口腔黏膜和鼻腔黏膜。延长硬腭缺损边缘的切口，向后进入软腭。分离鼻腔黏膜、软腭的肌肉和口腔黏膜。将软腭裂边缘分三层闭合，由后向前直到扁桃体的后缘或中间部位。先采用简单结节缝合鼻腔黏膜，结打在鼻腔侧。然后简单结节缝合软腭肌肉层。最后采用简单连续缝合或者结节缝合闭合口腔黏膜。在两侧做减张切口以利于软腭缝合伤口的愈合。如图 2-3-6 所示。

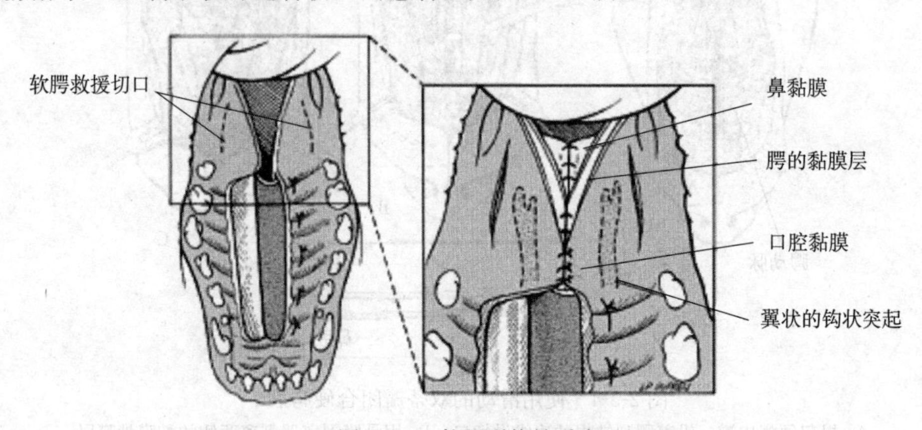

图 2-3-6 软腭裂修补手术
(Iram. Gourley *et al*，2015. Atlas of Small Animal Surgery)

【术后护理】

(1) 术后 2 周内应给予少量软质食物，并防止患病宠物咀嚼啃咬尖硬物，以免对伤口造成损伤。

(2) 在术后 5d 内每天进行静脉输液，给予葡萄糖、脂肪乳、氨基酸等营养液。必要时也可以通过胃饲管或者食道饲管给予流质食物，连续饲喂 7～14d，以促进伤口的愈合。

(3) 在术后 5d 内每天定时给予抗生素，每天一次，以控制感染。

学习任务三 扁桃体切除手术

【临床适应证】常因溶血性链球菌和葡萄球菌感染发生化脓性扁桃体炎、慢性扁桃体炎、扁桃体肿瘤，以及犬瘟热、咽炎、上呼吸道炎症引发慢性扁桃体炎反复发作，经全身及局部使用抗生素保守治疗无效者，可施行本手术。

【局部解剖】扁桃体位于口咽部舌根两侧黏膜上的扁桃体窦中，呈粉红色。

【手术前准备】对于患病宠物应仔细检查口腔状况，观察扁桃体是否存在感染、增生等情况。待宠物麻醉后使用温和的黏膜消毒剂对其口腔进行清洗消毒。对于严重的口腔内感染，可以使用抗生素控制感染。

手术时局部进行清洗消毒，准备常规手术器械。

【保定与麻醉】可采用吸入全身麻醉。在给予全身麻醉药前 15min 先给予皮下注射阿托品注射液（犬每千克体重 0.05mg）和抗生素、镇痛药等。然后静脉注射基础麻醉药，使宠物快速麻醉，气管插管后再给予吸入麻醉药，维持麻醉。

也可用舒泰做全身麻醉，犬每千克体重 5～11mg 肌内注射，麻醉维持时间 30min，追加麻醉时，犬每千克体重 3～6mg 肌内注射。

宠物保定可采用手术台仰卧保定，将其头颈部放低。将口腔清洗干净，局部消毒，并用肾上腺素溶液浸润于扁桃体组织。拉出舌头，充分暴露扁桃体。

【手术方法】用舌钳夹住舌体向前牵拉。在扁桃体基部进行局部麻醉，在进行局部麻醉的同时，可以明显地从凹陷部把扁桃体区分出来。用镊子或者止血钳夹住扁桃体的吻侧部，并将其拉向吻侧的腹侧。通过该操作使扁桃体周围的黏膜紧张，分界清楚。在扁桃体基部用弯手术剪剪出印记。

将紧张的黏膜外侧沿着扁桃体实施钝性分离，以此方法把扁桃体从下部组织中分离出来。可以使用高频电刀平行于扁桃体分层切断扁桃体周围组织，使用高频电刀还具有良好的止血效果。

最后用剪刀将和扁桃体连接的组织进行分离，将扁桃体从基部分离下来。将腭动脉的分支充分止血后进行冲洗，伤口不用进行缝合行二期愈合，如图 2-3-7 所示。

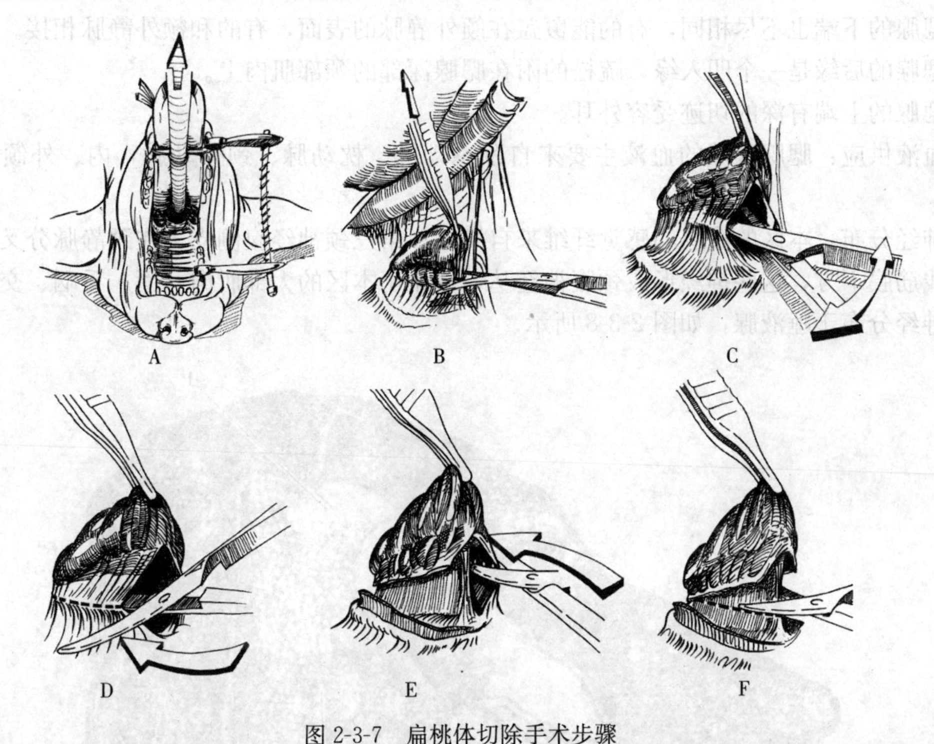

图 2-3-7　扁桃体切除手术步骤

A. 用开口器使口腔张开　B. 在扁桃体基部用弯手术剪剪出印记

C. 用镊子夹住扁桃体的吻侧部，在黏膜外侧沿着扁桃体实施钝性分离

D. 分离外侧黏膜，并切断连接于扁桃体的黏膜　E. 用剪刀将和扁桃体连接的组织进行分离

F. 将扁桃体从基部分离下来

（任晓明，2009. 图解小动物外科技术）

【术后护理】

（1）术后应密切观察伤口部位有无出血情况，术后 5d 内每天给予止血药物。

（2）术后 2 周内应给予少量软质食物，并防止患病宠物咀嚼啃咬尖硬物，以免对伤口造成损伤。

（3）在术后 5d 内每天进行静脉输液，给予葡萄糖、脂肪乳、氨基酸等营养液。每天给予抗生素，以控制感染。

学习任务四　腮腺切除手术

【临床适应证】腮腺炎、腮腺肿瘤、慢性感染、黏液囊肿或其他原因造成腮腺瘘管，用其他方法治疗无效时可采用腮腺摘除术。

【局部解剖】腮腺在下颌支和寰椎之间，表面被有筋膜、皮肌和腮腺肌。有颈静脉的汇合支斜过腮腺表面，静脉大部被包在腺体之中，耳大静脉、面神经颈支、第二颈神经分支均分布于腮腺上半部表面。

腮腺的内侧面凹凸不平，和咽鼓管囊、舌骨大角、咬肌、枕颌肌、二腹肌、枕舌骨肌，以及臂头肌和胸头肌的近端相接。颈外动脉及其分支、面神经的一部分、咽淋巴结也位于其内侧面。

前缘接下颌骨及咬肌后缘，并有部分覆盖在咬肌表面。

腮腺的下端也不尽相同，有的能覆盖在颌外静脉的表面，有的和额外静脉相接。

腮腺的后缘是一个凹入缘，疏松的附在腮腺深部的颈部肌肉上。

腮腺的上端有深的切迹受容外耳。

血液供应：腮腺区域的血液主要来自颈总动脉、枕动脉、颈外动脉，内、外颌动脉的分支。

神经分布：本区的浅层的感觉纤维来自第二、第三颈神经腹侧支，在颈静脉分叉的三角中的浅筋膜下方，这些神经形成颈腹神经丛，分布于本区的大部肌肉。面、舌咽、交感、三叉等神经分布于唾液腺，如图 2-3-8 所示。

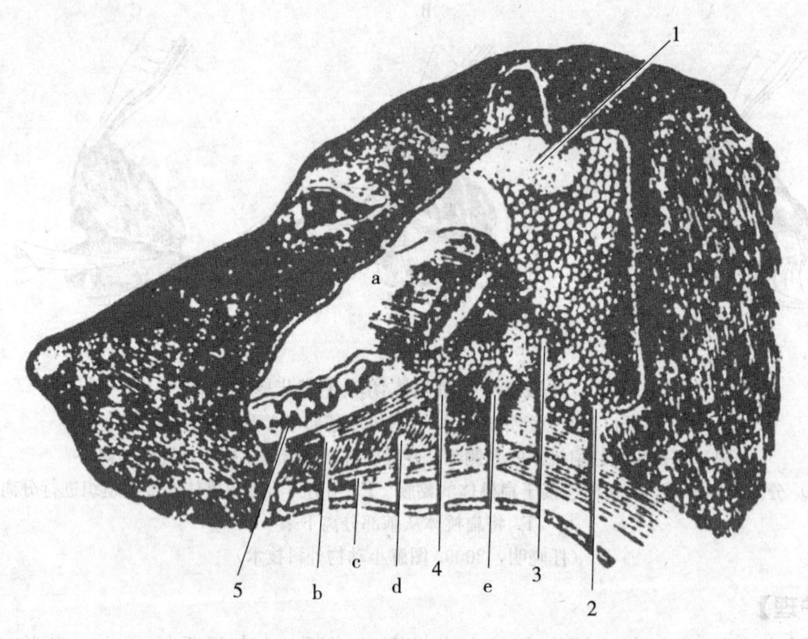

图 2-3-8　犬的唾液腺（左侧）

1. 腮腺　2. 颌下腺　3. 长管舌下腺　4. 短管舌下腺　5. 舌

a. 咬肌　b. 舌外侧肌　c. 颏舌骨肌　d. 颏舌肌　e. 二腹肌

【手术前准备】将手术局部进行清洗、消毒，准备常规手术器械。

【保定与麻醉】可采用吸入全身麻醉。在给予全身麻醉药前 15min 先给予皮下注射阿托

品注射液（犬每千克体重0.05mg）和抗生素、镇痛药等。然后静脉注射基础麻醉药，使宠物快速麻醉，气管插管后再给予吸入麻醉药，维持麻醉。

也可用舒泰做全身麻醉，犬每千克体重5～11mg肌内注射，麻醉维持时间30min，追加麻醉时，犬每千克体重3～6mg肌内注射。

宠物保定采用手术台侧卧保定，将其颈部用软垫抬高充分暴露腮腺部位。将手术部位剃毛、消毒。

【手术方法】 在外耳道腹侧1～2cm到颈静脉两个分支的中点处切开皮肤。切开颈阔肌暴露腮腺耳甲肌、垂直外耳道和腮腺。从垂直外耳道连接处分离并牵拉腮腺耳甲肌。结扎并分离耳前静脉的后端。从后背侧角开始剥离腮腺，从下颌腺的腹侧分离腮腺。继续分离腮腺和垂直外耳道。避免损伤位于垂直耳道基部的面部神经。结扎并分离通过腺体的颞浅静脉（上颌静脉的分支）。对位于腮腺中部表面的血管进行烧烙或者结扎。当其导管离开腺体时对其进行结扎并横切。使用温的生理盐水冲洗手术部位。松开腮腺耳甲肌。闭合皮下组织及皮肤，结扎腮腺导管是治疗腮腺囊肿或瘘管的一种可以选择的方法。将导管在破裂附近处结扎，靠近腺体，可以引起腺体的萎缩，如图2-3-9所示。

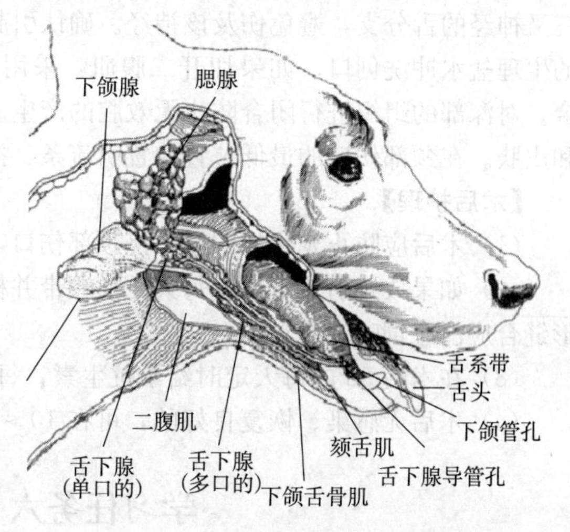

图2-3-9　犬腮腺解剖示意（右侧）

（Iram. Gourley *et al*，2015. Atlas of Small Animal Surgery）

【术后护理】

（1）术后应防止宠物的四肢抓挠头颈部伤口，可以佩戴颈托或者将四肢用绷带固定。

（2）放置引流管，每天更换绷带并检查分泌物的性状，在术后24～72h根据引流液的情况拆除引流管，引流部位可以行二期愈合。

（3）在术后5d内每天定时给予抗生素，每天一次，以控制感染。

（4）术后无感染、恢复良好的10～14d可拆线。

学习任务五　下颌腺切除手术

【临床适应证】 适用于下颌腺囊肿以及其他病理性变化。

【手术前准备】 对于患病宠物应仔细检查，注意与血肿、淋巴结囊肿或者坏死、颈部肿瘤等的鉴别诊断。之前是否已经进行过引流或者局部注射治疗。注意下颌腺病变的边界是否清晰，与邻近大的血管、神经和重要组织是否存在关联。

对手术部位清洗消毒，进行外科常规处理，准备常用的手术器械和缝线等。

【保定与麻醉】 犬下颌腺切除手术采用吸入麻醉。将犬于手术台侧卧保定，固定其四肢和头部，在颈部下方放置一软垫，充分暴露下颌腺的位置。将手术部位剃毛、消毒。

在兽医临床上，下颌腺切除手术等大手术常采用吸入麻醉的方法较为安全。

【手术方法】 因为舌下腺和下颌腺的导管连在一起，由一个结缔组织包囊所覆盖，二腺体共用一个导管输出分泌液，因此通常将下颌腺和舌下腺一并切除。舌下静脉、下颌静脉与颈外静脉汇合处为重要的切口定位，在其前方由上向下切开皮肤、皮下组织和下颌骨后角处的颈阔肌，直到颈外静脉，暴露下颌腺的纤维囊。避开第二颈神经，切开包囊并将其从下颌腺和单口舌下腺剥离下来。结扎腺体背内侧的动脉（耳部大动脉的分支）和静脉。继续向前分离，沿着下颌腺导管，舌下腺导管和多口舌下腺直到口腔。切除咬肌和二腹肌之间的筋膜。牵拉二腹肌并向后牵引下颌腺，完全暴露下颌腺和舌下腺。如果有必要，切开二腹肌或在二腹肌的下方分出一个通道来获得更好的手术视野。向前钝性或者锐性剥离组织直至发现三叉神经的舌分支，避免伤及该神经。确认引起黏液囊肿的腺体导管并将其结扎切断。用温的生理盐水冲洗创口。如果切开二腹肌，采用水平褥式缝合或者十字交叉缝合将二腹肌缝合。对深部的组织进行闭合防止无效腔的产生。依次连续或者结节缝合浅部肌肉、皮下组织和皮肤。在颈部伤口的最低位置放置引流条，持续引流 1～5d。

【术后护理】

（1）术后应防止宠物的四肢抓挠颈部伤口，可以佩戴颈托或者将四肢用绷带固定。

（2）如果放置引流管，应每天更换绷带并检查分泌物的性状，如果舌下腺囊肿进行了袋形缝合应注意饲喂软质食物。

（3）在术后 5d 内每天定时给予抗生素，每天一次，以控制感染。

（4）术后无感染、恢复良好的，可在 10～14d 拆线。

学习任务六　洗牙手术

【临床适应证】适用于牙结石以及齿垢或者牙结石引起的齿龈炎、牙周炎。

【手术前准备】对于患病宠物应仔细检查牙齿以及口腔状况，术前进行 X 射线检查以评估齿根情况，检查牙龈萎缩、肿胀等的严重程度。进行洗牙手术后往往也会发现一些术前没有发现的牙科问题，进而采取其他的治疗措施。

待宠物麻醉后使用温和的黏膜消毒剂对其口腔进行清洗消毒。准备牙科器械、冲洗液和超声波洗牙机。对于严重的口腔内感染，可以使用抗生素控制感染。

【保定与麻醉】可采用吸入全身麻醉。在给予全身麻醉药前 15min 先给予皮下注射阿托品注射液（犬每千克体重 0.05mg）和抗生素、镇痛药等。然后静脉注射基础麻醉药，使宠物快速麻醉，气管插管后再给予吸入麻醉药，维持麻醉。

也可用舒泰做全身麻醉，犬每千克体重 5～11mg 肌内注射，麻醉维持时间 30min，追加麻醉时，犬每千克体重 3～6mg 肌内注射。

宠物保定采用手术台侧卧保定。

【手术方法】对于已经覆盖牙齿大部分的非常严重的牙结石，可以先用机械的方法进行清除，使用直形或者镰形的冲洗器或者齿钩进行大致清除，器械由齿龈边缘向齿冠方向操作，在清除过程中注意尽量不要伤及齿龈。大块的牙结石去除后，再使用超声波冲洗器进行细致的清除。使用圆头的冲洗器进行清洗，冲洗器与牙齿表面保持 45°进行操作。冲洗器在接触牙齿表面时应不断移动位置，防止因头部温度升高损伤牙齿的牙釉质。用器具清洗完牙结石后，牙齿表面会变得凹凸不平，如果不进行抛光，短期内还会容易累积形成新的牙结石。因此，在清除牙结石后可以使用牙科砂轮或者钻石打磨器以及用橡胶制成的抛光器进行

打磨，如图 2-3-10 所示。

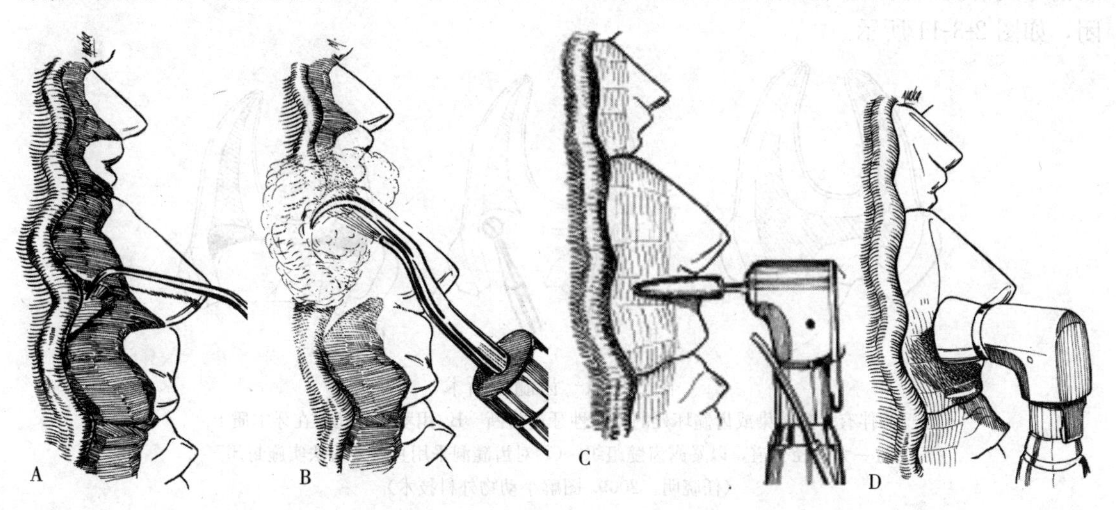

图 2-3-10　洗牙手术示意
A. 用直形或者镰形的冲洗器或者齿钩进行大致清除　B. 用超声波冲洗器进行细致的清除
C. 用牙科砂轮或者钻石打磨器进行打磨　D. 用橡胶制成的抛光器进行打磨
（任晓明，2009. 图解小动物外科技术）

【术后护理】

（1）术后应给予质软易消化的食物，以减少洗牙后的不适感，宠物进食后尽量让其饮用清水或者商品化的口腔护理剂，或者由宠物主人为其冲洗口腔。

（2）应定期检查牙齿是否出现松动情况、牙龈的恢复情况。

（3）术后 5d 内每天定时给予静脉注射抗生素，每天一次，以控制感染。

学习任务七　齿髓截断与拔牙手术

【临床适应证】 齿髓截断术适用于伴有齿髓感染或齿髓坏死的陈旧性牙齿折断。

拔牙手术适用于乳齿滞留、咬合不正、多牙症、严重的牙周病和齿龈炎、无法修复的牙齿断裂、损伤或者坏死；也适用于猫牙吸收、牙根脓肿、牙齿未长出、脱位或者半脱位的牙齿、颌骨骨折线上的牙齿以及某些口腔手术。

【手术前准备】 对口腔及周围进行清洗消毒，准备微创牙梃、普通牙梃、骨膜剥离器、拔牙钳、牙科钻头、开口器等牙科器械以及常规软组织器械和单股可吸收缝线。

【保定与麻醉】 可采用吸入全身麻醉。在给予全身麻醉药前 15min 先给予皮下注射阿托品注射液（按犬每千克体重 0.05mg）和抗生素、镇痛药等。然后静脉注射基础麻醉药，使宠物快速麻醉，气管插管后再给予吸入麻醉药，维持麻醉。

也可用舒泰做全身麻醉，犬每千克体重 5～11mg 肌内注射，麻醉维持时间 30min，追加麻醉时，犬每千克体重 3～6mg 肌内注射。

宠物保定采用手术台仰卧保定，固定其四肢和尾部，将手术部位剃毛、消毒。

【手术方法】

1. 齿髓截断术　使用罗森穿孔器在牙本质上打一大口径孔道，大范围地暴露齿髓组织，

用消毒剂清洗齿窝洞。把残留的齿髓用棉球涂抹上凝固膏，对齿髓洞按照直接装冠法实施封闭，如图 2-3-11 所示。

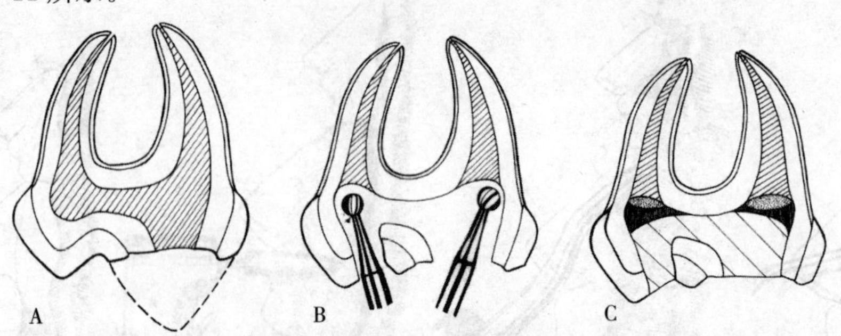

图 2-3-11　齿髓截断术

A. 伴有齿髓感染或齿髓坏死的陈旧性牙齿折断　B. 用罗森穿孔器在牙本质上打一大口径孔道，以暴露齿髓组织　C. 对齿髓洞采用直接装冠法实施封闭

（任晓明，2009. 图解小动物外科技术）

2. 拔牙手术　拔牙术主要有简单（封闭式）拔牙术和外科（开放式）拔牙术。一般而言，单根牙和受到牙周病损害严重的多根牙可以采用简单拔牙术。外科拔牙术多用于多根牙和特殊形态或者非常粗大牙根的单根牙（如上颌侧切齿和上、下颌犬齿）的拔除。

（1）简单（封闭式）拔牙术。利用这种技术，不用翻起一个黏膜骨膜瓣。首先用手术刀片（15 或者 15C）分离牙齿的牙龈附着点，将刀片放在牙龈沟（袋），向下分离牙龈附着在牙颈周围的牙槽骨。也可以用尖的微创牙梃分离上皮附着。将牙梃的手柄窝在手掌中，食指沿着器械的手柄伸开，以保护软组织和邻近的重要器官。将上皮附着分离后就将微创牙科梃插入龈沟，轻轻地将尖部深入到牙周韧带并将牙槽骨下压以产生足够的空间。使用更粗一些的牙科梃，从牙齿的舌侧面开始操作，然后向颊侧面推进。轻轻地转动手柄，将牙槽内的牙周韧带横断。慢慢使牙齿从牙槽中脱出。当牙齿达到足够的松动度后使用拔牙钳将其轻轻拔出，拔牙钳的喙端应将牙颈和压根包住，防止夹碎牙齿，此过程不可生拉硬拽。牙齿拔除后齿槽可以二期愈合，也可以进行缝合处理。如图 2-3-12 所示。

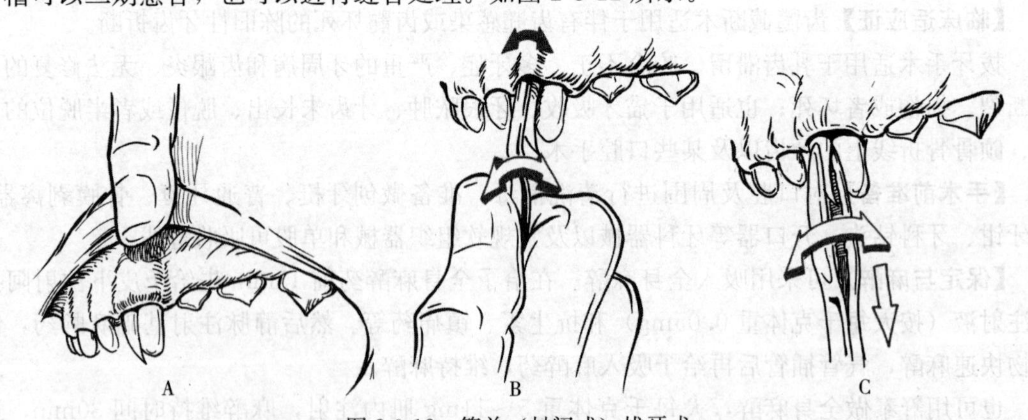

图 2-3-12　简单（封闭式）拔牙术

A. 多根牙或过多犬齿　B. 用牙科梃将牙齿周围组织分离　C. 用拔牙钳左右转动将其轻轻拔出

（任晓明，2009. 图解小动物外科技术）

（2）外科（开放式）拔牙术。单根牙的外科拔出方法常常采用切开黏膜骨膜瓣的方法。根据需要拔出的牙齿的大小和走向设计翻瓣。如果翻瓣有张力，不能覆盖拔除牙齿后的缺

损，可以在翻瓣的最底部做减张切口以扩大翻瓣，使用骨凿或者圆钻将外侧的牙槽骨去除，用牙梃将齿根从舌侧牙槽骨上分离下来，拔出牙齿，如图 2-3-13 所示。对于双根牙或者三根牙通常需要制作黏膜骨膜瓣，使用高速转头将牙冠分成数块，以便产生足够的间隙，扩大进入牙周韧带的通路，避免杠杆作用引起牙冠或者压根断裂，必要时还需去除部分牙槽骨，如图 2-3-14 所示。

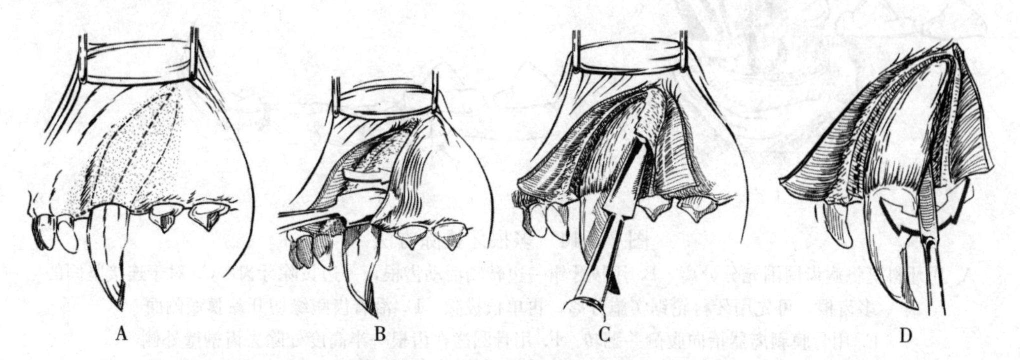

图 2-3-13　单根牙拔除术

A. 沿齿根切开齿龈和骨膜　B. 用骨膜分离器将齿龈从齿槽中分离开
C. 用圆骨凿和锤子切除齿槽壁外侧　D. 用牙科梃将齿根从舌侧牙槽骨上分离下来，拔出牙齿
（任晓明，2009. 图解小动物外科技术）

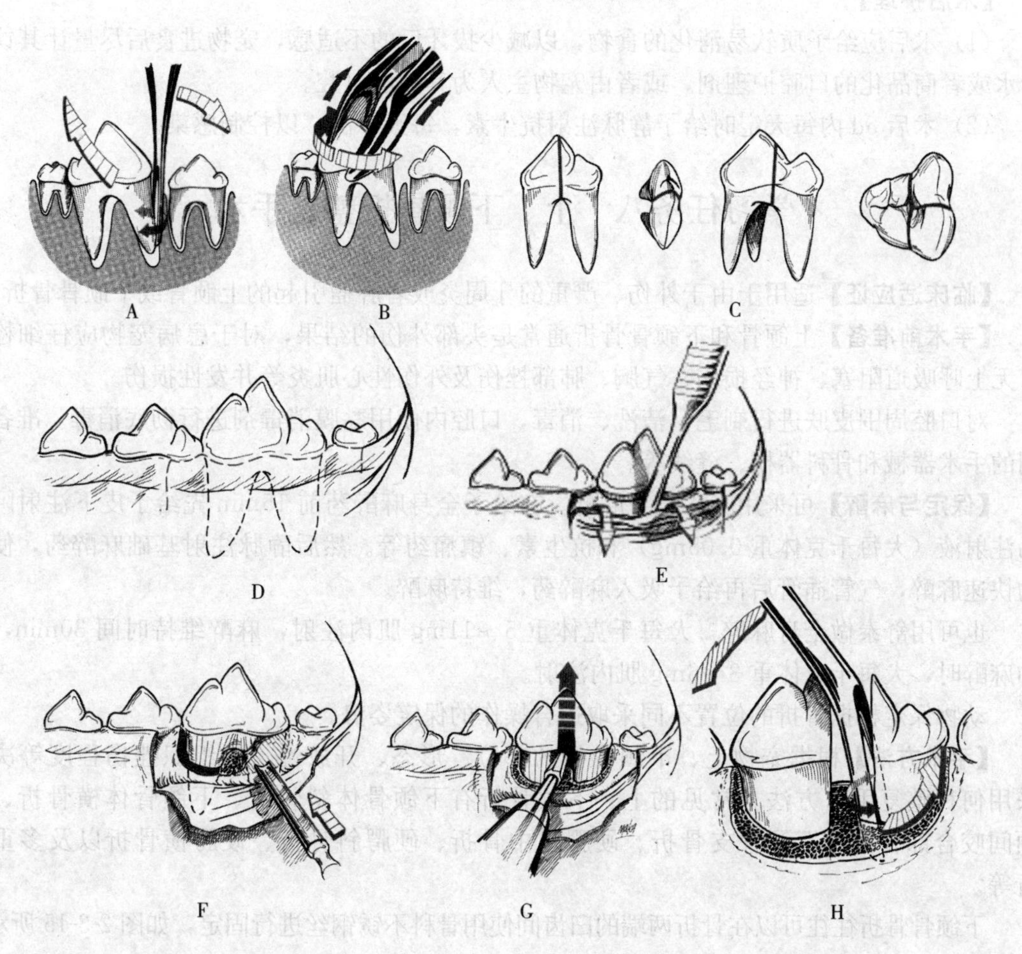

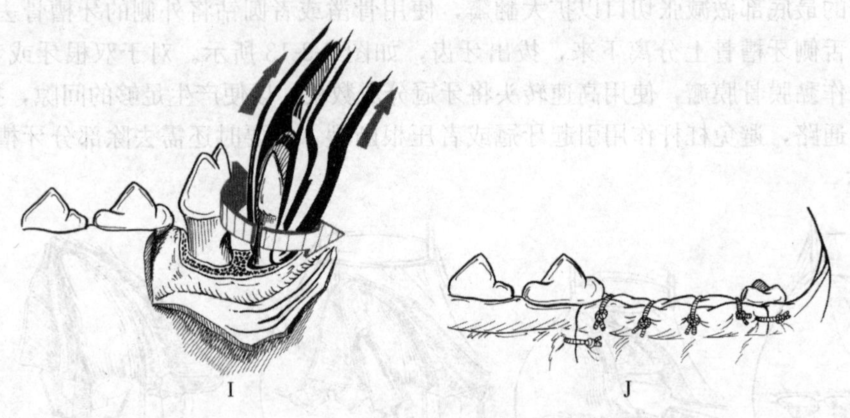

图 2-3-14　多根牙拔除方法

A. 用牙科梃将病齿周围充分分离　B. 用拔牙钳一边转动活动齿根，一边拔除牙齿　C. 对于连接坚固的多齿根，可先用牙科轮锯实施分离，再单根拔除　D. 沿着齿龈缘切开黏膜颊侧面　E. 用骨膜剥离器抬向腹侧并翻转　F. 用骨圆凿在齿根一半高度处除去齿槽壁外侧　G. 用钻石轮锯实施齿分割　H. 用牙科梃将各牙根从齿槽骨中分离并松动，以邻近齿作支点将齿提起　I. 用拔牙钳子一边转动，一边拔除牙齿　J. 对于较大伤口用结节缝合

（任晓明，2009. 图解小动物外科技术）

【术后护理】

（1）术后应给予质软易消化的食物，以减少拔牙后的不适感，宠物进食后尽量让其饮用清水或者商品化的口腔护理剂，或者由宠物主人为其冲洗口腔。

（2）术后 5d 内每天定时给予静脉注射抗生素，每天一次，以控制感染。

学习任务八　上、下颌骨折整复手术

【临床适应证】适用于由于外伤、严重的牙周炎或者肿瘤引起的上颌骨或下颌骨骨折。

【手术前准备】上颌骨和下颌骨骨折通常是头部外伤的结果，对于患病宠物应仔细检查有无上呼吸道阻塞、神经损伤、气胸、肺部挫伤及外伤性心肌炎等并发性损伤。

对口腔周围皮肤进行剃毛、清洗、消毒，口腔内使用黏膜消毒剂进行彻底消毒。准备常用的手术器械和骨科器械、缝线等。

【保定与麻醉】可采用吸入全身麻醉。在给予全身麻醉药前 15min 先给予皮下注射阿托品注射液（犬每千克体重 0.05mg）和抗生素、镇痛药等。然后静脉注射基础麻醉药，使宠物快速麻醉，气管插管后再给予吸入麻醉药，维持麻醉。

也可用舒泰做全身麻醉，犬每千克体重 5～11mg 肌内注射，麻醉维持时间 30min，追加麻醉时，犬每千克体重 3～6mg 肌内注射。

动物保定根据骨折的位置不同采取适合操作的保定姿势。

【手术方法】根据宠物上、下颌骨折的部位、形态、开放性、软组织挫伤程度等决定采用何种整复手术方法。常见的上、下颌骨折有下颌骨体斜骨折、下颌骨体横骨折、下颌间咬合部骨折、下颌骨支骨折、硬腭正中骨折、硬腭斜骨折、硬腭横骨折以及多重骨折等。

下颌骨骨折往往可以在骨折两端的臼齿间使用骨科不锈钢丝进行固定，如图 2-3-15 所示。

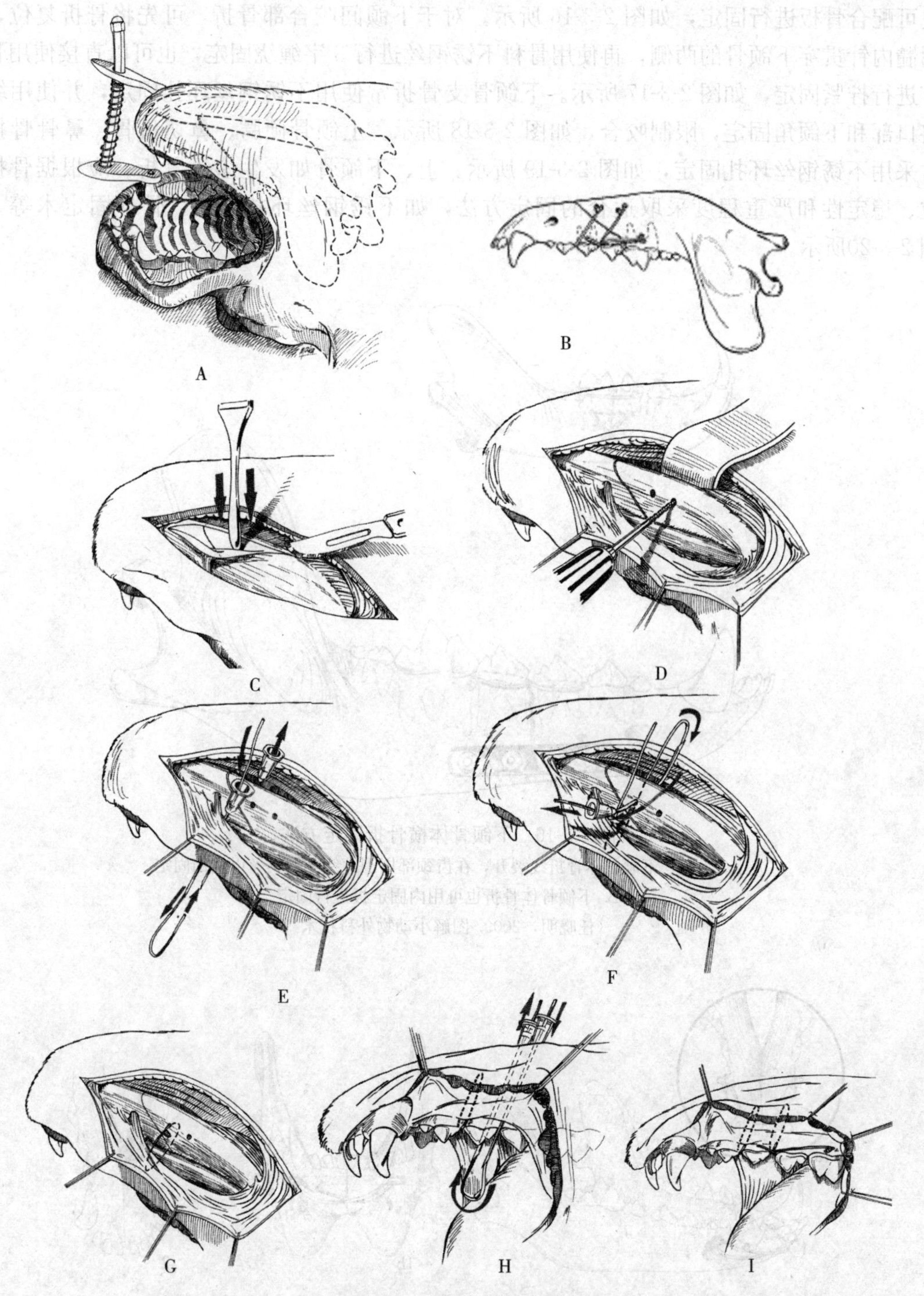

图 2-3-15　下颌骨体斜骨折固定

A. 下颌骨斜骨折处　B. 在第三前臼齿和第二后臼齿间用骨科不锈钢丝穿过固定　C. 在下颌部的外侧旁下正中线平行下颌体的腹侧缘切开皮肤，用骨膜剥离器把肌肉从骨骼上剥离下来　D. 在近骨折处的腹侧打两个孔　E. 用骨科不锈钢丝穿过孔　F. 在一侧将不锈钢丝绕于下颌的周围，在另一侧将不锈钢丝穿过孔　G. 将不锈钢丝的两端在腹外侧面固定　H. 用同样方法将第二根不锈钢丝固定　I. 导引不锈钢丝尾侧如 B 中方法固定

（任晓明，2009. 图解小动物外科技术）

也可配合骨板进行固定，如图 2-3-16 所示。对于下颌间咬合部骨折，可先将骨折复位，使用髓内针贯穿下颌骨的两侧，再使用骨科不锈钢丝进行 8 字缠绕固定，也可以直接使用骨螺钉进行拧紧固定，如图 2-3-17 所示。下颌骨支骨折常使用不锈钢丝环扎固定，并使用绷带将口部和下颌角固定，限制咬合，如图 2-3-18 所示。上颌骨硬腭、鼻切齿骨、鼻骨骨折也常采用不锈钢丝环扎固定，如图 2-3-19 所示。上、下颌骨如发生多重骨折，应根据骨折部位、稳定性和严重程度采取适合的固定方法，如不锈钢丝环扎固定、骨外固定术等，如图 2-3-20所示。

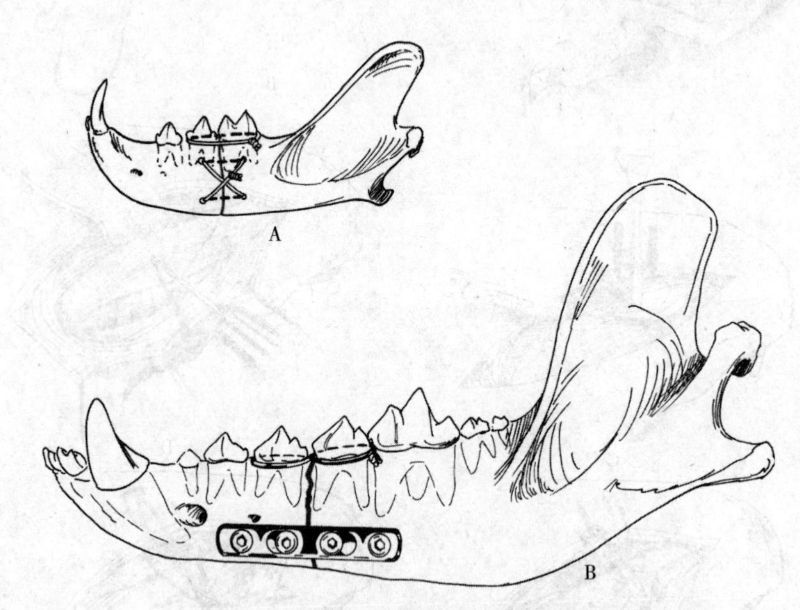

图 2-3-16 下颌骨体横骨折固定方法

A. 为阻止下颌骨体骨折线裂开，在齿颈部周围缠绕不锈钢丝以辅助固定

B. 下颌骨体骨折也可用内固定板进行固定

（任晓明，2009. 图解小动物外科技术）

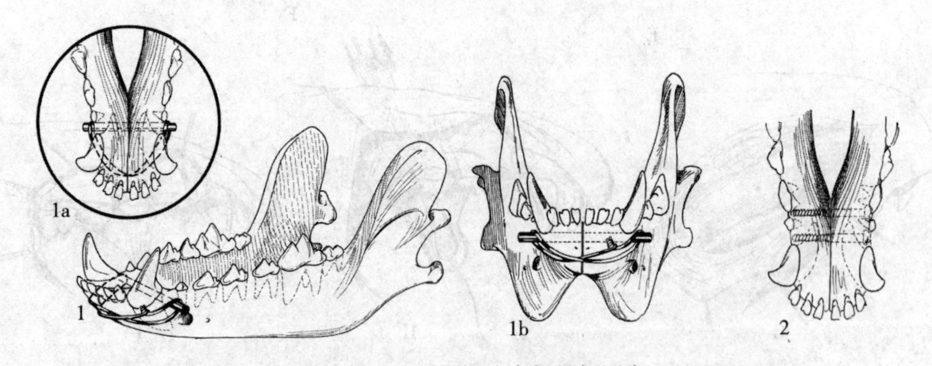

图 2-3-17 下颌间咬合部骨折固定

1. 下颌间咬合部的骨折，可在下颌孔头侧，于犬齿和第一臼齿之间固定（1a. 内固定用不锈钢丝完全贯通下颌骨的两侧 1b. 下颌体两侧的内固定钉上用骨科不锈钢丝做“8”字形缠绕固定） 2. 下颌间咬合部的骨折，可在第一臼齿和第二臼齿之间钻孔，用内固定螺丝钉固定骨折

（任晓明，2009. 图解小动物外科技术）

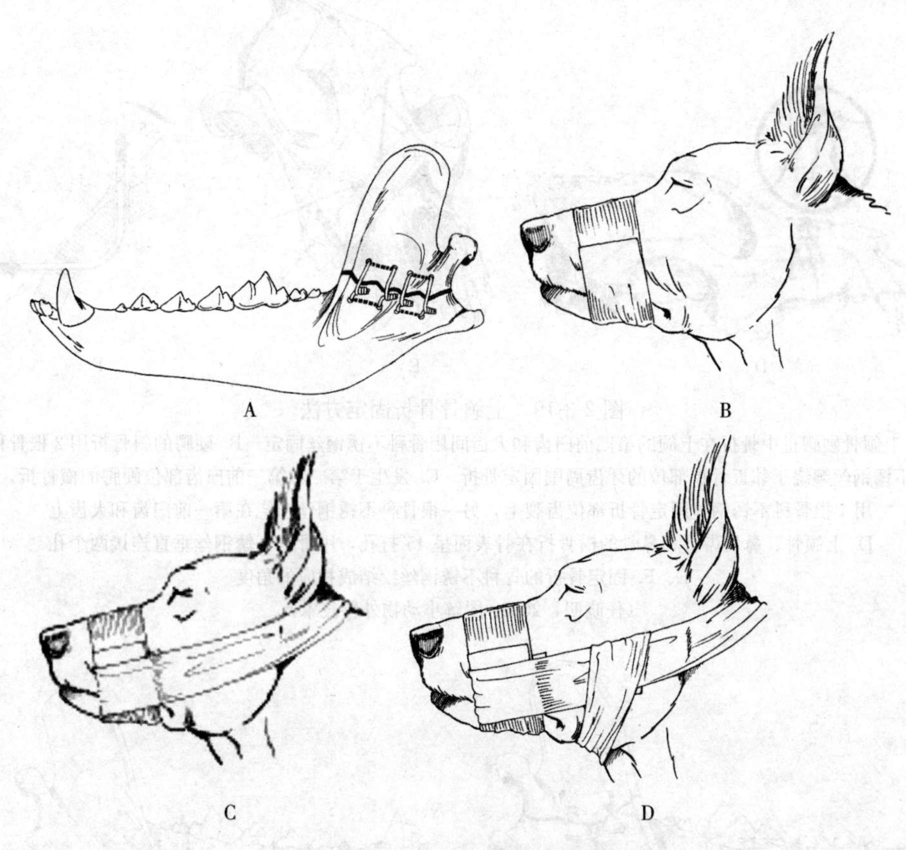

图 2-3-18　下颌骨支骨折固定方法

A. 下颌骨支骨折可用适合的骨科不锈钢丝固定　B. 用宽幅黏性包扎绷带从嘴开始暂时固定上颌和下颌 3 周　C. 用宽幅绷带缠绕颈部加强固定　D. 用宽幅绷带缠绕固定下颌，固定期间采用鼻饲管理

（任晓明，2009. 图解小动物外科技术）

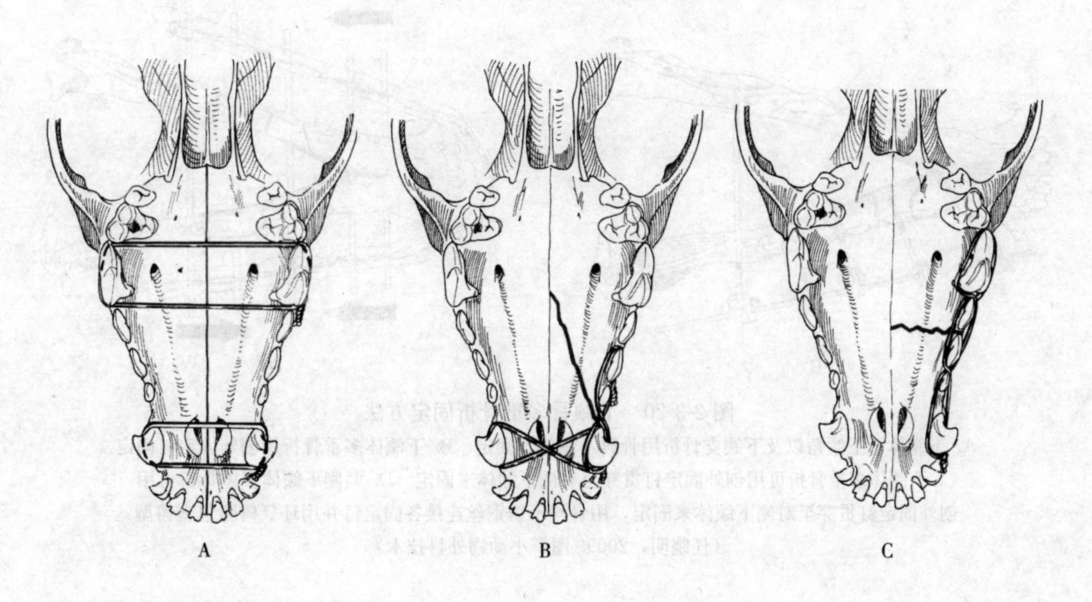

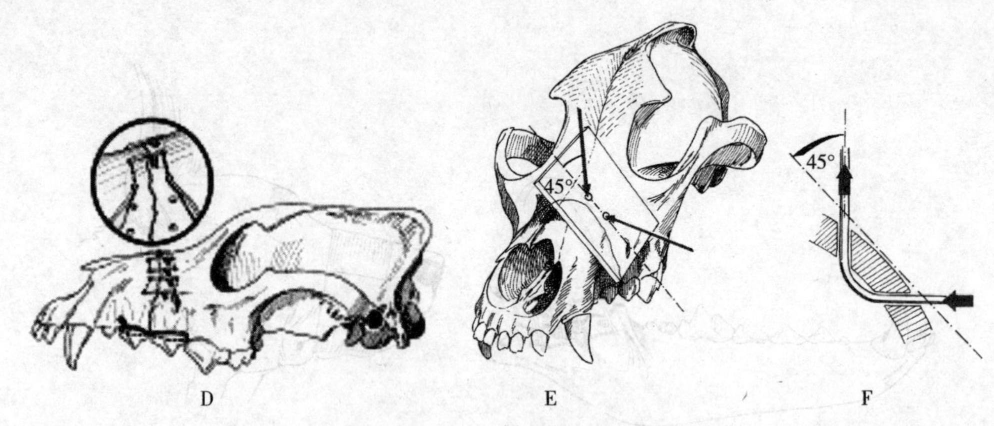

图 2-3-19　上颌骨骨折固定方法

A. 上颌骨硬腭正中骨折在上颌的第四前臼齿和犬齿间用骨科不锈钢丝固定　B. 硬腭的斜骨折用 2 根骨科不锈钢丝缠绕于邻近骨折部位的牙齿周围固定骨折　C. 发生于第二和第三前臼齿部位硬腭的横骨折，用 1 根骨科不锈钢丝固定骨折部位齿裂上，另一根骨科不锈钢丝缠绕在第一前臼齿和犬齿上
D. 上颌骨、鼻切齿骨和鼻骨的横骨折在骨表面呈 45°打孔，用骨科不锈钢丝垂直连接两个孔
E、F. 固定骨折的骨科不锈钢丝绞结成相应的角度
（任晓明，2009. 图解小动物外科技术）

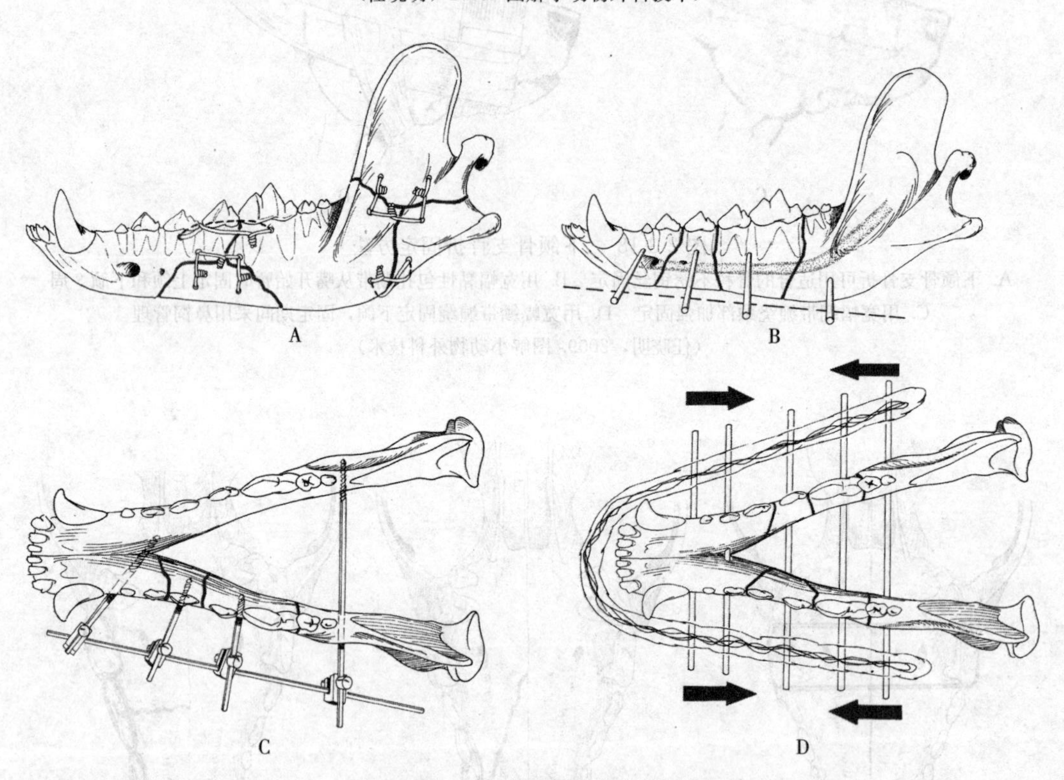

图 2-3-20　下颌骨多重骨折固定方法

A. 下颌体、下颌角以及下颌支骨折用骨科不锈钢丝固定　B. 下颌体多重骨折用创外固定钉固定
C. 下颌体多重骨折可用创外固定钉贯穿至对侧下颌体来固定　D. 两侧下颌体多重骨折可用创外固定钉贯穿至对侧下颌体来固定，用骨科不锈钢丝连接各固定钉并用环氧树脂包裹铸型
（任晓明，2009. 图解小动物外科技术）

【术后护理】

（1）术后小动物佩戴伊丽莎白项圈防止其抓挠伤口，根据骨折固定的情况决定饲喂方式，宜给予流质食物，必要时可放置鼻饲管、颈饲管或者胃饲管。

（2）术后定期进行X射线检查，确认骨折愈合情况，移除植入物过程应保持术部清洁，必要时涂布抗生素软膏。

（3）在术后10d内每天定时给予静脉注射输液和抗生素，每天一次，以控制感染。

（4）术后无感染、恢复良好的10～14d可拆线。

学习任务九　声带切除手术

【临床适应证】本手术临床上以生理性声带切除手术为主，主要用于经常吠叫或者叫声严重扰民的犬只，通过声带切除降低其吠叫声音，也可以用于声带损伤、肿瘤等的切除。

【局部解剖】声带位于喉腔内，由声带韧带和声带肌组成。两侧声带之间称为声门裂。声带（声褶）上端始于杓状软骨的最下部（声带突），下端终于甲状软骨腹内侧中部，并在此与对侧声带相遇。这是由于杓状软骨向腹内侧扭转，使声带内收，改变声门裂形状，由宽变狭，似菱形或V形。

【手术前准备】将局部进行清洗消毒，准备眼科弯剪以及眼科常用的手术器械。

对于手术宠物应仔细检查其声带以及周围组织的情况。术前应禁食24h以上，停止给水3h。术前使用糖皮质激素以降低喉水肿和术后呼吸困难。用稀释的无菌溶液轻轻冲洗宠物口腔。手术通路有两种，一种为经口腔手术通路，另一种为经喉切开手术通路。如为经喉切开手术通路，应对宠物头颈部腹侧进行剃毛消毒，进行外科常规处理。准备常用的手术器械、缝线等。

【保定与麻醉】可采用吸入全身麻醉。在给予全身麻醉药前15min先给予皮下注射阿托品注射液（犬每千克体重0.05mg）和抗生素、镇痛药等。然后静脉注射基础麻醉药，使宠物快速麻醉，气管插管后再给予吸入麻醉药，维持麻醉。采用气管插管进行吸入麻醉，可以防止声带切除时出血进入气管影响呼吸。

也可用舒泰做全身麻醉，犬每千克体重5～11mg肌内注射，麻醉维持时间30min，追加麻醉时，犬每千克体重3～6mg肌内注射。

经口腔手术通路时动物保定应采用手术台俯卧保定，使用开口器或者绷带牵拉上、下颌骨将宠物口腔打开。经喉切开手术通路时动物保定应采用手术台仰卧保定，将颈部伸展，固定四肢。

【手术方法】

1. 经口腔手术通路　充分打开宠物口腔，将软腭向上抬起，将舌头用纱布拉出，用喉镜镜片或者压舌板压住舌根使会厌软骨翻开即可暴露声门。使用长柄的镊子或者组织钳夹持并固定声带，使用长柄剪刀（Metzenbaum剪刀）切开声带和声带肌。通常情况下，切口出血并不严重，通过止血海绵直接按压即可达到止血效果，也可使用高频电刀进行切割。在切除过程中勿伤及声襞腹侧连接处，留1～2mm声带和声带肌组织，这样可以减少腹侧连接处被肉芽组织连接起来以及继发声门狭窄。为防止血液吸入气管，在手术期间或者手术结束后，将宠物头放低，吸出气管内的血液。如图2-3-21所示。

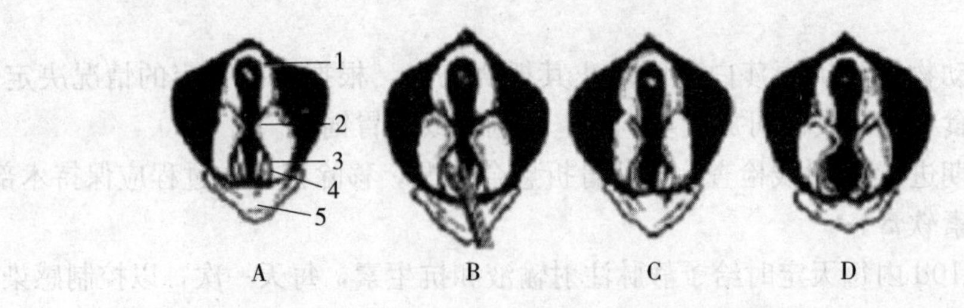

图 2-3-21 经口腔做声带切除术步骤

1. 小角状突 2. 楔形突起 3. 杓状会厌襞 4. 声带 5. 会厌软骨

A. 声带局部解剖结构 B、C、D. 活动钳头伸向声带喉室侧，非活动钳头位于声带喉腔侧，握紧钳柄、钳压、切割。依次从声带背侧向下切除至其腹侧 1/4 处，尽可能多地切除声带组织，包括声韧带和声带肌

2. 经喉切开手术通路 在舌静脉和环状软骨之间小心切开皮肤，将胸骨舌骨肌在正中线的连接筋膜分开，暴露下方的甲状软骨。对甲状软骨上小的血管出血采取电凝或者烧烙止血。向后方分离还可见甲状舌骨肌，在正中线将甲状软骨切开，暴露出声带，用镊子或者组织钳提起声带，将声带和声带肌从其基部切除下来，对创面进行彻底止血，吸引出气管腔内的渗出液。将甲状软骨结节缝合，依次闭合胸骨舌骨肌、皮下组织和皮肤，如图 2-3-22 所示。

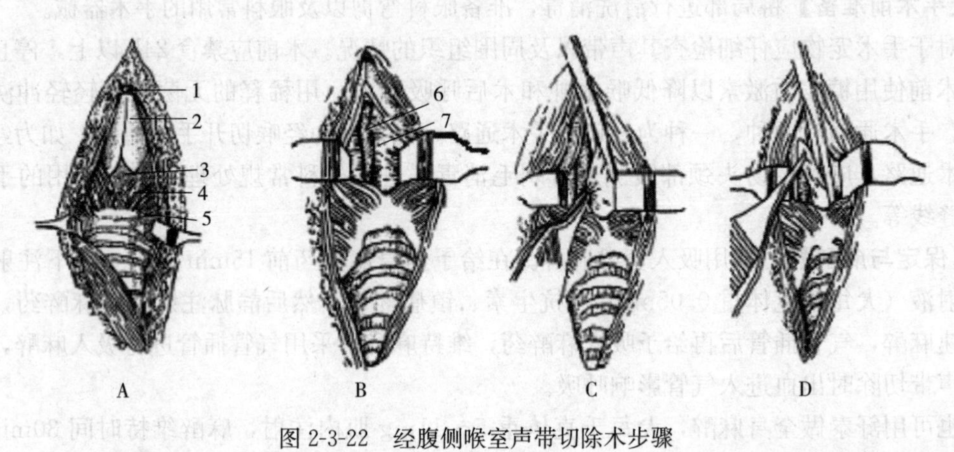

图 2-3-22 经腹侧喉室声带切除术步骤

1. 舌骨静脉弓 2. 甲状软骨 3. 甲状韧带 4. 环甲状肌 5. 环状软骨 6. 喉腔 7. 左侧声带

A. 将胸骨舌骨肌在正中线的连接筋膜分开，暴露下方的甲状软骨 B. 在正中线将甲状软骨切开，暴露出声带 C. 用镊子或者组织钳提起声带 D. 将声带和声带肌从其基部剪除

【术后护理】在犬颈部包扎绷带，防止感染。将犬只放置于安静的环境中，避免诱发其吠叫，影响伤口愈合。可将抗生素溶入饮水中，让犬只内服，也可通过口腔喷洒抗生素溶液。为了减少声带切除后瘢痕组织的增生，术后可使用皮质类固醇激素。同时给予抗生素 3～5d，防止感染。

项目四　颈部手术

学习任务一　喉头部分切除与缝合技术

【临床适应证】可用于喉癌及声带癌病变部位的切除。本手术以犬为例。

【手术前准备】犬术前应禁食24h以上、禁水3h。对于有血凝障碍或者出血性素质的犬可在手术前注射酚磺乙胺（止血敏），并准备肾上腺素。准备常用的手术器械和活检钳、吉尔比氏小镊子等。

【保定与麻醉】可采用吸入全身麻醉。在给予全身麻醉药前15min先给予皮下注射阿托品注射液（犬每千克体重0.05mg）和抗生素、镇痛药等。然后静脉注射基础麻醉药，使宠物快速麻醉，气管插管后再给予吸入麻醉药，维持麻醉。

也可用舒泰做全身麻醉，犬每千克体重5～11mg肌内注射，麻醉维持时间30min，追加麻醉时，犬每千克体重3～6mg肌内注射。

喉头部分切除与缝合术可以通过口腔通路或者喉头腹侧通路来完成。而对于体型较小的犬，因为手术视野受到限制，一般采用喉头腹侧通路。对采用口腔通路切除部分喉头的犬采用俯卧保定，而对于通过喉头腹侧通路切除部分喉头的犬应仰卧保定，头部尽量拉伸固定在手术台上，同时应对整个颈部剃毛、消毒。

【手术方法】

1. 经口腔通路　将犬的口腔打开，充分显露喉头。用活检钳夹住角突并向中间牵引。用长柄的手术刀切除或用长柄剪刀剪除角突和楔形突的基部到中部。在切除或剪除的过程中应该谨慎操作，避免剪到杓状会厌皱襞和楔形突的后半部分。用活检钳或梅曾堡氏剪（或两者同时使用）剪除声带、声带突和声带肌，如图2-4-1所示。保留声带的腹侧面完整，保留另外一侧声带。在剪除的过程中要注意止血，必要时可用肾上腺素棉球压迫出血部位，防止

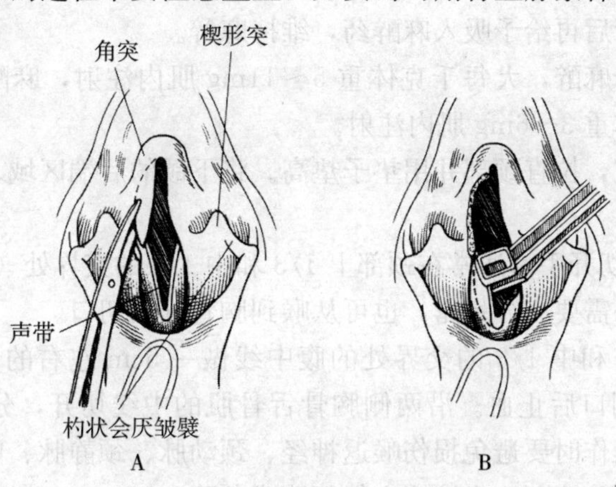

图2-4-1　喉头部分切除通路与方法

A. 通过口腔通路做部分喉头切除，用长柄手术刀或剪刀剪除角突和楔形突的基部到中部，避免剪到杓状会厌皱襞和楔形突的后半部分　B. 用活检钳或梅曾堡氏剪（或两者同时使用）剪除声带、声带突和声带肌

（张海彬，等主译，2008. 小动物外科学）

血液流入气管。待充分止血后，闭合口腔。

2. 经喉头腹侧通路 拉伸头部使喉部腹侧呈紧张状态，沿喉部腹侧正中做一 5cm 左右的皮肤切口，依次切开皮肤、浅筋膜，用创钩拉开创口，止血。沿两侧胸骨舌骨肌之间的白线切开，分离胸骨舌骨肌，充分止血，防止创口血液流入气管。从正中切开环甲软骨膜、甲状软骨。拉开甲状软骨的边缘，暴露杓状软骨和声带。充分剥离一侧杓状软骨上角突、楔形突和声带突的黏膜并将其切除。同时切除同侧的声带，切除同侧的声带后用 4-0～6-0 号可吸收缝线连续缝合。单纯间断缝合甲状软骨。缝合时注意不要穿透软骨的全层，胸骨舌骨肌和皮下组织采用单纯连续缝合，皮肤采用结节缝合。

【术后护理】

（1）术后密切监护宠物，以防因上呼吸道阻塞而出现呼吸困难。

（2）术后应当给宠物输液，直到其能自由饮水。术后 18～24h 后可给予少量流质食物，但应注意避免引起异物性肺炎。

（3）术后 5d 内静脉输注抗生素，每天一次，以控制感染。如疼痛明显可适当给予一些止痛药。

（4）术后 6～8 周应限制犬的运动，并尽量避免使其吠叫。手术后的犬大部分偶尔会咳嗽，犬的吠叫声也比较轻和沙哑。

学习任务二 气管切开手术

【临床适应证】可用于上呼吸道急性炎性水肿、鼻骨骨折、鼻腔肿瘤和异物、双侧返神经麻痹；某些原因引起气管狭窄导致宠物出现完全上呼吸道闭塞、窒息而有生命危险时。本手术以犬为例。

【手术前准备】准备常规手术器械和气管导管。

【保定与麻醉】可采用吸入全身麻醉。在给予全身麻醉药前 15min 先给予皮下注射阿托品注射液（犬每千克体重 0.05mg）和抗生素、镇痛药等。然后静脉注射基础麻醉药，使宠物快速麻醉，气管插管后再给予吸入麻醉药，维持麻醉。

也可用舒泰做全身麻醉，犬每千克体重 5～11mg 肌内注射，麻醉维持时间 30min，追加麻醉时，犬每千克体重 3～6mg 肌内注射。

将犬进行仰卧保定，拉直颈部并用垫子垫高。将下颌的后端区域、颈部腹侧和胸腔前部进行剃毛、消毒。

【手术方法】气管切开手术通常在颈部上 1/3 和中 1/3 的交界处（颈部菱形区）、颈部腹正中线上做切口，如果需要充分暴露，也可从喉到胸骨延长切口。

（1）沿颈部上 1/3 和中 1/3 的交界处的腹中线做一 5cm 左右的切口，依次切开皮肤、浅筋膜，用创钩拉开创口后止血。沿两侧胸骨舌骨肌的中线切开，分离肌肉、深层气管筋膜，充分显露气管。操作时要避免损伤喉返神经、颈动脉、颈静脉、甲状腺或食管。在气管切开之前应充分止血，防止创口血液流入气管造成危险。

（2）用拇指和食指固定气管，在气管壁上水平或者垂直切开气管。在靠近软骨处设置环绕软骨的缝线以分离其边缘，便于进行气管腔检查或者气管插管，如图 2-4-2 所示。如有阻塞物，应将阻塞物取出，同时清理管腔内的血液、分泌物。在确认管腔内没有异物残留后，

用 3-0 或 4-0 号可吸收缝线单纯间断缝合气管边缘。为使气管切口闭合严密，可经环形韧带并环绕软骨或仅经环形韧带放置缝线。

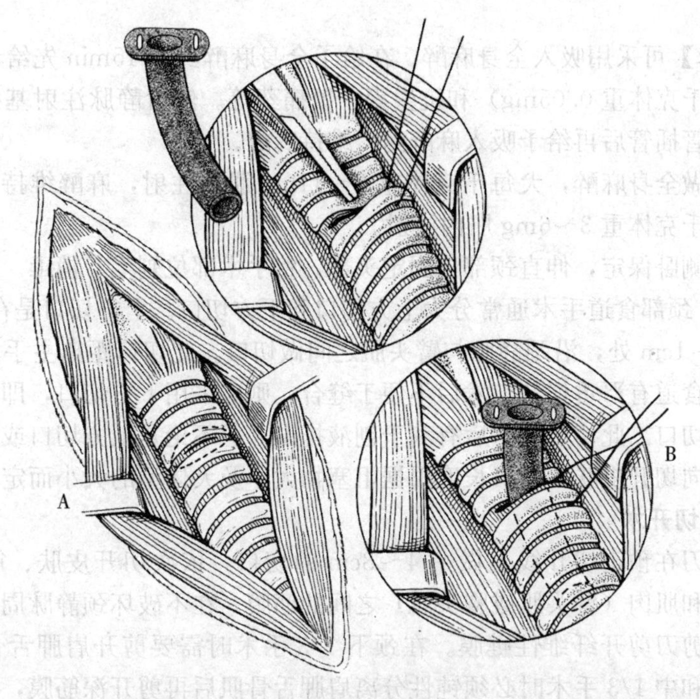

图 2-4-2　气管造口插管

A. 经环形韧带做一横断的切口。在靠近切口的两边气管环上切除一小块椭圆形软骨片，以减少导管插入时的刺激性（虚线）　B. 用止血钳压迫软骨近端或用环绕的缝线提起软骨的远端，以利于导管的插入。插入导管，但不要完全充满管腔

（张海彬，等主译，2008. 小动物外科学）

（3）彻底清理术部后，用 3-0 或 4-0 号可吸收缝线简单连续缝合胸骨舌骨肌、皮下组织，皮肤采用结节缝合。

如果病因不能立即除去，需要做长时间的气管插管，可在邻近的气管环上各做一半圆形切口（宽度不得超过气管环宽度的 1/2），形成一个近圆形的孔，然后经孔将气导管插入气管内。用线或绷带将气导管固定于颈部。皮肤切口的上、下角各做 1～2 个单纯间断缝合以进一步固定气导管。如果需要永久性的切开气管，可切除 1～2 个软骨环的一部分，造成方形的“天窗”，用单纯间断缝合将黏膜与相对的皮肤缝合，形成永久性的气管瘘。

【术后护理】

（1）术后注射抗生素防止感染。

（2）防止宠物摩擦术部。对于长时间安装气导管的宠物要经常检查，如气流声音出现异常，应及时纠正。每天都应对气导管进行清洗以保持气导管的清洁。根据宠物的病情，如果确认已痊愈，可将气导管取下，创口做一般处理，待第二期愈合。

学习任务三　颈部食道切开与部分食道切除手术

【临床适应证】颈部食道切开术一般用于宠物食道发生梗塞，用一般保守疗法难以治疗

的疾病；颈部部分食道切除术一般用于切除失去活力或病变的食道。本手术以犬为例。

【手术前准备】 对于非紧急手术宠物，术前应禁食24h以上，停止给水3h。准备常规手术器械。

【保定与麻醉】 可采用吸入全身麻醉。在给予全身麻醉药前15min先给予皮下注射阿托品注射液（犬每千克体重0.05mg）和抗生素、镇痛药等。然后静脉注射基础麻醉药，使宠物快速麻醉，气管插管后再给予吸入麻醉药，维持麻醉。

也可用舒泰做全身麻醉，犬每千克体重5～11mg肌内注射，麻醉维持时间30min，追加麻醉时，犬每千克体重3～6mg肌内注射。

将犬进行右侧卧保定，伸直颈部，固定头部，将手术部位剃毛、消毒。

【手术方法】 颈部食道手术通常分为上方切口和下方切口。上方切口是在颈静脉的上缘，臂头肌下缘0.5～1cm处，沿颈静脉与臂头肌之间做切口。此切口距离主手术食道最近，手术操作方便。若食道有严重损伤，术后不便于缝合，则应采用下方切口，即在颈静脉下方沿着胸头肌上缘做切口。此切口在术后有利于创液排出。但不论是上方切口或下方切口，都必须沿颈静脉沟纵向切开皮肤，切口长度根据阻塞物大小及犬体型的大小而定。

1. 颈部食道切开术

（1）用手术刀在预定切开线上做一4～8cm的切口，依次切开皮肤、筋膜（含皮肌），钝性分离颈静脉和肌肉（臂头肌或胸头肌）之间的筋膜，在不破坏颈静脉周围的结缔组织腱膜的前提下，用剪刀剪开纤维性腱膜。在颈下1/3手术时需要剪开肩胛舌骨肌筋膜及脏筋膜，而在上1/3和中1/3手术时必须钝性分离肩胛舌骨肌后再剪开深筋膜，充分暴露食道。

（2）食道暴露后，将其轻轻拉出，用湿润的生理盐水纱布包好并与术部的其他组织隔开。在切开食道之前应尽量的清除食道内容物，以尽量避免切开食道时内容物流出污染术部。如食道内容物较多而又无法清除，可用手指或微创钳夹住食道切开位置的前后部分以阻断食道内容物从切口流出。若食道阻塞的时间不长，手术切口可选择在阻塞物所在的食道部位上；若食道阻塞的时间过长，食道黏膜有坏死，手术切口应选择在阻塞物的稍后方，切口大小应以能取出阻塞物为宜。切开食道，取出异物，彻底清洁切口周围的污物后，准备闭合切口。

（3）食道切口闭合前必须确认局部无严重血液循环障碍。食道切口的闭合可以采用双层简单间断缝合，也可以采用单层简单间断缝合。虽然双层缝合比单层缝合操作复杂，需要时间也长，但是双层缝合会使伤口马上产生较强的抗张力作用、良好的组织对合，有利于促进伤口愈合。在进行双层缝合时，在平行切口方向，距创缘大约2mm的位置开始缝合，两个结之间的距离2mm左右。缝合时第一层对黏膜层和黏膜下层进行简单间断缝合，将线结打在食道腔内。第二层对外膜、肌层进行简单间断缝合，将线结打在食道腔外，如图2-4-3所示。若食道组织形态较好，可进行单层缝合，缝合时缝合线要穿过食道壁的全层，且在食道腔外面打结。检查整个缝合组织的对接情况，注入生理盐水，轻轻压迫，观察有无泄漏。在确认无泄漏的情况下，将食道周围的结缔组织、肌肉和皮肤分别做结节缝合。

2. 部分食道切除 若食道壁已经坏死或食道发生病变可通过该手术进行治疗。

（1）采用与食道切开术中相同的方法暴露食道。在切除部分食道时，为了保留食道的脉管系统应避免切除太多。如果切除部分为3～5cm，在缝合时由于张力过大就有可能开裂。当切除较大段的食道时，建议用部分肌切开术以释放打结对食道造成的张力，如图2-4-4所

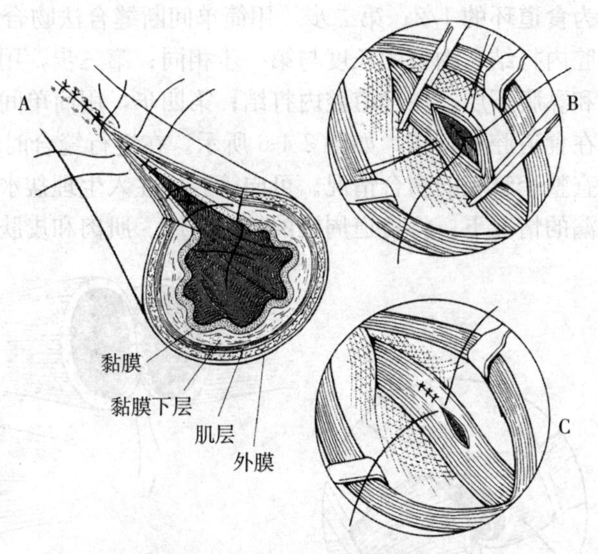

图 2-4-3　食道切开后的缝合

A、B. 第一层对黏膜层和黏膜下层进行简单间断缝合，将线结打在食道腔内

C. 第二层对外膜、肌层进行简单间断缝合，将线结打在食道腔外

（张海彬，等主译，2008. 小动物外科学）

示。环状肌切开是通过在食道吻合部位的前后各处做纵肌的非全层切开，以缓解吻合部位的肌肉张力。注意，不能切开内环肌层，避免破坏黏膜下的血液供应。在切开时可以将生理盐水注入肌肉以帮助识别不同的肌层。切开的肌肉裂口行二期愈合，不会产生狭窄或膨大的现象。此外，通过扩大食道裂孔来松动胃前部也有助于减小吻合处的张力。在切除的过程中，应用手指或无齿镊对合及固定食道，然后切除病变部分。清除食道内的残留物和污物，准备缝合。

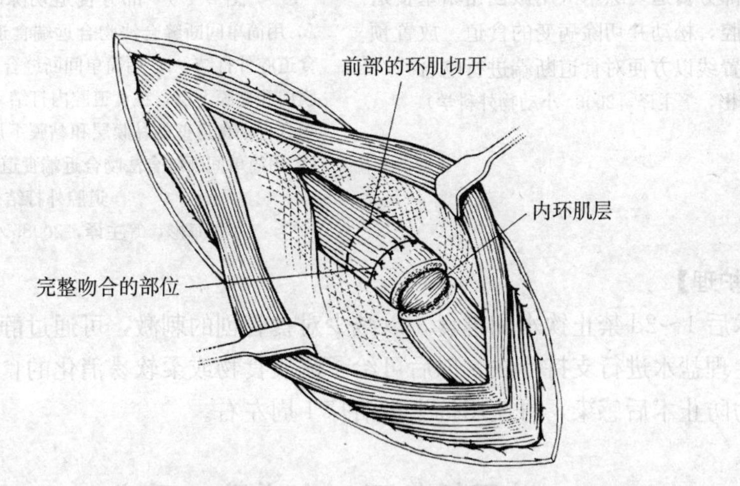

图 2-4-4　在食道吻合部位的前后各做 2～3cm 的食道肌切开以缓解张力

（张海彬，等主译，2008. 小动物外科学）

（2）缝合时可在食道的每个断端对等的放置 3 根缝合线，以利于食道的操作和断端的对合与调整，如图 2-4-5 所示。利用预置线对食道断端对合并进行缝合。可采用双层缝合法。具体方法分四步进行：第一步，用简单间断缝合法吻合远端食道壁的外膜和肌层，在食道腔

外打结，吻合长度约为食道环的1/2；第二步，用简单间断缝合法吻合远端食道壁的黏膜层和黏膜下层，在食道腔内打结，吻合的长度与第一步相同；第三步，用简单间断缝合法吻合近端食道壁的黏膜层和黏膜下层，在食道腔内打结；第四步，用简单间断缝合法吻合近端食道壁的外膜和肌层，在食道腔外打结，如图2-4-6所示。在进行缝合时每一步的缝合要连接紧密，缝合完毕后检查整个管腔的吻合情况。可向管腔内注入生理盐水，轻轻挤压，观察有无泄漏。在确认无泄漏的情况下，将食道周围的结缔组织、肌肉和皮肤分别做结节缝合。

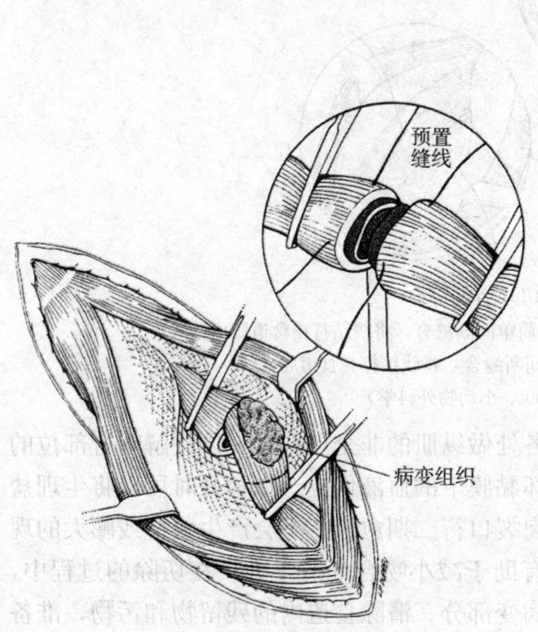

图2-4-5　部分食道切除术（用微创钳堵塞食道腔，松动并切除病变的食道。放置预置线以方便对食道断端进行吻合）
（张海彬，等主译，2008. 小动物外科学）

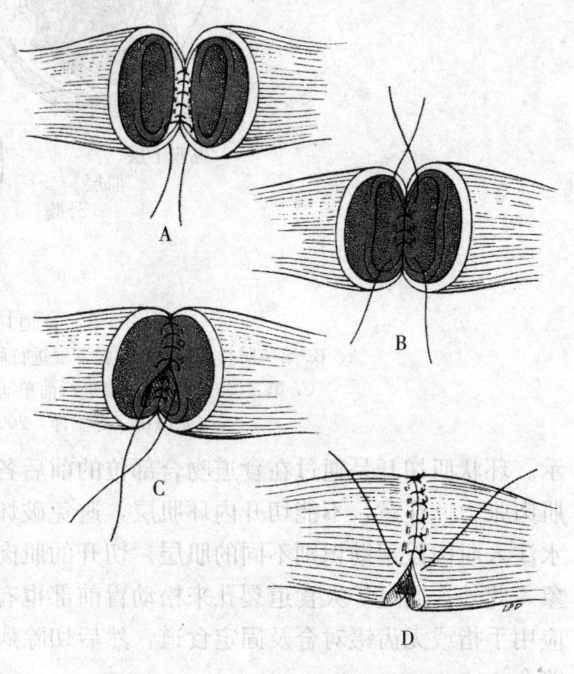

图2-4-6　部分食道切除时的缝合方法
A. 用简单间断缝合法吻合远端食道壁的外膜和肌层，在食道腔外打结　B. 用简单间断缝合法吻合远端食道壁的黏膜层和黏膜下层，在食道腔内打结　C. 用简单间断缝合法吻合近端食道壁的黏膜层和黏膜下层，在食道腔内打结　D. 用简单间断缝合法吻合近端食道壁的外膜和肌层，在食道腔外打结
（张海彬，等主译，2008. 小动物外科学）

【术后护理】

（1）术后1～2d禁止饮水和进食，以减少对食管创的刺激，可通过静脉注射葡萄糖、能量制剂、生理盐水进行支持疗法。以后可给予流质食物或柔软易消化的食物。

（2）为防止术后感染，可使用抗生素治疗1周左右。

学习任务四　食道造口手术

【临床适应证】当宠物因咽喉部发生病变而不能进食或因胃肠道疾病而引起食欲减退时，需要采用食道造口插入导管。需要注意的是，本手术严禁用于有原发性或继发性的食道功能障碍、食道手术或食道异体移植的患病宠物。本手术以犬为例。

【手术前准备】对于非紧急手术的宠物，术前应禁食24h以上，停止给水3h。准备常规手术器械、饲喂管和饲喂管安装工具。如果有需要，可以将饲喂管的两侧开口扩大，以便于食物顺利通过，如图2-4-7所示。

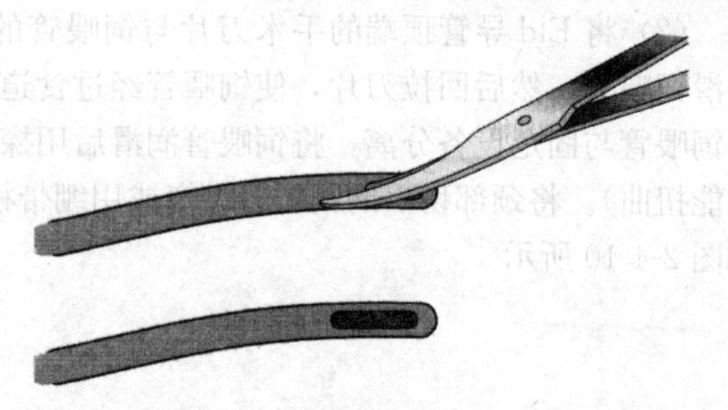

图2-4-7　食道造口术采用的导管（将其侧面的开口扩大3～4mm以方便食物通过）

（张海彬，等主译，2008. 小动物外科学）

【保定与麻醉】可采用吸入全身麻醉。在给予全身麻醉药前15min先给予皮下注射阿托品注射液（犬每千克体重0.05mg）和抗生素、镇痛药等。然后静脉注射基础麻醉药，使宠物快速麻醉，气管插管后再给予吸入麻醉药，维持麻醉。

也可用舒泰做全身麻醉，犬每千克体重5～11mg肌内注射，麻醉维持时间30min，追加麻醉时，犬每千克体重3～6mg肌内注射。

对犬进行右侧卧保定，伸直颈部，固定头部。将手术部位剃毛、消毒。

【手术方法】

（1）用开口器打开宠物口腔，将准备好的饲喂管从口腔插入，一直插到第7和第8肋间，大致量一下并标记位置，以确定食道导管的起始点和终止点。在安装饲喂管时要采用Eld饲喂管安装工具，如图2-4-8所示。但对于小型犬来说，可以用较长点的弯钳放置饲喂管。把Eld导管的斜头插入口腔，直到颈中线区域。通过颈部皮肤摸到导管的顶端。用手术刀在此处的皮肤上做一小的皮肤切口，并切开皮下组织。用导管顶端的刀片小心的扩大切口处的皮下组织、肌肉组织及食道壁，并将Eld导管顶端的手术刀片小心地穿过切口，显露在外面。

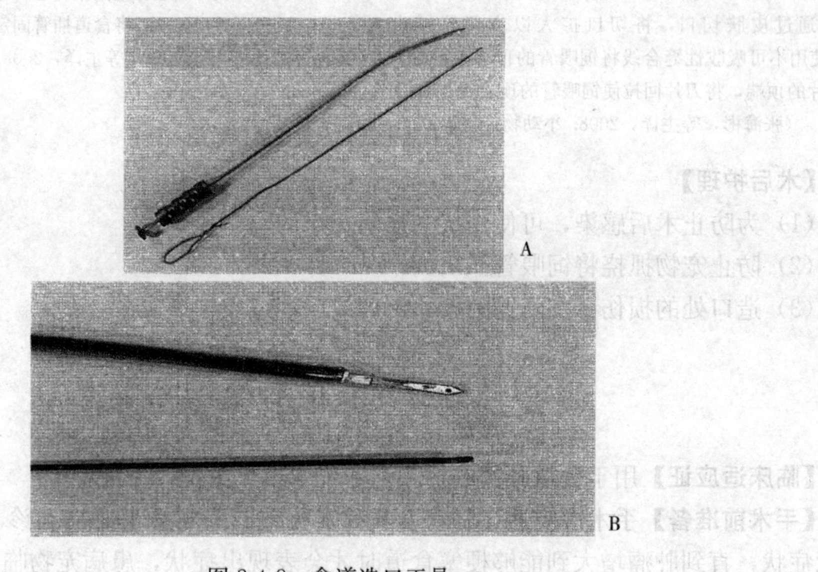

图2-4-8　食道造口工具

A. Eld饲喂管安装工具及管心针

B. 能活动的弹簧固定的手术刀片（上）和管心针（下）

（Devitt CM，Seim HB，1997）

（2）将 Eld 导管顶端的手术刀片与饲喂管的顶端用丝线结扎在一起，如图 2-4-9 所示。润滑饲喂管，然后回拉刀片，使饲喂管经过食道进入口腔，并将饲喂管顶端显露于口腔外。将饲喂管与固定设备分离，将饲喂管润滑后用探针经食道插入胃内（饲喂管在插入的过程中不能扭曲）。将颈部切口的饲喂管游离或用绷带松松的结扎一下，并堵塞住外面的饲喂管口，如图 2-4-10 所示。

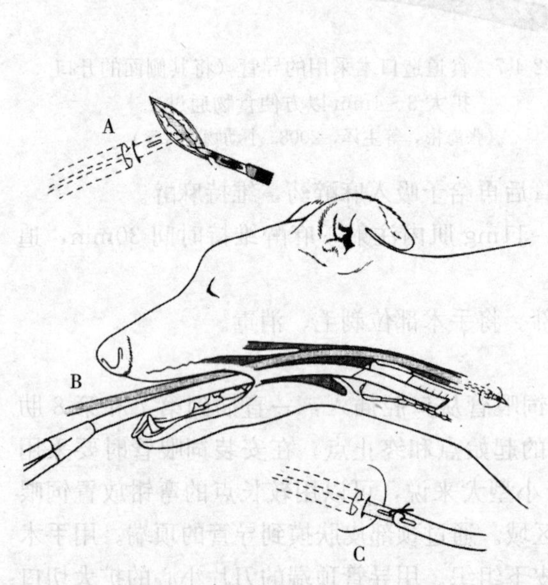

图 2-4-9　食管插管的放置（一）

A. 将器械放置在患病宠物的口腔中并在其颈部皮肤的凸出部分触诊尖端，在尖端的上方做皮肤切口　B. 用刀片通过皮肤切口，将切口扩大以方便器械出入　C. 使用不可吸收性缝合线将饲喂管的顶端固定在手术刀片的顶端，将刀片回拉使饲喂管的顶端和器械相连

（张海彬，等主译，2008. 小动物外科学）

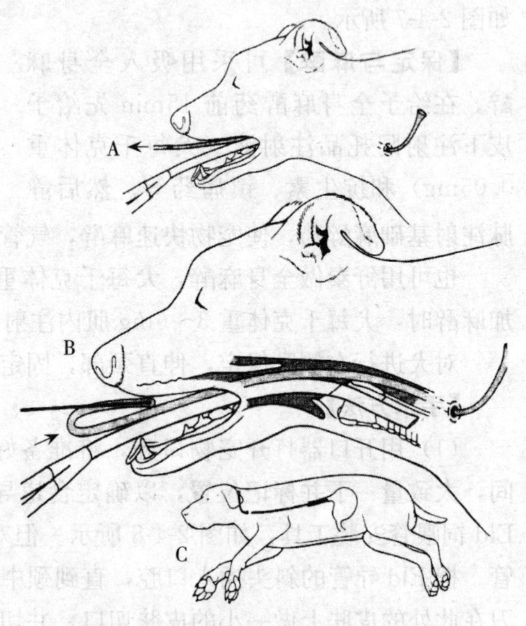

图 2-4-10　食管插管的放置（二）

A. 将器械和插管放入口腔　B. 使用插管内的管心针将犬的颈部皮肤横侧做一孔，将这个管和食道管连通在一起　C. 将食道插管固定在食道的中部位置

（张海彬，等主译，2008. 小动物外科学）

【术后护理】

（1）为防止术后感染，可使用抗生素治疗 1 周左右。

（2）防止宠物抓挠将饲喂管抓出。

（3）造口处的损伤可在将饲喂管移出后的二期愈合中恢复。

学习任务五　食道肿瘤切除手术

【临床适应证】 用于食道肿瘤的切除。本手术以犬为例。

【手术前准备】 手术前应通过临床诊断和实验室诊断对食道肿瘤确诊。原发性肿瘤初期常无症状，直到肿瘤增大到能够梗塞食道时才会表现出症状，患病宠物临床症状主要表现为反流、流涎、吞咽困难、食欲减退、消瘦、口臭。继发性肿瘤除表现为反流、呼吸困难，触诊有团块外，还对患病宠物的全身和局部有影响。诊断还可以通过食道 X 射线造影或食道内窥镜检查后取组织进行活检来确诊。一旦确诊后应立即进行手术。术前应禁食 24h 以上，

停止给水 3h。准备常规手术器械。

【保定与麻醉】可采用吸入全身麻醉。在给予全身麻醉药前 15min 先给予皮下注射阿托品注射液（犬每千克体重 0.05mg）和抗生素、镇痛药等。然后静脉注射基础麻醉药，使宠物快速麻醉，气管插管后再给予吸入麻醉药，维持麻醉。

也可用舒泰做全身麻醉，犬每千克体重 5～11mg 肌内注射，麻醉维持时间 30min，追加麻醉时，犬每千克体重 3～6mg 肌内注射。

将犬进行右侧卧保定，伸直颈部，固定头部。将手术部位剃毛、消毒。

【手术方法】

（1）首先通过临床检查或实验室检查确定食道肿瘤发生的位置。用手术刀在食道肿瘤位置做一 4～8cm 的切口，依次切开皮肤、筋膜（含皮肌），钝性分离颈静脉和肌肉（臂头肌或胸头肌）之间的筋膜，在不破坏颈静脉周围的结缔组织腱膜的前提下，用剪刀剪开纤维性腱膜。在颈下 1/3 手术时需要剪开肩胛舌骨肌筋膜及脏筋膜，而在上 1/3 和中 1/3 手术时必须钝性分离肩胛舌骨肌后再剪开深筋膜，充分暴露食道。

（2）食道暴露后，将其轻轻拉出，用湿润的生理盐水纱布包好并与术部的其他组织隔开。在确认肿瘤发生的部位后，准备将病变部分切除。在切除的过程中，应用手指或无齿镊对合及固定食道，然后切除病变部分。清除食道内的残留物和污物，准备缝合。

（3）缝合时可在食道的每个断端对等的放置 3 根缝合线，以利于食道手术的操作和断端的对合与调整，如图 2-4-3 所示。利用预置线对食道断端对合并进行缝合，可采用双层缝合法。具体方法分四步进行：第一步，用简单间断缝合法吻合远端食道壁的外膜和肌层，在食道腔外打结，吻合长度约为食道环的 1/2；第二步，用简单间断缝合法吻合远端食道壁的黏膜层和黏膜下层，在食道腔内打结，吻合的长度与第一步相同；第三步，用简单间断缝合法吻合近端食道壁的黏膜层和黏膜下层，在食道腔内打结；第四步，用简单间断缝合法吻合近端食道壁的外膜和肌层，在食道腔外打结。在进行缝合时每一步的缝合要连接紧密，缝合完毕后检查整个管腔的吻合情况。可向管腔内注入生理盐水，轻轻挤压，观察有无泄漏。在确认无泄漏的情况下，将食道周围的结缔组织、肌肉和皮肤分别做结节缝合。

【术后护理】

（1）术后 1～2d 禁止饮水和进食，以减少对食道创面的刺激，可通过静脉注射葡萄糖、能量制剂、生理盐水进行支持疗法，之后可给予流质食物或柔软易消化的食物。

（2）为防止术后感染，可使用抗生素治疗 1 周左右。

学习任务六　喉肿瘤切除手术

【临床适应证】用于喉肿瘤的切除。本手术以犬为例。

【手术前准备】手术前应通过临床诊断和实验室诊断对喉肿瘤确诊。喉肿瘤一般发生于 5～15 岁的中老年宠物。临床症状主要表现为喘鸣、呼吸困难、咳嗽、运动耐受性差、声音改变、高热、流涎、窒息、吞咽困难或昏厥。实验室检查可以通过血细胞技术、血清生化学和尿液分析等，此外，还可通过做活组织的病理学或细胞学检查来确诊。在肿瘤的早期，多数情况下手术切除治疗是有效的。在肿瘤的早期，原发性肿瘤初期常无症状，直到肿瘤增大到能够梗塞食道时才会表现出症状，患病宠物主要表现为反流、流涎、吞咽困难、食欲减退、消瘦、口臭。继发性肿瘤不仅表现反流、呼吸困难等临床症状，触诊有团块，还对全身和局部的影响。实验室检查可以通过食道X射线造影或食道内窥镜检查后取组织进行活检来确诊。一旦确诊后应立即进行手术。宠物术前应禁食24h以上，停止给水3h。对于呼吸严重困难的犬可注射地塞米松，剂量为每千克体重0.5～2mg，术前应对有呼吸困难的犬输氧。在紧急情况下，对于重度呼吸困难的犬必须进行紧急气管造口术。

【保定与麻醉】可采用吸入全身麻醉。在给予全身麻醉药前15min先给予皮下注射阿托品注射液（犬每千克体重0.05mg）和抗生素、镇痛药等。然后静脉注射基础麻醉药，使宠物快速麻醉，气管插管后再给予吸入麻醉药，维持麻醉。

也可用舒泰做全身麻醉，犬每千克体重5～11mg肌内注射，麻醉维持时间30min，追加麻醉时，犬每千克体重3～6mg肌内注射。

将犬进行仰卧保定，伸直颈部并用垫子垫起来，固定头部。将手术部位剃毛、消毒。

【手术方法】根据肿瘤发生的情况，可选择采用切除部分喉头或切除全部喉头。

1. 切除部分喉头 切除部分喉头可以采取口腔切开通路或喉部切开通路，但是采用喉部切开通路能够提高手术效果，因此建议采用喉部切开通路。在进行喉肿瘤切开术时，需要进行气管插管。

拉伸头部使喉部腹侧呈紧张状态，沿喉部腹侧正中做一5cm左右的皮肤切口，依次切开皮肤、浅筋膜，用创钩拉开创口，止血。沿两侧胸骨舌骨肌之间的白线切开，分离胸骨舌骨肌，充分止血，防止创口血液流入气管。从正中切开环甲软骨膜、甲状软骨。拉开甲状软骨的边缘，暴露杓状软骨和声带。沿正常组织的边缘锐性切除肿瘤。如果可以，最好保留角状突，以利于会厌软骨保护声门。避免喉部结合处背腹两侧破裂，以降低术后声门狭窄的危险。彻底止血后，采用单纯间断缝合甲状软骨。注意，缝合时不要穿透软骨的全层。单纯连续缝合胸骨舌骨肌和皮下组织，单纯间断缝合皮肤。

2. 切除全部喉头 需要采用永久性气管切开术。因为手术比较复杂，临床很少采用。

【术后护理】

（1）喉头肿瘤切除后2～4周内应限制宠物头颈部的运动，可使用固定套而不能使用项圈，以免损伤伤口或喉部。注意观察宠物的呼吸道阻塞症状，如果去除气管插管后宠物出现呼吸困难，则应尽量长时间留置插管。

（2）宠物术后禁水12h，禁食24h，之后可以饲喂流质或柔软易消化的食物。如果出现吞咽困难，则可以使用胃导管。

（3）为防止术后感染，可使用抗生素治疗1周左右。

学习任务七　气管塌陷手术

【临床适应证】用于气管塌陷的治疗。本手术以犬为例。

【手术前准备】宠物术前应禁食24h以上，停止给水3h。准备常规手术器械、气管塌陷修复环。若没有专用的修复环，也可自己制备，具体方法为：准备一支3mL的聚丙烯注射器，从注射器上截取5～8mm的圆柱体作为一个独立的修复环。一个环上至少要钻5个以上相互交错的孔，以便于固定缝线。将环剪开，并将环的开口处理光滑，以便于安置和减少对组织的损伤。使用前将修复环高压灭菌，并在气体中充分暴露72h以上，以防引起组织毒

性反应或气管坏死。

【保定与麻醉】可采用吸入全身麻醉。在给予全身麻醉药前15min先给予皮下注射阿托品注射液（犬每千克体重0.05mg）和抗生素、镇痛药等。然后静脉注射基础麻醉药，使宠物快速麻醉，气管插管后再给予吸入麻醉药，维持麻醉。

也可用舒泰做全身麻醉，犬每千克体重5～11mg肌内注射，麻醉维持时间30min，追加麻醉时，犬每千克体重3～6mg肌内注射。

将犬进行仰卧保定，伸直颈部并用垫子垫高，将手术部位剃毛、消毒。

【手术方法】沿颈部腹中线切开皮肤，从喉头切至胸骨柄处，接着分离皮下组织。分离胸骨舌骨肌和胸头肌，暴露气管。注意，不可损伤气管周围的血管和神经。在喉头远侧1～2个软骨环处放置第一个气管修复环。放置之前剥离要修复的组织，使之形成能放置修复环的通道。用弯止血钳沿这个通道引导修复环通过，并沿气管一周进行固定。切开气管的腹侧面对气管环进行固定。若有必要，可以切除变形、较脆的软骨。在气管的腹侧、侧面和背侧分别用可吸收缝线对修复环固定，如图2-4-11所示。缝线不能穿过气管，而是环绕气管进行固定，并且要保证至少用一道缝线来固定气管肌。用同样的方法沿气管安置4～6个修复环，环的间距为5～8mm。环绕颈部的修复环尽量靠前安置，以便在胸廓的入口处再安置1～2个矫正环。保留环与环之间的血管和神经组织。在用缝线固定修复环的过程中避免缝住气管插管的套囊。在彻底止血和清洗伤口后，简单连续缝合胸骨舌骨肌和皮下组织，结节缝合皮肤。

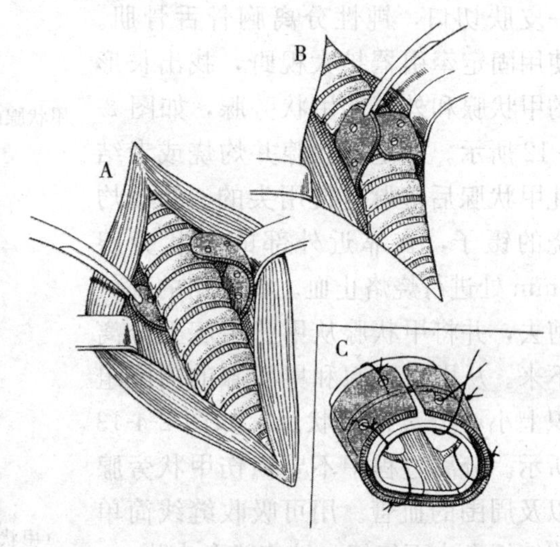

图2-4-11　气管塌陷用修复环（用可吸收缝线固定修复环）

A. 在气管上安置修复环，环绕气管在每个可固定处打孔　B. 旋转气管上的修复环　C. 缝合修复环

（张海彬，等主译，2008. 小动物外科学）

【术后护理】

（1）宠物术后禁水12h，禁食24h，在此期间可用静脉输液进行支持治疗。之后可以饲喂流质或柔软易消化的食物。

（2）术后应对宠物进行严密监护，如有呼吸困难，可进行鼻孔插管供氧。为防止术后感染，可使用抗生素治疗1周左右。

（3）术后3～7d应严格限制宠物运动，以后可逐步增加运动量。

学习任务八　甲状腺囊外全摘除

【临床适应证】用于甲状腺肿大和恶性甲状腺瘤的治疗。甲状腺肿大是由甲状腺功能亢进（简称甲亢）引起的，虽然犬、猫均有发生，但是猫更容易发生。本手术以猫为例。

【手术前准备】由于患有甲亢的宠物通常会伴有机体代谢和心血管功能异常，因此，在手术前要对宠物的心肺功能、肾功能以及血液生化指标进行检查，如发现异常必须先进行对症治疗。

【保定与麻醉】可采用吸入全身麻醉。在给予全身麻醉药前 15min 先给予皮下注射阿托品注射液（犬每千克体重 0.05mg）和抗生素、镇痛药等。然后静脉注射基础麻醉药，使宠物快速麻醉，气管插管后再给予吸入麻醉药，维持麻醉。

也可用舒泰做全身麻醉，犬每千克体重 5～11mg 肌内注射，麻醉维持时间 30min，追加麻醉时，犬每千克体重 3～6mg 肌内注射。

将猫进行仰卧保定，并将脖子向前伸展，两后肢向后拉。将手术部位剃毛、消毒。

【手术方法】从咽到下颌的部分做一皮肤切口，钝性分离胸骨舌骨肌。使用固定牵引器扩大视野，找出长形的甲状腺和外部的甲状旁腺，如图 2-4-12 所示。固定甲状腺并灼烧或者结扎甲状腺后静脉。使用尖的、两极灼烧的镊子，在靠近外部的甲状旁腺 2mm 处进行烧烙止血。将烧烙的部位剪去，并将甲状腺从甲状旁腺上分离下来。从甲状旁腺和甲状腺的周围组织上小心分离出甲状腺，如图 2-4-13 所示。分离过程中不要损伤甲状旁腺以及周围的血管。用可吸收缝线简单连续缝合皮下组织，结节缝合皮肤。

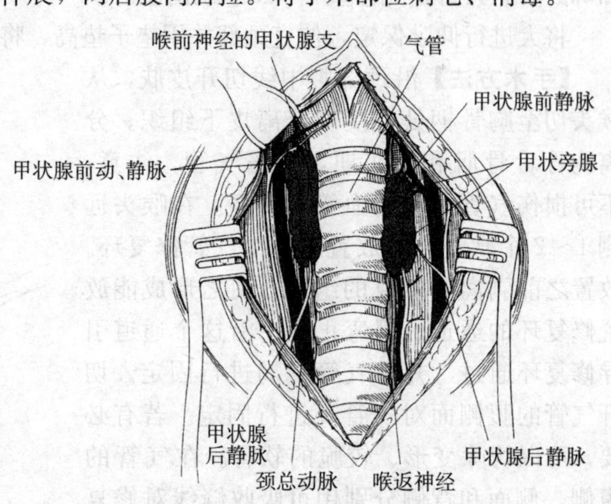

图 2-4-12　甲状腺的位置示意

（甲状腺位于第 5 至第 8 气管环的腹侧和稍微偏向背侧的位置）

（张海彬，等主译，2008. 小动物外科学）

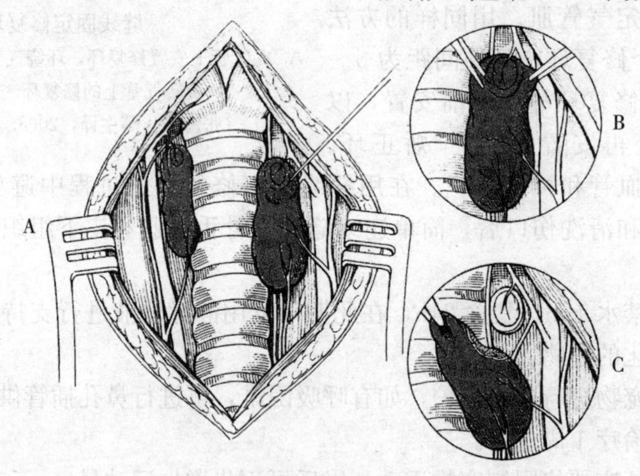

图 2-4-13　囊外手术通路切除甲状腺

A. 使用尖的、两极灼烧的镊子在靠近外部甲状旁腺 2mm 的位置进行烧烙止血　B. 使用小的组织剪将烧烙部位从甲状旁腺上剪去　C. 从甲状旁腺和甲状腺周围组织上小心分离出甲状腺

（张海彬，等主译，2008. 小动物外科学）

【术后护理】

（1）术后对宠物进行密切观察。很多宠物在甲状腺切除后会出现低血钙，因此，对出现低血钙的宠物可静脉注射葡萄糖酸钙。

（2）为防止术后感染，可使用抗生素治疗。

项目五 胸部手术

学习任务一 胸腔切开手术通路

【临床适应证】 本方法可以简单、快速地打开胸腔手术通路。适用于膈疝、膈破裂修补术，右主动脉弓残迹手术，食道异物、憩室、坏死，支气管内异物取出及肺切除术等。

【手术前准备】 对于非紧急手术宠物，术前应禁食8h以上，禁水4h。对患病宠物要进行全面检查，全面评估，确保手术的成功率。

术前应进行胸部X射线和超声检查，以了解病变或损伤的范围和程度，为下一步检查以及制定科学的手术方案奠定基础。

对需要进行胸部手术的宠物要进行密切观察，如果宠物诊断为严重的呼吸障碍，在手术前应当进行血气分析和血氧定量检查。这些检查可以提供有关通气效果和气体交换的信息，见表2-5-1。一些由非外科手术可以治疗的疾病如弥漫性微小转移所引起换气功能障碍有时很难被诊断，因此，需要对一些不明原因的异常进行详细的检查。如果可能，在手术前需要纠正贫血。

表2-5-1 犬正常pH和血气量

检测值	数值	范围
pH	7.4	7.35～7.45
$pa(O_2)$	12.63kPa	10.64～14.63kPa
$pv(O_2)$	5.32kPa	4.65～5.98kPa
$pa(CO_2)$	5.32kPa	4.65～5.98kPa
$pv(CO_2)$	5.98kPa	5.32～6.38kPa
$[HCO_3^-]$	24mEq/L	22～27mEq/L

注：pH表示氢离子浓度；$pa(O_2)$表示动脉氧浓度；$pv(O_2)$表示静脉氧浓度；$pa(CO_2)$表示动脉二氧化碳浓度；$pv(CO_2)$表示静脉二氧化碳浓度；$[HCO_3^-]$表示碳酸氢根离子浓度。

对由于创伤引起的急性呼吸障碍如肺泡破裂，需要在手术前对宠物进行紧急稳定包括对肋骨部位的稳定、胸腔穿刺术、输氧治疗。需要随时准备好胸腔穿刺器械和胸导管等器械。心电图可以用于探查所有外伤患病宠物因为心肌损伤而产生的心律不齐。

对于出现脱水或饮水不足的宠物应该进行静脉输液以维持正常的生理功能，但是要注意防止水中毒或肺水肿的发生，以免加重呼吸困难。

对于大的肿瘤性损伤，将患病宠物俯卧保定或侧卧保定，使患侧向下，同时进行输氧治疗，即鼻腔吸入法或氧气箱。

将手术部位清洗、消毒，进行外科常规处理，除一般常用软组织分割器械之外，要准备开胸器、引流装置、肋骨剥离器、肋骨接近器、肋骨剪、肋骨钳、骨锉和线锯等。

【保定与麻醉】 根据病情可以选择不同程度的全身麻醉。对于患有呼吸道功能障碍的宠物，需要在实施诱导麻醉之前通过氧气面罩或鼻腔吸入的方式进行输氧以保证血红蛋白的饱和度，并且在进行插管的过程中不会出现低氧血症。

开胸时一般采用正压间歇通气。麻醉药前 15min 先给予肌内或皮下注射阿托品，按犬每千克体重 0.02～0.04mg 的剂量。诱导麻醉可用舒泰，按犬每千克体重 2mg 的剂量静脉注射；或硫喷妥钠，按犬每千克体重 10～12mg 的剂量静脉注射。接着立即进行气管插管并采用吸入麻醉的方式进行麻醉。常用的麻醉药物有异氟烷、七氟烷、氟烷等。

根据手术要求将宠物侧卧、半仰卧或仰卧保定，固定四肢和尾部，将手术部位剃毛、消毒。

【手术方法】有下列几种形式：

1. 侧胸切开（A） 将宠物侧卧保定，以肋间切口通向胸腔，两侧胸壁均可作为手术通路。前胸手术常选在第 2、3 肋间，心脏和肺门区手术选在第 4、5 肋间，如图 2-5-1 所示。食管尾侧和膈的手术选在第 6 至第 8 肋间作为手术通路，如图 2-5-2 所示。肋间切口的确定以 X 射线拍照作为依据。如果病变在两肋间范围内，选择前侧的肋间，因为肋骨向前牵引要比向后容易。

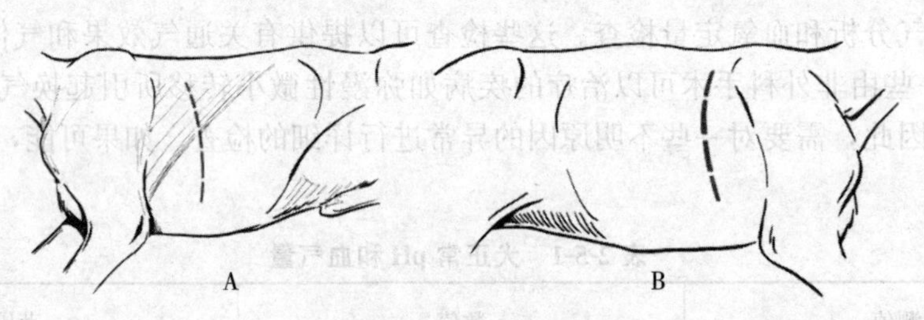

图 2-5-1　胸腔头侧手术通路

A. 左侧　B. 右侧

（任晓明，2009. 图解小动物外科技术）

（1）打开胸腔。切口部位的确定，习惯从最后肋骨倒计数。切开皮肤之后，再依次核实肋间的位置，然后用剪刀剪开各层肌肉，如图 2-5-3 所示。背阔肌平行肋骨切开，尽量减少破坏背阔肌的功能，依次剪开锯肌或其腹侧的胸肌。肋间肌用剪分离，用剪时采取半开状态，沿肋间推进，而不是反复开闭，这样能减少不必要的损伤。剪开宜靠近肋骨前缘，避开肋间的血管和神经。肋间内肌的分离，不得损伤胸膜。接着在胸膜上做一 2～3mm 的小切口，当呼气时空气流入胸腔，肺萎缩离开胸壁，不必担心延长胸膜切口时对肺造成损伤。若切口偏下接近胸骨，要避开胸内动、静脉，或做好结扎。将湿的灭菌创巾放置在切口的边缘，安上牵拉器，扩开切口。

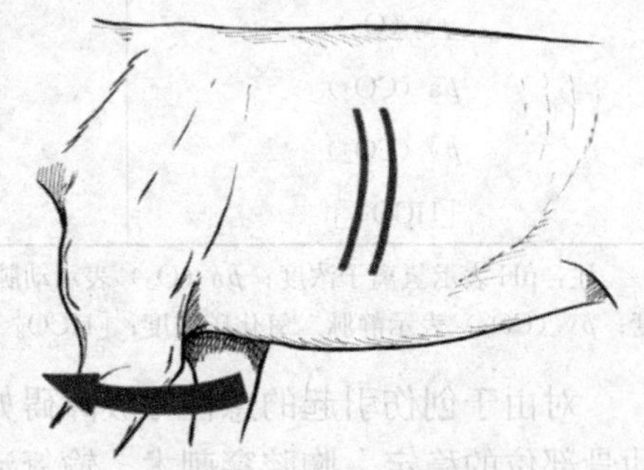

图 2-5-2　胸腔尾侧手术通路

（任晓明，2009. 图解小动物外科技术）

（2）切口闭合。用单股可吸收或非吸收缝线，缝合 4～6 针将切口两侧肋骨拉紧并打结。在打结之前用肋骨接近器或巾钳使切口两侧肋骨靠近，要求切口密接又不要造成重叠，肋间肌用可吸收缝线缝合，如图 2-5-4 所示。其他肌层用可吸收缝线连续或间断缝合，背阔肌用间断缝合。主要肌腱部分，各层肌肉要分别缝合，以减少术后的机械障碍。皮肤进行常规缝合。

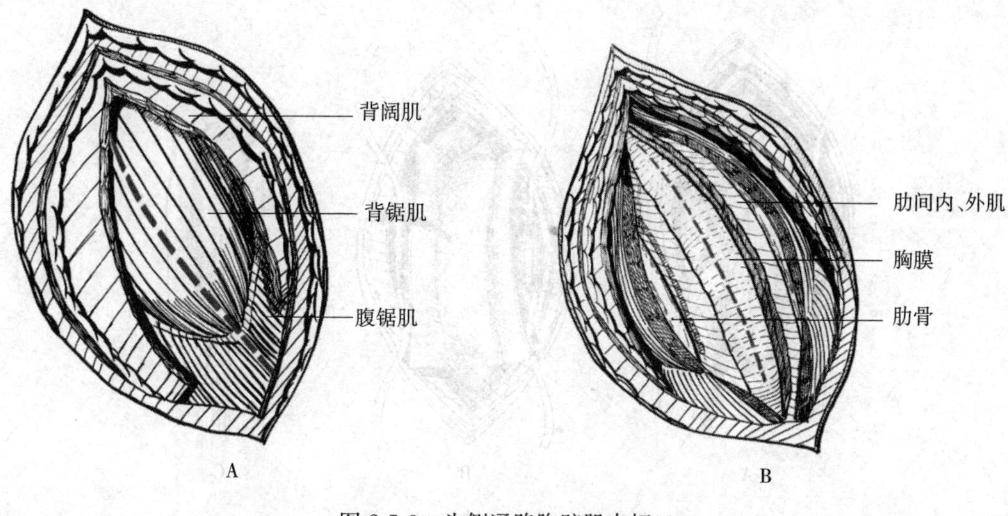

图 2-5-3　头侧通路胸壁肌肉切口

A. 背阔肌、锯肌切开　B. 肋间肌切开

（任晓明，2009. 图解小动物外科技术）

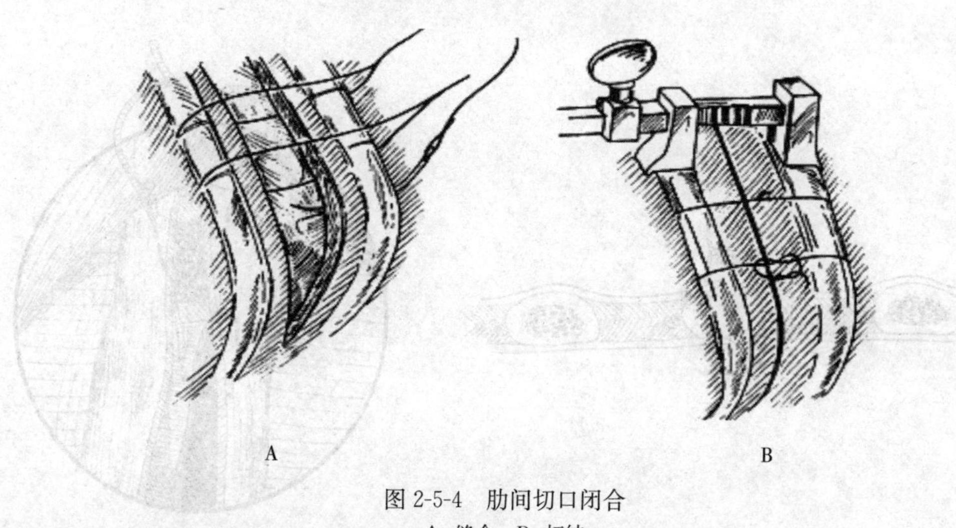

图 2-5-4　肋间切口闭合

A. 缝合　B. 打结

（任晓明，2009. 图解小动物外科技术）

2. 侧胸切开（B）　是胸侧壁切开的另一种方法。本法可获得使胸腔充分暴露的大切口。先进行肋骨切除术，通过肋骨骨膜床切口，通向胸腔。有肋骨切除与肋骨横切两种方法。

（1）肋骨切除。皮肤、皮下组织及肌肉切开按常规进行。在肋骨表面切开并剥离骨膜，切断肋骨并将肋骨取出，如图 2-5-5 所示。在暴露的肋骨骨膜床上切口，通过骨膜和胸膜切口进入胸腔，比肋间切开能更多地暴露胸腔器官。也可以将骨膜连同其下方的胸膜一起用镊子夹起来，穿刺切开后用骨剪实施纵向分割。创口闭合先在骨膜、胸膜和肋间肌上进行，用可吸收缝线，单纯间断或连续缝合，如图 2-5-6 所示。各层肌肉和皮肤缝合按常规进行。

（2）肋骨横切。能获得比肋骨切除还要大的胸腔显露。

在肋骨切除的基础上，对邻近的肋骨的背侧和腹侧两端横切，两端各切除 4～5mm 并

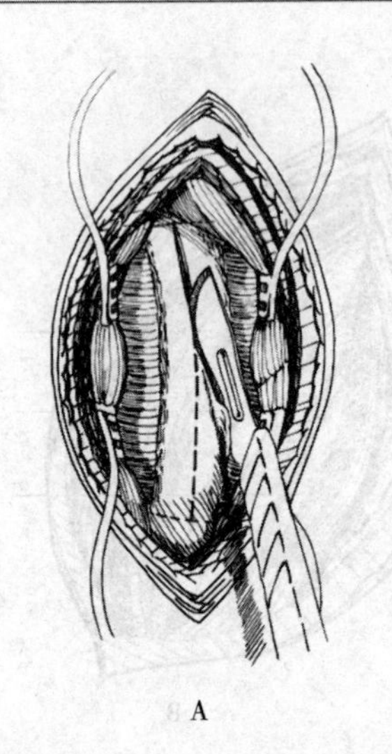

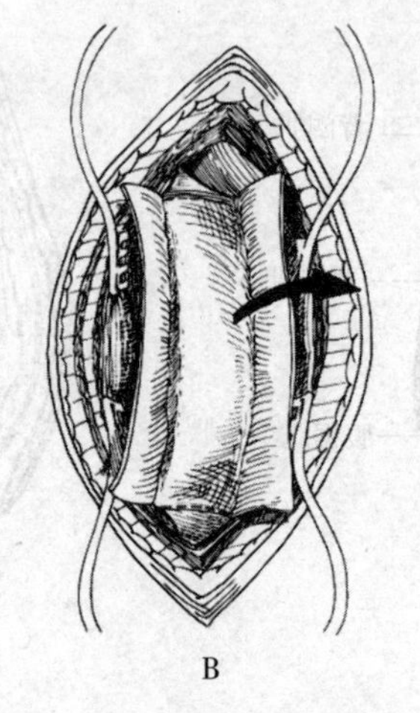

图 2-5-5　肋骨切除

A. 切开骨膜　B. 分离骨膜　C. 纵向分割

（任晓明，2009. 图解小动物外科技术）

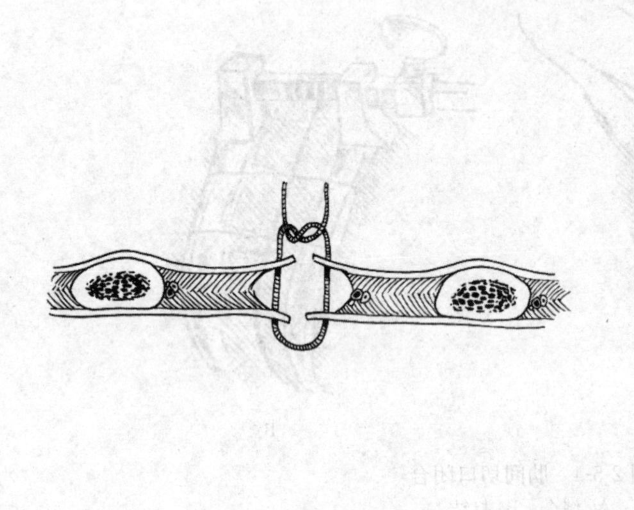

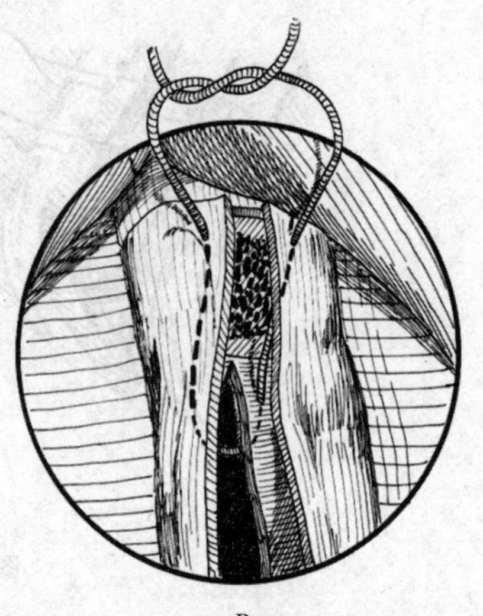

图 2-5-6　缝合胸膜和肋骨结合部

A. 侧面观　B. 俯面观

（任晓明，2009. 图解小动物外科技术）

去掉，只靠软部组织连接。这样的切除方式，肋骨能重新愈合，宠物呼吸时不会产生摩擦，术后疼痛也可以减轻。肌肉、皮肤的闭合按常规进行。本方法切除背侧与腹侧相邻的两根肋骨，不会有并发症，也不需要金属丝固定肋骨断端，切口闭合或愈合之后，不影响胸部功能。

3. 头侧胸壁瓣　前胸被前肢覆盖，将胸骨切开和胸壁切开相结合，能广泛地暴露前部胸腔器官。

（1）胸骨和胸壁切开。将犬半仰卧保定，抬高前肢并屈肘，显露胸和侧壁，如图 2-5-7 所示。沿腹中线切开，从胸骨柄向后伸延到第 4 或第 5 胸骨节片，在侧胸做皮肤切口使肋间

与胸中线切口连接，将胸内动、静脉进行双重结扎。胸骨切开时用骨锯或骨刀分离，为了防止误伤胸内脏器，宜先进行侧胸切开，将手伸入胸腔保护胸内器官。切口向前伸延到颈腹侧肌之间，可减少开胸时肌肉收缩的抵抗。两切口开张后，用湿纱布或创巾垫在创口边缘。本通路能暴露 2/3 的食道和气管、胸纵隔和前侧的大血管。

图 2-5-7　头侧胸壁瓣手术切开线

（2）切口闭合。将分开的胸骨靠近，用结实的单股缝线间断缝合，缝合针要进入胸骨片及其软骨部分，侧胸的肋间闭合同前。犬常常处于俯胸卧位，术后胸下的压力相当大，为了防止缝合破裂，要充分利用皮下组织的缝合。皮肤按常规闭合。

4. 正中胸骨切开　将全部胸骨纵切，以显露胸腔脏器。使犬仰卧，切口从胸骨柄延至剑状软骨，如图 2-5-8（A）所示。此种手术通路可以将部分膈切开，是一种切口较大的开胸术。除背侧脏器不易接近之外，胸和腹的部分脏器均被显露。

（1）胸骨切开。将犬仰卧保定，切开胸骨正中线的皮肤。混合使用锐性和钝性的方式，分离胸骨上的肌组织，暴露胸骨。使用骨锯、骨凿和骨刀或骨截断器，纵切胸骨的正中线，如图 2-5-8（B、C）所示。对于青年宠物，需要使用骨剪，但应避免压碎骨。剖开正中线的胸骨节以利于缝合。进行胸骨完全切开术时，避免损伤下面的肺及心脏。在胸骨节的切口缘上放置湿润的无菌纱布并使用肋骨牵开器将胸骨缘向两侧牵开。

（2）切口闭合。大于 15kg 的犬使用钢丝缝合胸骨，体重小于 15kg 的猫和犬使用粗缝线缝合胸骨，如图 2-5-8（D、E）所示。使用可吸收缝线用简单连续缝合的方式缝合皮下组织。抽出胸腔内残留的空气，常规缝合皮肤。

如果需要放置胸导管，应在闭合胸骨之前放置导管。不要使导管从胸骨间脱出，将胸导管从肋骨间或通过膈膜取出。

如果为了减少术后由于胸骨的移动而引起的疼痛和愈合延迟，实施正中胸骨切开术时，可依据损伤的位置将前或后 2～3 块胸骨保持完整。当犬患有自发性气胸或需实施心包切开术时，由于要暴露肺或心脏，需将胸骨的切口延伸至剑状软骨前的第 2 或第 3 节胸骨。如果需要暴露前纵隔，从胸骨柄向后延至第 6 或第 7 胸骨处，实施胸骨切开术。

5. 开胸术后的胸腔引流　达成最初手术目的后，如果胸腔内有积液或发生术后气胸现象可留置引流管。

（1）安置引流管。用弯止血钳在肌肉下向切口的尾侧方向贯通约 2 个肋间的距离，使弯止血钳的头部到达皮下。将弯止血钳前部隆起的皮肤用刀片切开。使止血钳的前部从切口处露出皮外，夹住带有小孔的引流管一端，将引流管拉入贯通的通道中。使这个引流管的最后小孔位于肋间的部位，以便收集胸腔积液，在皮肤穿刺切开部的周围固定引流管。

（2）连接活塞三通。闭合胸壁的创口之后，在引流管的前端接上真空负压抽气装置，以便矫正因手术所造成的气胸。为了排除胸腔内的积液，可将引流管装上活塞三通，如

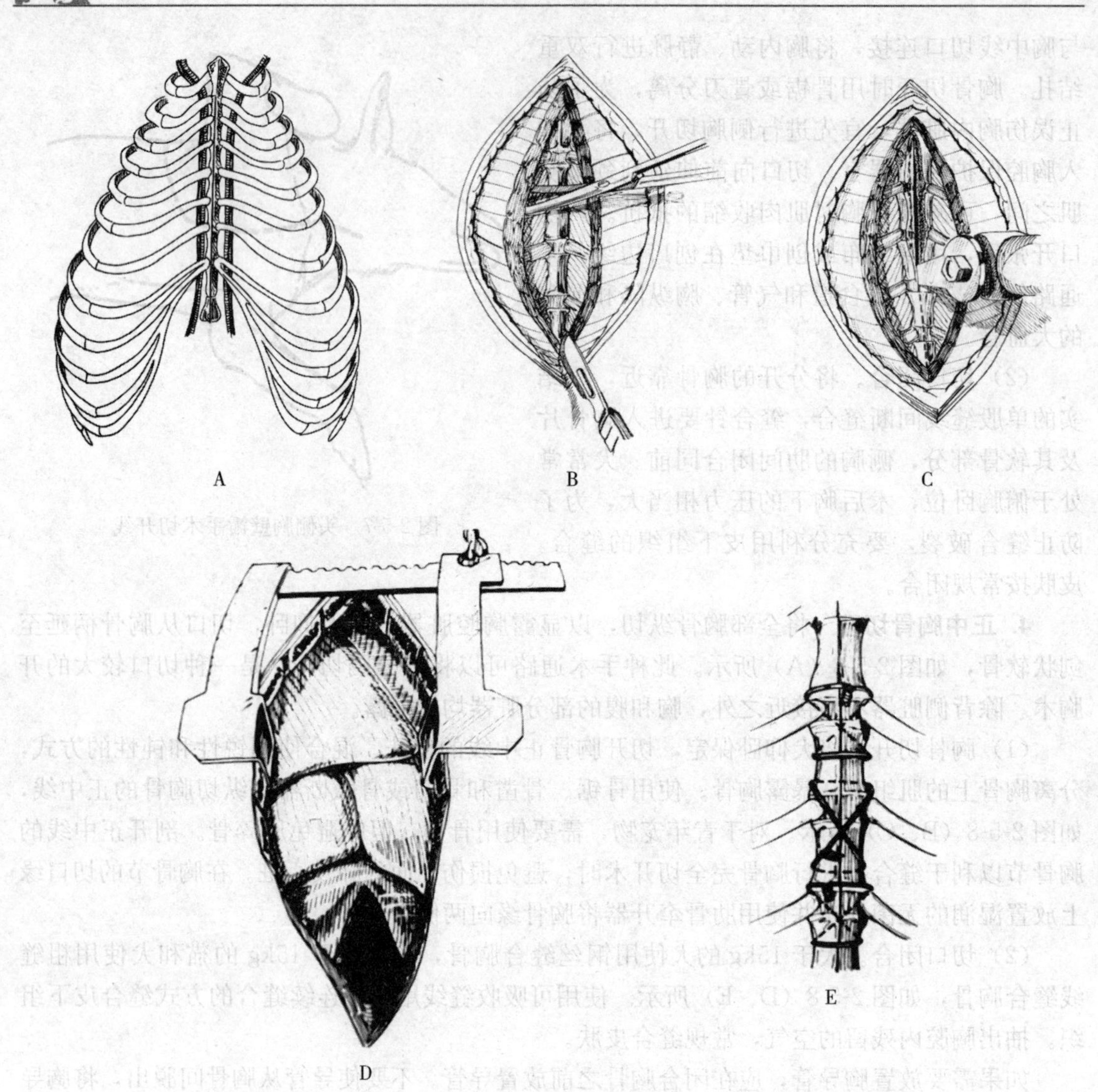

图 2-5-8　正中胸骨切开

A. 胸骨切开位置　B. 分离胸肌　C. 分割胸骨　D. 用扩张器扩大切口　E. 闭合胸骨

（任晓明，2009. 图解小动物外科技术）

图 2-5-9所示。

（3）切口闭合。最后依次闭合胸壁。

【术后护理】

（1）术后密切观察，及时监测宠物生命体征及引流情况，保持管道密封及引流管通畅，妥善固定，严格无菌操作，防止胸腔内感染和气胸。

（2）术后全身给予抗生素治疗 1 周，防止伤口感染。

（3）应用适当的镇痛药物，减少术后疼痛。

（4）禁止剧烈运动，警犬停止训练。同时给予蛋白质丰富的饲料。

（5）当确认胸腔内没有气体和积液时，可以拔除引流管。

（6）术后 10～15d 拆线。

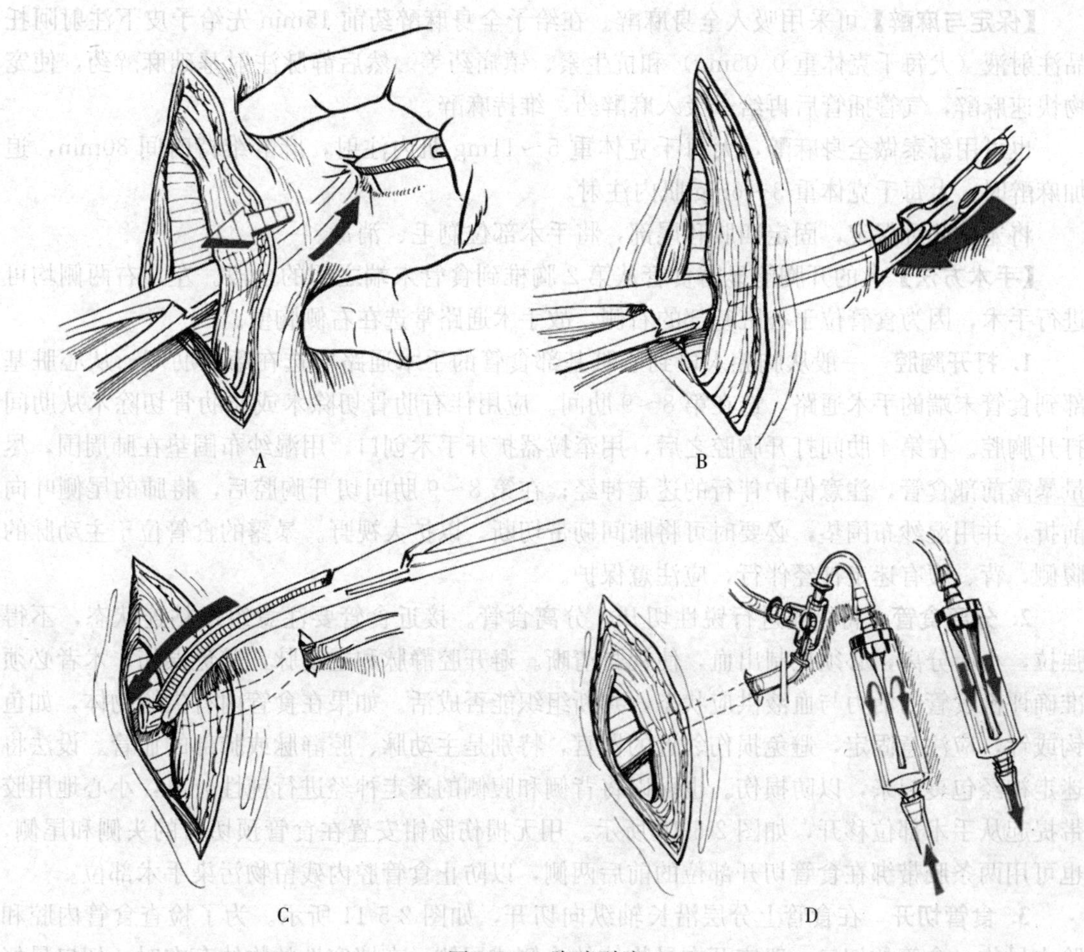

图 2-5-9　胸腔引流

A. 皮肤切开　B. 拉入引流管　C. 固定引流管　D. 连接真空负压抽气装置

（任晓明，2009. 图解小动物外科技术）

学习任务二　胸腔食道阻塞切开手术

【临床适应证】 主要应用于胸部食管的探查、食管内异物和阻塞的排除，或食管憩室的治疗等。

【手术前准备】 食管阻塞病例中，宠物往往处于营养不良的状态，缺乏蛋白质，并常伴有血容量不足，耐受术中、术后失血或休克的能力降低。蛋白质缺乏也常引起组织水肿，影响愈合。所以宠物术前最好进行全面的体格检查，包括血、尿、粪便常规检查，肝、肾功能检查，及心电图、胸片、腹部B超检查。同时予以适当的营养支持，纠正水、电解质及酸碱平衡，必要时可输血。

由于手术操作时间较长，可以预防性地应用抗生素，防止继发感染。另外，有口腔内感染的病例，术前应做必要治疗，以减少术后食管内感染的机会。

将手术部位清洗、消毒，进行外科常规处理，准备一般外科手术器械及开胸手术器械、引流装置、无损伤肠钳、缝线、灭菌胶带等。

【保定与麻醉】可采用吸入全身麻醉。在给予全身麻醉药前15min先给予皮下注射阿托品注射液（犬每千克体重0.05mg）和抗生素、镇痛药等。然后静脉注射基础麻醉药，使宠物快速麻醉，气管插管后再给予吸入麻醉药，维持麻醉。

也可用舒泰做全身麻醉，犬每千克体重5～11mg肌内注射，麻醉维持时间30min，追加麻醉时，犬每千克体重3～6mg肌内注射。

将宠物侧卧保定，固定四肢和尾部，将手术部位剃毛、消毒。

【手术方法】犬的开胸能显露食管从第2胸椎到食管末端之间的全段。左、右两侧均可进行手术，因为食管位于心脏基部的右侧，故手术通路常选在右侧胸壁。

1. 打开胸腔 一般从胸腔入口到心脏基部食管的手术通路应选在第4肋间；从心脏基部到食管末端的手术通路，选在第8～9肋间。应用伴有肋骨切除术或非肋骨切除术从肋间打开胸腔。在第4肋间打开胸腔之后，用牵拉器扩开手术创口，用湿纱布围垫在肺周围，尽量暴露前部食管，注意保护伴行的迷走神经；在第8～9肋间切开胸腔后，将肺的尾侧叶向前折，并用湿纱布围垫，必要时可将肺间韧带切断，以扩大视野。暴露的食管位于主动脉的腹侧，背、腹有迷走神经伴行，应注意保护。

2. 分离食管 将纵隔进行锐性切开，分离食管。接近食管要注意组织粘连状态，不得强拉，小心分离，必须控制出血，使视野清晰。避开腔静脉和主动脉，避免误伤。术者必须准确评价食管的活力与血液供应状态，判断组织能否成活。如果在食管内有尖锐物体，如鱼钩或针，应注意固定，避免损伤邻近的器官，特别是主动脉、腔静脉或肺部的血管。设法将迷走神经包裹起来，以防损伤。也可以将背侧和腹侧的迷走神经进行钝性分离，小心地用胶带提起从手术部位移开，如图2-5-10所示。用无损伤肠钳安置在食管预切口的头侧和尾侧，也可用两条胶带绑在食管切开部位的前后两侧，以防止食管腔内残留物污染手术部位。

3. 食管切开 在食管上分层沿长轴纵向切开，如图2-5-11所示。为了检查食管内腔和除去异物，食管的切口一般应开在异物体的头侧或尾侧，有堵塞性的物体存在时，切口最好放置在头侧。

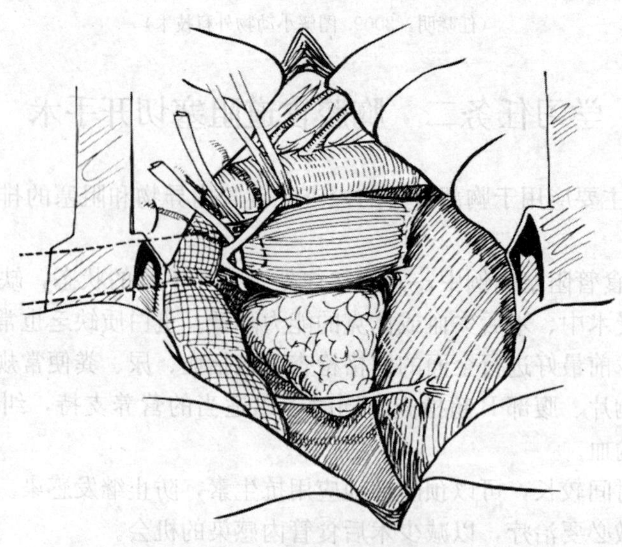

图2-5-10 提拉迷走神经
（任晓明，2009. 图解小动物外科技术）

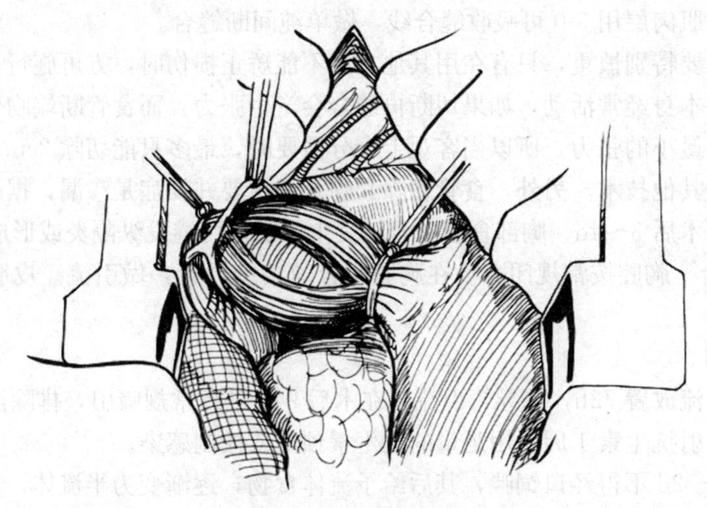

图 2-5-11　食管切开
（任晓明，2009. 图解小动物外科技术）

4. 食管缝合　异物取出之后，将食管黏膜用 4-0～5-0 的非吸收缝合线，使用圆针做连续缝合。缝合从一端开始，结要打在食管腔内，连续缝合从一端到另一端，针只穿透黏膜和黏膜下层，缝合要细致而确实。缝合之后检查有否渗漏，注入灭菌生理盐水做压力试验，发现渗漏处用 5-0 的缝线做间断缝合。肌肉层用 3-0 可吸收缝线，做单纯间断缝合，如图 2-5-12 所示。缝合之后，将食管擦拭干净，放回原来位置，迷走神经也要复原，再用可吸收缝线将纵隔切口闭合。

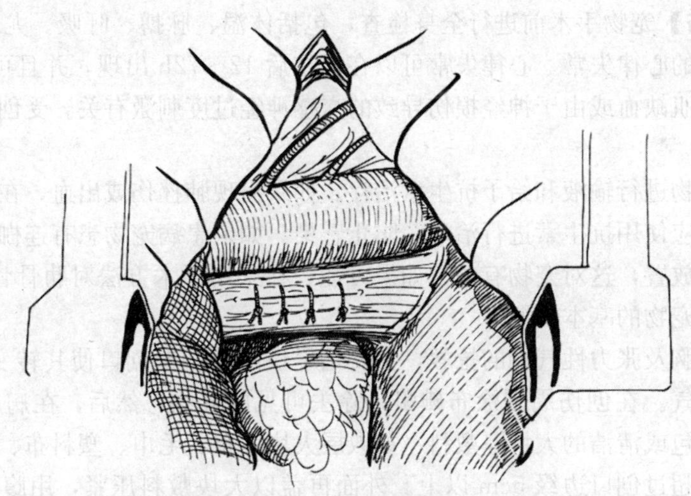

图 2-5-12　食管缝合
（任晓明，2009. 图解小动物外科技术）

5. 食管切除　确认食管坏死的部分应实施切除。将无损伤肠钳放置在预切除部的前、后侧。支持缝合线穿过食管端背、腹的黏膜和黏膜下层，在支持线的协助下，使两断端黏膜对接，选 4-0 的非吸收缝合线，从后壁的支持线的一端开始，做单纯间断缝合，闭合黏膜和黏膜下层，每个结都打在腔内。针距为 2mm，距边缘 3mm。后壁缝合之后再转向前壁，与后壁的缝合相连接，缝合方法同前。最后留 1～2 针，把结打在腔外，做压力试验，检查渗漏并修补。食管肌肉层用 3-0 可吸收缝合线，做单纯间断缝合。

食管的切除要特别慎重，只有在用其他方法不能矫正损伤时，方可施行。原因是食管缺少浆膜层，食管本身经常活动，如果切断再缝合会产生张力，而食管断端吻合后，愈合的关键之一就是要求最小的张力。所以当客观上十分需要时，最多只能切除 2cm，当遇到大段坏死时，则应选用其他技术。另外，食管切除和吻合的主要并发症是渗漏，据临床统计，漏出时间常常出现在术后 3～4d。胸部食管吻合后发生渗漏，可继发纵隔炎或形成小瘘管。

6. 胸腔闭合 胸腔按常规闭合。在胸膜闭合前装胸导管，做引流。皮肤闭合前放置一般引流。

【术后护理】

（1）皮下引流放置 72h，胸导管引流，在术后 24h 进行常规吸引，排除液体和气体。

（2）连续注射抗生素 1 周，用足量的抗生素预防或控制感染。

（3）术后 1～2d 不得经口饲喂，其后给予流体食物，逐渐变为半流体，直到常规饲喂。

（4）当确认胸腔内没有气体和积液时，可以拔除引流管。

（5）术后 10～14d 拆线。

学习任务三 胸壁透创修复手术

【临床适应证】主要适用于因机动车碰撞、高处坠落或人为打击而发生的胸壁钝性伤；因戳伤、枪击伤或被其他宠物咬伤的胸壁穿刺伤；连枷胸（当胸壁撞击点的两侧有多个肋骨发生骨折，致使骨折的碎片随呼吸反复移动）等。

【手术前准备】宠物手术前进行全身检查，包括体温、脉搏、呼吸。尤其应该检查其是否可能患有迟发的心律失常。心律失常可以在损伤后 12～72h 出现，并且可能与心肌挫伤、继发于休克的心肌缺血或由于神经损伤导致的交感神经过度刺激有关。受创伤宠物的心脏挫伤容易被忽视。

对休克的宠物进行输液和给予抗生素治疗。如果出现肺挫伤或出血，在止血的同时进行鼻腔输氧，同时应使用抗生素进行治疗，防止感染。如果患病宠物患有连枷胸，应将患病宠物患侧朝下进行放置，这对宠物有益。如果可能，在采用手术方法对肋骨骨折进行修复前，尽量稳定肺挫伤宠物的基本状况。

对开放性气胸及张力性气胸的抢救，主要是尽快闭合胸壁创口使其转变为闭合性气胸，然后排出胸腔积气。在创伤周围涂布碘酊，除去可见的异物，然后，在病患宠物呼吸间歇期，迅速用急救包或清洁的大块厚敷料（如数层大块纱布、毛巾、塑料布、橡皮）紧紧堵塞创口，其大小应超过创口边缘 5cm 以上。外面再盖以大块敷料压紧，用腹带、绷带、卷轴带等包扎固定，以达到不漏气为原则。

通过 X 射线检查有无肺出血和挫伤或气胸，肋骨是否骨折和骨折的程度。检查椎骨、肩胛骨和近端前肢骨有无其他骨损伤。

局部检查时，对患侧进行大面积剃毛，检查皮肤上破孔的大小和数目以及损伤的程度，以便对手术进行全面、正确的评估，避免遗漏。

将手术部位清洗消毒，进行外科常规处理，除准备一般常用软组织分割器械外，还要准备开胸器、引流装置、矫形塑料、肋骨剥离器、肋骨剪、肋骨钳、骨锉、刮匙、骨髓钉、不

锈钢丝和线锯等。

【保定与麻醉】可采用吸入全身麻醉。在给予全身麻醉药前15min先给予皮下注射阿托品注射液（犬每千克体重0.05mg）和抗生素、镇痛药等。然后静脉注射基础麻醉药，使宠物快速麻醉，气管插管后再给予吸入麻醉药，维持麻醉。

也可用舒泰做全身麻醉，犬每千克体重5～11mg肌内注射，麻醉维持时间30min，追加麻醉时，犬每千克体重3～6mg肌内注射。

将宠物侧卧保定，固定四肢和尾部。

如果肺叶脱出，将一块用生理盐水浸湿的灭菌纱布置于肺叶与胸壁之间，再用中间涂有红霉素软膏的两块灭菌纱布置于创口处的肌肉与皮肤之间。将手术部位剃毛、常规消毒，进行无菌准备。

对于肋骨骨折或连枷胸的宠物，将胸部侧壁（包括骨折的肋骨部位）进行剪毛、消毒，铺上创巾，准备手术。

【手术方法】对胸壁透创的治疗，主要是以及时闭合创口、制止内出血、排除胸腔内的积气与积血、恢复胸腔内负压、维持心脏功能、防治休克和感染为原则。

1. 清创处理　首先用浸有3%普鲁卡因溶液的纱布遮住伤口约5min，以降低胸膜的感受性。除去异物、破碎的组织及游离的骨片，操作时防止异物在宠物吸气时落入胸腔。然后修剪创口周围的挫灭组织，用骨锉锉钝肋骨断端的锐缘，骨折端污染时，用刮匙将其刮净。用食指深入胸腔探查有无骨碎片和血凝块，清除骨屑和凝血块。然后将肋骨断端对接。肋骨骨折可使用不锈钢丝将近位和远位的骨折断以相同的间隔接合，也可使用骨髓钉进行简单骨髓内穿钉固定或交叉穿钉内固定，如图2-5-13所示。在手术中，宠物发生呼吸困难时，应立即用大块纱布盖住创口，待其呼吸稍平静后再进行手术。

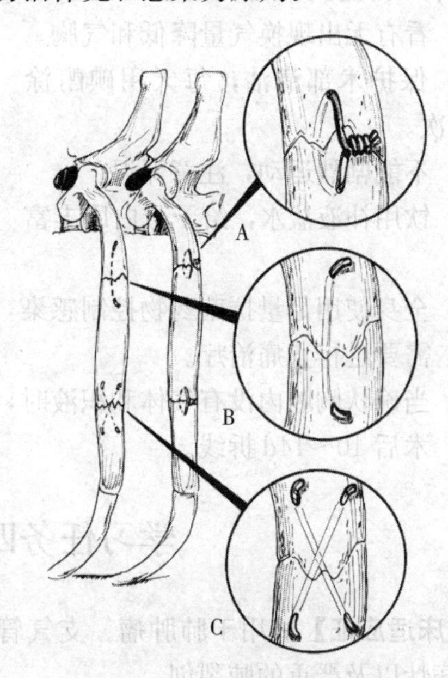

图 2-5-13　肋骨骨折内固定

A. 不锈钢丝固定　B. 简单骨髓钉固定　C. 交叉骨髓钉固定

（任晓明，2009. 图解小动物外科技术）

2. 创口闭合　用4号缝线首先从创口上角自上而下对胸膜和肋间肌做一层连续螺旋缝合，边缝合边取出部分敷料，待缝合仅剩最后1～2针时，将敷料全部撤离创口，关闭胸腔。将胸壁肌肉和筋膜做一层缝合，并在皮下埋设引流管。最后结节缝合皮肤，闭锁胸腔创口。缝合一定要严密，以保证不漏气为度。较大的胸壁缺损创，闭合困难时可用手术刀分离周围的皮肌及筋膜，造成游离的筋膜肌瓣，将其转移，以堵塞胸壁缺损部，并缝合以修补肌肉创口。

3. 排除积气　术后立即抽出胸膜腔内存留的气体。在病侧第7～8肋间的胸壁中部（侧卧时）或胸壁中1/3与背侧1/3交界处（站立或俯卧时），用带胶管的针头刺入，接注射器或胸腔抽气器，不断抽出胸腔内气体，以恢复胸内负压。在胸壁缝合创下方安置引流管。

对急性失血的宠物，肌内或静脉注射止血药物，同时要迅速找到出血部位进行彻底止血，防止发生失血性休克。必要时给予输血、补液，以补充血容量。

对脓胸的宠物，先排出胸腔内的脓液，然后用温的生理盐水或林格氏液反复冲洗，还可在冲洗液中加入胰凝乳蛋白酶以分离脓性产物，最后注入抗生素溶液。

对于连枷胸的宠物，使用一块与胸壁形状一致的塑料夹板（矫形塑料），将骨折的肋骨固定到该夹板上。用施氏针在夹板上穿一个足够缝线穿过的孔。将缝线环绕结扎骨折肋骨，将缝线的末端穿过孔并打结。另外，也可选择使用铝杆代替塑料夹板，如图 2-5-14 所示。

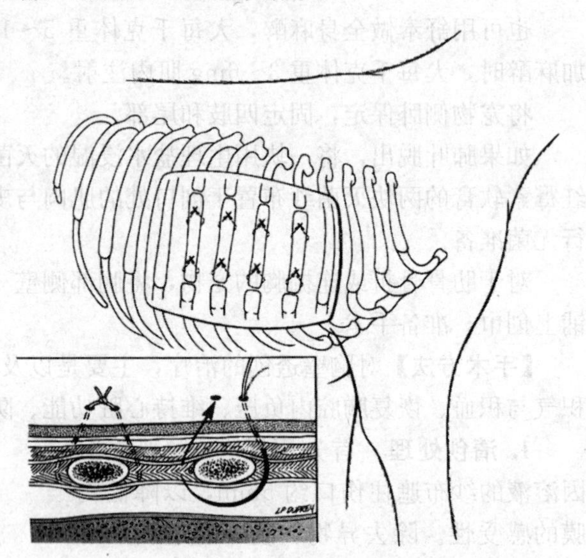

图 2-5-14　连枷胸肋骨固定

（张海彬，等主译，2008. 小动物外科学）

【术后护理】

（1）患有胸壁损伤的宠物在手术后需要进行严密监测，密切注意全身状况的变化，看有无出现换气量降低和气胸。

（2）保护术部清洁，每天用碘酊涂抹 2～3 次。

（3）不能剧烈运动，注意保温。

（4）饮用补液盐水，给予蛋白质丰富的流食。

（5）全身使用足量抗菌药物控制感染，并根据每天病情的变化给予对症治疗。

（6）需要进行止痛治疗。

（7）当确认胸腔内没有气体和积液时，可以拔除引流管。

（8）术后 10～14d 拆线。

学习任务四　肺切除手术

【临床适应证】适用于肺肿瘤、支气管肺内肿瘤、肺脓肿、肺囊肿、肺空洞、肺大疱、干酪样病灶以及严重的肺裂创。

【手术前准备】除一般手术的术前准备外，还应该加强监测宠物呼吸功能。因为肺切除术后对呼吸功能有一定的影响。呼吸质量的评价包括呼吸频率、呼吸形式以及毛细血管再充盈时间和黏膜颜色。

必须进行 X 射线检查，以便明确病变部位、范围和性质。X 射线检查需要包括腹背位以及右侧位和左侧位的影像。由于病变的肺叶周围组织的不适度增加，使得侧卧位时病变肺叶的损伤可能检测不到。

对肺化脓症（包括支气管扩张）的宠物，如果出现呼吸困难，术前应进行胸腔穿刺术，并根据细菌培养和抗生素敏感试验结果，选用适当的抗生素治疗。此外，还可配合应用祛痰剂和支气管解痉剂。

将手术部位清洗消毒，进行外科常规处理，除准备一般常用软组织分割器械外，还

应准备开胸器、萨丁斯基（氏）钳、引流装置、肋骨剥离器、肋骨剪、肋骨钳、骨锉和线锯等。

【保定与麻醉】可采用吸入全身麻醉。在给予全身麻醉药前 15min 先给予皮下注射阿托品注射液（犬每千克体重 0.05mg）和抗生素、镇痛药等。然后静脉注射基础麻醉药，使宠物快速麻醉，气管插管后再给予吸入麻醉药，维持麻醉。气管内插管吸入麻醉是肺部手术必须选择的方法，其优点是可以控制反常呼吸，保证足够的气体交换，以及减少反常呼吸对循环的影响。保持气道通畅，呼吸道的分泌物可以通过气管内插管吸出。

将宠物侧卧保定，固定四肢和尾部，将手术部位剃毛消毒。

【手术方法】

1. 部分肺叶切除术 部分肺叶切除术通常在肺 1/2 或 2/3 发生病变时或对肺进行活检时采用。

(1) 打开胸腔。可通过在病变部位一侧的第 4 或第 5 肋间实施胸廓切开术或正中胸骨切开术，以打开手术通路。

(2) 切除病变肺叶。确认需要切除的肺组织，并在病变肺叶的周围夹 2 把弯止血钳。为了止血，在距离止血钳 4～6mm 处，使用 2-0～4-0 可吸收缝线用连续重叠的方式进行缝合，采用同样的方式进行第 2 排缝合，缝合时使用非损伤性直缝合针。在缝线和止血钳之间切除肺叶，并留距离缝线 2～3mm 的组织缘。使用 3-0～5-0 可吸收缝线采用简单连续缝合的方式对肺的切口边缘进行对合，如图 2-5-15 所示。重新将肺放回胸腔内并在胸腔内注满温无菌生理盐水，对肺进行充气并检查支气管是否出现漏气。如有气体泄漏，可在该处用单纯或十字交叉结节缝合法进行闭合。

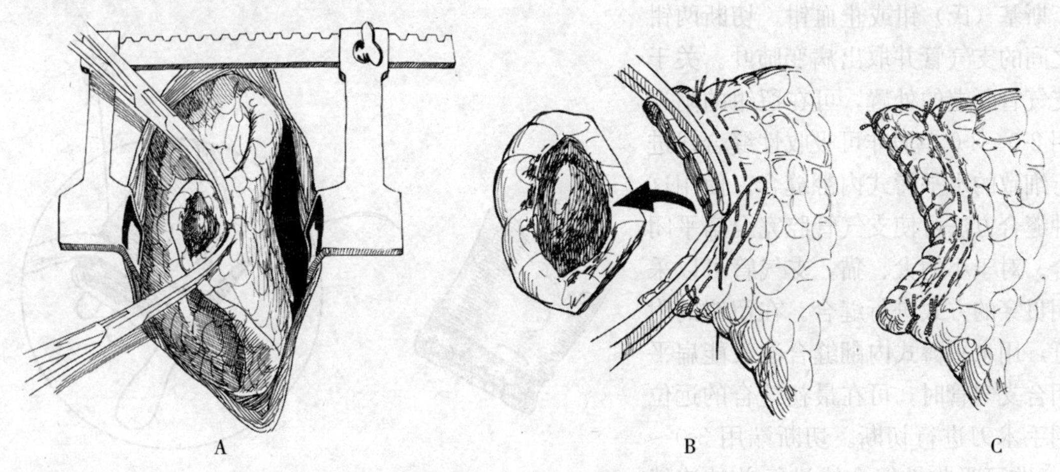

图 2-5-15 部分肺叶切除

A. 止血钳放置位置 B. 两列连续褥式缝合 C. 断端连续缝合

(3) 闭合胸腔。在闭合胸腔之前吸出生理盐水，依次闭合胸壁。在胸腔设置引流装置。

2. 完全肺叶切开术

(1) 打开胸腔。根据肺叶切除的位置，可以采用肋间切开术或胸骨正中切开术的方法打开手术通路。一般情况下，最好通过肋间切开术来进行。打开胸腔之后，使用开胸器扩大创口。

(2) 切断肺动脉和肺静脉。确定病变肺叶的位置，并使用湿润无菌纱布将健康的肺部和病变的肺部进行隔离。将要切除的肺叶用浸透生理盐水的纱布小心包裹并移至开胸创口处。将肺叶和胸膜间的粘连部分进行钝性分离。在肺的分叶部分，确定肺叶的脉管系统和支气管的位置。钝性分离病变肺部的肺动脉，并使用 2-0 或 3-0 可吸收缝合线或非可吸收缝合线结扎血管末端。不要损伤到上一级的血管腔。在需切除的血管的末端以同样的方式做两道结扎。在这两道结扎线之间靠近横断处进行一次贯穿结扎，防止第 1 道缝合线滑脱。合适的横切点位于两道结扎线之间的远端，在横切点处切断肺动脉，如图 2-5-16 所示。然后以相同的方式结扎、切断肺静脉，如图 2-5-17 所示。

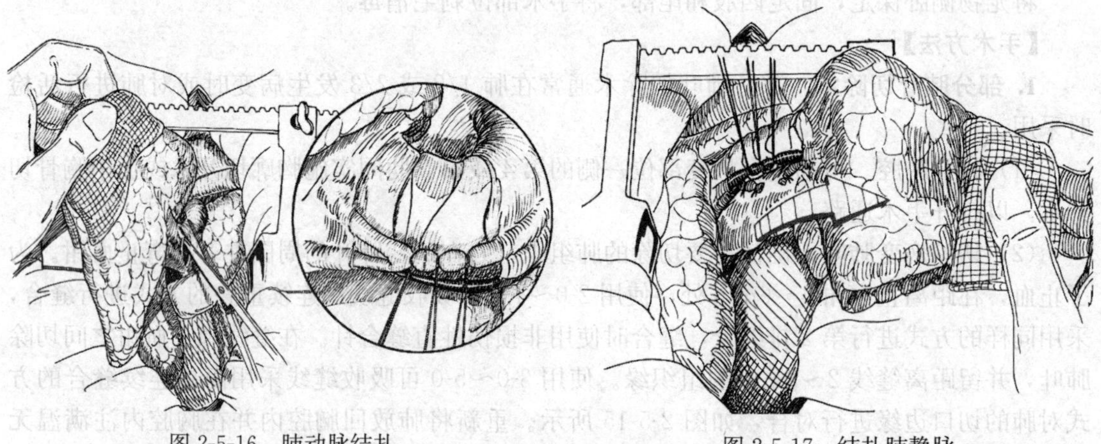

图 2-5-16　肺动脉结扎　　图 2-5-17　结扎肺静脉

（3）切断支气管。确认供应病变肺部氧气的支气管，并在预切部位的近端和远端夹 2 把萨丁斯基（氏）钳或止血钳。切断两钳之间的支气管并取出病变肺叶。关于支气管断端的处置，可在留钳的附近用 2-0～3-0 单股非可吸收性缝合线进行细致的水平褥式内翻缝合。使用这种缝合方法可使支气管腔完全扁平闭合。对于小的犬、猫，支气管可以采用贯穿的方式进行缝合。在留钳的附近，用水平褥式内翻缝合法没能扁平闭合支气管时，可在最初缝合的远位用手术刀进行切断。切断端用 3-0～4-0 非可吸收性缝合线进行单纯连续缝合，闭锁支气管，如图 2-5-18 所示。

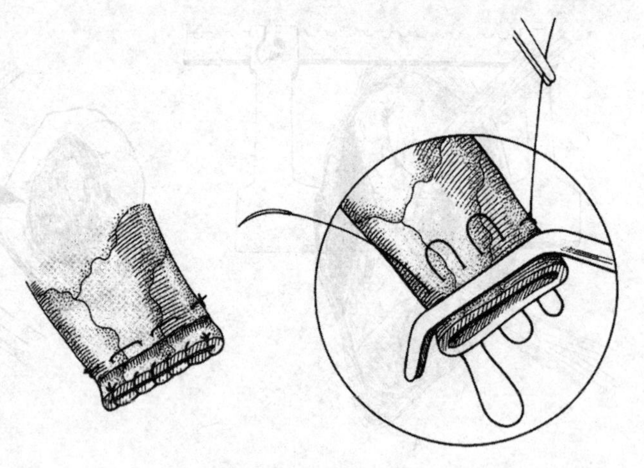

图 2-5-18　支气管缝合

为了检查缝合闭锁支气管断端的密闭性，可在胸腔内注满温生理盐水，使肺膨胀来确认是否漏气。如有漏气部位，可用单纯或者十字交叉结节缝合的方式进行闭合。

（4）闭合胸腔。用温无菌生理盐水注入整个胸腔和肺部进行上述的检查后，抽出生理盐水，闭合胸腔，在胸腔设置引流装置。

如果肺部出现大量的化脓，在对肺叶进行操作前，夹住肺门附近的支气管，防止过量的液体流到邻近的支气管和气管内。同样，切除扭转的肺叶，不要使蒂解旋，以免使坏死组织

进入肺内。宠物在肺容量急剧减少50%的时候，仍可能存活，但可能发生暂时的呼吸性酸中毒和运动的不耐性。

【术后护理】

（1）一旦患病宠物开始自主换气后，需密切监测其呼吸频率。如果呼吸幅度不充分，在闭合胸腔后必须检查胸腔是否有气体残留。如果怀疑有气体残留时，则必须进行胸部X射线检查，检查有无气胸。

（2）血气分析有助于评价患病宠物的换气是否充分。如果患病宠物发生低血氧，此时可通过鼻腔吸入或将患病宠物置于氧气充足的环境内对宠物进行供氧。对于出现严重的或进行性血氧不足的患病宠物需要检查是否出现肺水肿。

（3）宠物实施胸腔手术后一般都会出现体温过低，因此，可使用温水袋和循环水或暖气毯以恢复宠物的体温。

（4）某些宠物的换气不足可能由疼痛引起，可考虑给予镇痛药。

（5）连续注射抗生素1周，防止感染。

（6）当确认胸腔内没有气体和积液时，可以拔除引流管。

（7）术后10～14d拆线。

学习任务五　胸壁瘤切除术

【临床适应证】适用来源于胸廓深部的肋骨、肌组织或胸膜的肿瘤。犬的原发性胸骨肿瘤包括软骨肉瘤和骨肉瘤。犬的胸骨转移和原发性肿瘤都有报道，但很少见。肋骨原发性肿瘤的转移率很高，但在犬、猫不常见。骨肉瘤是犬肋骨最常见的肿瘤，其次是软骨肉瘤，肋骨软骨交界处常常是这些肿瘤的起源点。

【手术前准备】胸壁瘤切除术除了做一般体格检查以外，还应该做以下几点准备：

胸部X射线检查，以了解肿瘤侵犯范围，与周围组织关系以及肿瘤质地，有无肺转移病灶等。超声检查可以鉴别肿瘤是实质性的还是囊性的。粗略估计肿瘤浸润范围与周围神经和血管的关系，有助于手术参考。术前胸部透视和拍片，还可以查明如肋间肿瘤与肺有无粘连，是否要做好开胸的准备。

组织学或细胞学检查可以鉴别良性肿瘤和恶性肿瘤。在诊断基本明确的前提下，要求对肿瘤的性质、部位与范围及要修补缺损的大小做出初步估计，特别是对恶性胸壁肿瘤及转移性或浸润性肿瘤更要引起特别重视，对有呼吸道感染或合并肺癌的病例术前应给予足量的抗生素治疗。对生长迅速、边界不清的肿瘤，根据病理报告的结果，可采用术前化疗或放射治疗控制发展或待肿瘤缩小后再手术，可提高外科切除率及疗效。对巨大的骨性肿瘤及肺癌侵犯胸壁而引起的胸壁肿块，手术会引起巨大的胸壁骨架缺损，需要采用人工代用品者在术前要做好充分的准备，选择合适的人工代用品。

胸壁瘤伴发胸腔积液的犬在诱导麻醉前，应进行胸腔穿刺术。

将手术部位清洗消毒，进行外科常规处理，除准备一般常用软组织分割器械外，还应准备引流装置、聚丙烯材料、骨钳、肋骨剥离器、肋骨剪、肋骨钳、骨锉和线锯等。

【保定与麻醉】可采用吸入全身麻醉。在给予全身麻醉药前15min先给予皮下注射阿托品注射液（犬每千克体重0.05mg）和抗生素、镇痛药等。然后静脉注射基础麻醉药，使宠物快速麻醉，气管插管后再给予吸入麻醉药，维持麻醉。

根据要求将宠物仰卧保定。对于患胸壁或胸骨瘤的宠物，应对肿瘤周围较大区域进行消毒处理。

【手术方法】手术切除是治疗胸壁瘤的常用方法。患胸壁瘤宠物的3根或更多肋骨的全层或全切术需要手术重建术，以重建胸壁的连续性。最好不要切除超过6根肋骨。部分或完全胸骨切开术可治愈犬的原发性胸骨瘤。尽管在大块胸骨切除后会使胸暂时不稳定，但并不会引起任何永久性或严重的呼吸功能障碍。

1. 肋骨良性瘤切除术

（1）打开手术通路。根据肿瘤部位，取仰卧或侧卧位。以肿瘤为中心，沿肋骨走向切开皮肤、皮下组织和肌层。拉开肌层，显露肿瘤部的肋骨。

（2）切除肿瘤。切开肿瘤部位的肋骨骨膜，在骨膜切口两端各做一横断切口，使骨膜可以完整剥离。用骨膜剥离器将局部骨膜剥开，在骨膜下切除肋骨，注意保留胸膜完整。

（3）缝合。检查无出血后，用丝线将胸壁肌肉、皮下组织和皮肤逐层间断缝合。

2. 肋骨恶性瘤切除术

（1）打开手术通路。同良性瘤切除术。如皮肤和肌层已经受累，应将局部皮肤和肌肉一起切除。然后沿肿瘤基部附近肋间切开肋间肌和胸膜，进入胸腔，探查肿瘤是否与肺粘连。如无粘连可只切除局部肿瘤；如局部肺内已有肿瘤累及，则应扩大切口，做开胸手术。

（2）切除肿瘤。根据肿瘤的范围，决定切除肋骨的数目和长度，一般宜超出肿瘤边缘5cm。在准备切除的肋骨段两端将骨膜切开、剥离一小段后切断肋骨，将有关肋骨连同骨膜、肋间肌整块切除，然后仔细止血，并缝扎切断的肋间血管。如同时需做肺切除术，应争取将肺与胸壁肿瘤一起整块切除。

（3）胸壁修补。肿瘤切除后形成的胸壁缺损，可用胸壁肌肉修复。分离切口附近的胸壁肌肉，将肌肉瓣覆盖缺损部位，缝于切口对侧肋间肌或胸壁肌肉。如缺损较大，附近肌肉瓣不能完全覆盖时，可用阔筋膜修复。

（4）胸壁再造。对于大范围切除肋骨以及肋间肌，为了进行密闭性良好且有一定坚韧度的胸壁闭合，可用聚丙烯材料修补切除的缺损部位。将聚丙烯材料剪裁合适的大小，折转其边缘部分，使其位于头侧肋骨下方，采用肋间肌全层水平褥式内翻缝合的方法固定聚丙烯材料，如图2-5-19所示。

（5）皮肤缝合。常规缝合皮肤后加压包扎。

3. 部分胸骨切除术　部分胸骨切除术仅适用于相对小的、局限性的、没有侵袭到胸腔的胸骨瘤。胸骨切除术已有成功应用于广泛性胸骨骨髓炎的记录。小型宠物可切除整个胸骨。

（1）打开手术通路。切开肿瘤上的皮肤，若皮肤也疑为有肿瘤，则切除皮肤。辨别胸骨上的肋骨关节。

（2）切除肿瘤。用骨钳除去病变的胸骨和肋骨。如果可能，除去损伤前、后各一个胸骨节。避免撕裂胸内血管，如有必要，可结扎血管。

（3）缝合。用大号的（1号）单丝采用缝线间断或水平褥式缝合方式对接肋骨和肋间肌。用单纯连续缝合方式对接肋端关节上剩余的腹直肌。胸廓造口放置导管并排空胸腔内的

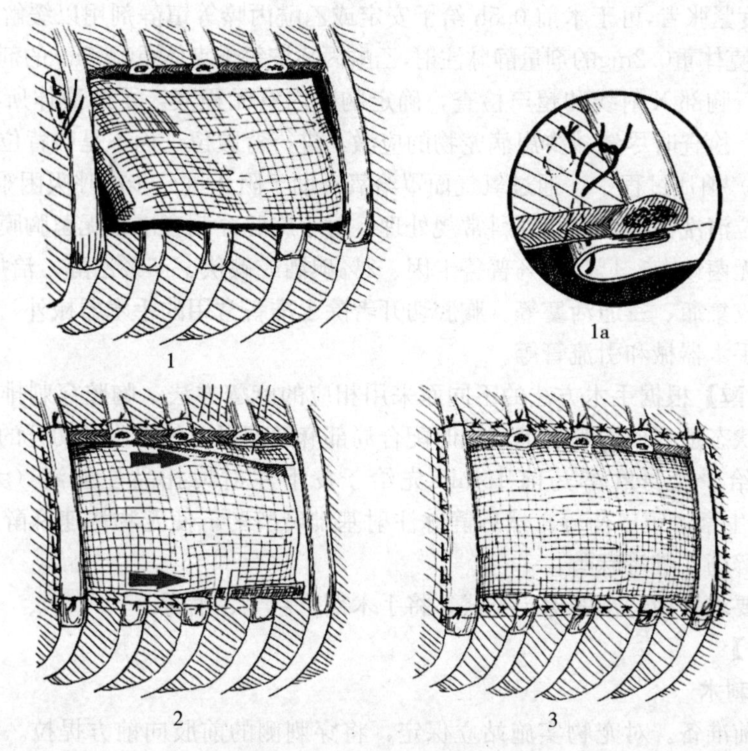

图 2-5-19　胸壁成形术

1. 边缘折转缝合　2. 背腹侧交替缝合　3. 全层缝合固定

（任晓明，2009. 图解小动物外科技术）

空气，用支持绷带包扎胸部，保护切口和导管。

【术后护理】

（1）术后应密切监视是否有通气不足或气胸（或两者）的发生。

（2）保护好引流装置，保证引流的畅通，防止胸内感染。

（3）全身给予抗生素治疗 1 周，防止伤口感染，同时给予适当的镇痛剂。

（4）保持静养，禁止剧烈运动，给予营养丰富、易消化的食物。

（5）当确认胸腔内没有气体和积液时，可以拔除引流管。

（6）如果是恶性肿瘤，术后要进行适当的化疗和放疗。

（7）术后 10～15d 拆线。

学习任务六　胸腔积液清除手术

【临床适应证】适用于犬和猫因胸部创伤、胸部手术、内科病、感染或肿瘤等原因导致胸腔内有液体蓄积，影响呼吸，危及生命时紧急处置。用胸腔穿刺术、胸腔切开引流或放置胸腔引流管等方法，维持肺的扩张，以达到急救和治疗的目的。还适用于检查胸水性状以及用于细胞学检查时采集胸水。

【手术前准备】加强监测呼吸功能，患有胸腔积液的宠物可能会出现呼吸非常困难，可做好输氧治疗的准备。

对精神过度紧张者，可于术前 0.5h 给予安定或乙酰丙嗪等镇静剂用以缓解呼吸困难的症状。安定按每千克体重0.2mg的剂量静脉注射，乙酰丙嗪按每千克体重0.05mg的剂量静脉注射。

术前应进行胸部 X 射线和超声检查，确定胸腔内有无积液，了解液体所在部位及量的多少，并标记。检查时尽量减少患病宠物的应激，进行背腹位（而不是腹背位）和站立时侧位 X 射线检查。拍片过程中，通过氧气面罩给氧有助于阻止进一步的呼吸困难。

将手术部位清洗消毒，进行外科常规处理，对于胸腔穿刺者准备无菌胸膜腔穿刺包、无菌橡皮手套、无菌纱布、1%～2%普鲁卡因、2%碘酒或碘伏、75%乙醇、治疗盘、龙胆紫、酒精灯、无菌收集瓶、三通活塞等。胸腔切开者除了准备常用的手术器械外，还要准备胸腔切开术所用的手术器械和引流管等。

【保定与麻醉】根据手术方法的不同而采用相应的麻醉方法。胸腔穿刺排除积液时，根据患病宠物的状态适当使用镇静剂，同时配合局部麻醉即可。伴有胸腔切开的胸腔引流采用呼吸麻醉。在给予全身麻醉药前 15min 先给予皮下注射阿托品注射液（犬每千克体重 0.05mg）和抗生素、镇痛药等。然后静脉注射基础麻醉药，使宠物快速麻醉，气管插管后再给予吸入麻醉药，维持麻醉。

根据手术要求采用适当的保定方式，将手术部位剃毛、消毒。

【手术方法】

1. 胸腔穿刺术

（1）穿刺前准备。对宠物实施站立保定，将穿刺侧的前肢向前方提拉。术者戴消毒手套，铺创巾，用1%～2%普鲁卡因在穿刺点逐层浸润麻醉至胸膜。穿刺点应选择胸部叩诊实音最明显和呼吸音消失处，一般在胸壁的第 6、7 肋间，穿刺点可用蘸龙胆紫的棉签在皮肤上做标记。为使操作效果好，应使用连接导管的胸腔穿刺针，操作前检查穿刺针是否通畅。

（2）穿刺步骤。术者以左手食指与中指固定穿刺部位的皮肤，右手将穿刺针的三通活塞转到与胸腔关闭处，再将穿刺针与胸壁呈 45°角从局麻穿刺点缓缓刺入，穿刺针到达肋间肌时，移动穿刺针前端使其垂直于胸壁，当针锋抵抗感突然消失时，表示壁层胸膜被刺过，此时除去内芯或内针，使导管呈弯曲状态进入胸腔内。转动三通活塞使其与胸腔相通，慢慢抽出积液，如图 2-5-20 所示。放液时，助手用止血钳协助固定穿刺针，以防刺入过深损伤肺组织。注射器抽满后，转动三通活塞使其与外界相通，排出液体。需向胸腔内注药时，在抽液后将稀释好的药液通过乳胶管注入胸腔。穿刺完毕，拔出穿刺针，盖以无菌棉球及纱布，用胶布固定。

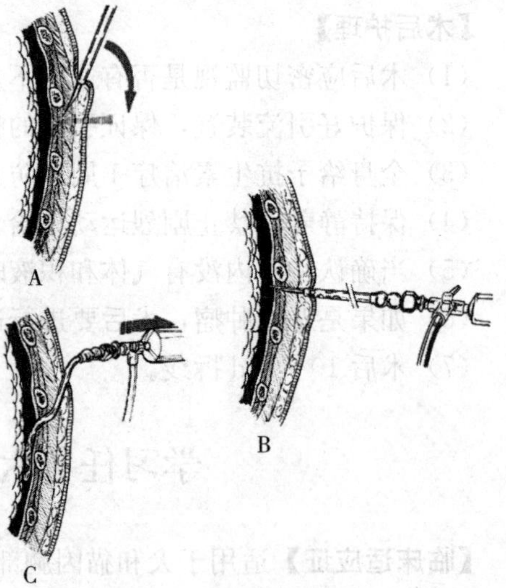

图 2-5-20　胸腔穿刺

A. 45°角进针　B. 垂直于胸壁进针　C. 导入导管

（任晓明，2009. 图解小动物外科技术）

胸腔穿刺时采用 45°角进针的好处是，当去除引流管后，穿刺创可自行在胸壁内闭合。

2. 伴有胸腔切开的胸腔引流

（1）操作前准备。将宠物侧卧保定，在第 3 到第 7 肋间的区域进行剃毛、消毒。

（2）打开胸腔。用左手手指将第 6 或第 7 肋间的皮肤向前推，使之移到第 5 肋间的位置，在皮肤上做 2～3cm 的切口，如图 2-5-21 所示。然后，分层切开肌肉到达胸膜。

用弯止血钳，将胸膜钝性分离，并用该止血钳扩张切口。保持向前移动的皮肤位置不变，如图 2-5-22 所示。移动皮肤操作的目的是，当去除导管后，插入部的伤口在组织压力的作用下可自行闭合。

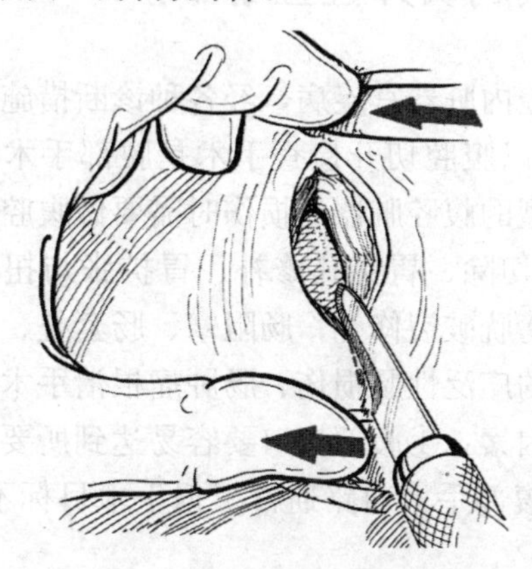

图 2-5-21　肋间皮肤切口

（任晓明，2009. 图解小动物外科技术）

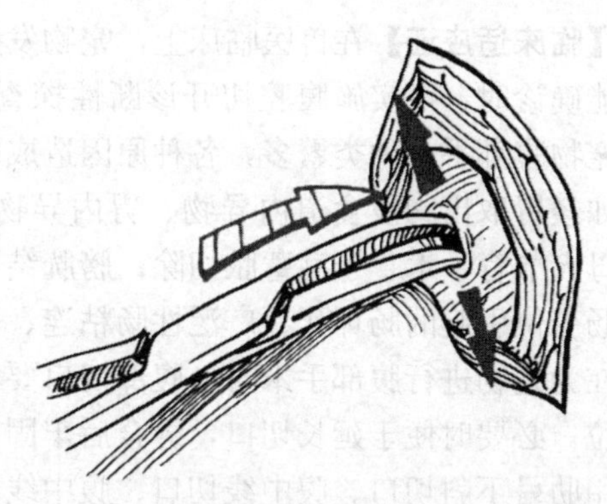

图 2-5-22　扩张切口

（任晓明，2009. 图解小动物外科技术）

（3）安置引流管。用另一把弯止血钳，夹住引流管前部的小孔处，将其插入胸腔内，如图 2-5-23 所示。将引流管插入到胸腔内的深部位置，将引流管上的小孔完全进入胸腔内。将引流管的前部横放在沿胸骨前方的部位，以便可以吸引左右胸腔的液体。

用 0～2-0 合成可吸收性缝线，用单纯结节缝合法分层闭合皮肤和肌肉的切口。在切口的下方留置引流管，如图 2-5-24 所示。

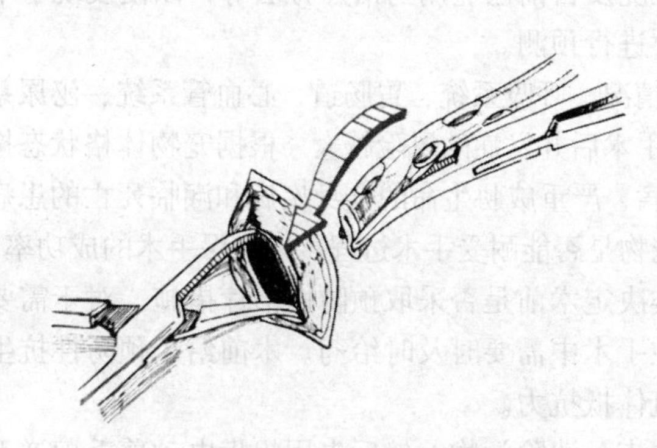

图 2-5-23　插入引流管

（任晓明，2009. 图解小动物外科技术）

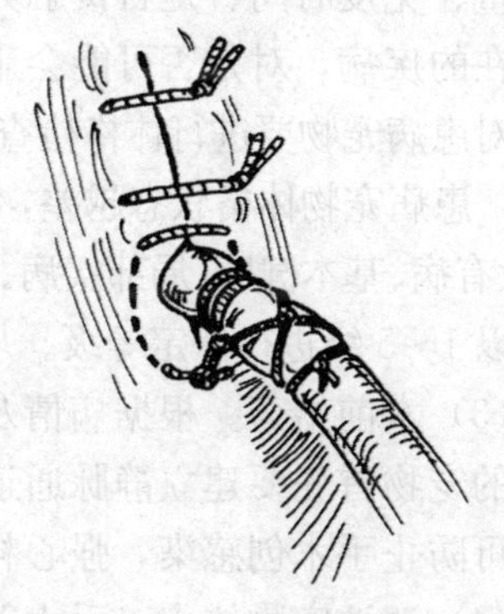

图 2-5-24　固定引流管

（任晓明，2009. 图解小动物外科技术）

（4）移除引流管。当已无液体排出时去除引流管，将皮肤的创口用 5-0 非可吸收性缝线，用单纯结节缝合法实施闭合。

【术后护理】

（1）每天精心护理，对安装引流管的宠物要持续进行监控，防止发生医源性气胸和感染。

（2）抽吸时应轻轻地吸取，防止把肺组织吸进导管的引流口中。

（3）连续注射抗生素 1 周，防止伤口感染。

（4）术后 10d 拆线。

项目六　腹部外科手术

学习任务一　疑似腹腔脏器疾病切开检查手术

【临床适应证】 在兽医临床上，宠物发生各种腹腔内脏器官疾病，经各种诊断措施后仍然不能确诊时，可实施腹腔切开诊断性探查手术，所以腹腔切开检查手术是腹部手术的基础。宠物腹部手术种类繁多，各种原因造成的不同类型的腹腔脏器的损伤时需要做腹腔切开术，如经胃取出胸段食道内异物、胃内异物、胃肿瘤切除、胃穿孔修补、胃扩张与扭转整复；母犬节育手术、子宫蓄脓切除；膀胱结石清除、膀胱破裂修补；肠阻塞、肠套叠、肠扭转、肠变位引起的肠坏死、广泛性肠粘连、不宜修复的广泛性肠损伤、肠肿瘤根治手术等。

在为宠物进行腹部手术时，腹部切口要考虑以下因素：①腹部切口要容易达到所要探查的部位，必要时便于延长切口，缝合后牢固可靠。②腹部手术通路通常根据手术目标不同，可选用肋弓下斜切口、腹中线切口、腹中线旁切口。

【手术前准备】

1. 宠物准备

（1）禁食措施。对于疑似腹腔内脏器官疾病需要进行开腹检查手术的宠物，术前应禁食12h，因为充满腹腔的肠管会形成机械障碍，影响手术操作，也会增加宠物麻醉后的呕吐概率。禁食期间一般不禁止饮水，手术前3h禁止饮水。

（2）术前评估。对患病宠物要进行调查和全面检查，调查宠物完整的病史，包括症状、采食量、免疫时间、是否接触异物、精神状况及目前已经用药治疗方法等，以便发现手术宠物潜在的疾病，对是否可能会影响手术疗效进行预测。

对患病宠物要进行体格检查，包括身体情况、呼吸系统、胃肠道、心血管系统、泌尿系统检查，患病宠物体格状态越差，出现麻醉和手术后并发症的风险越大。根据宠物体格状态按健康、没有病、基本健康、局部疾病、严重全身疾病、严重威胁生命的全身疾病和濒临死亡的患病宠物，以1～5级进行评定等级。从而评估该宠物是否能耐受手术过程，以确保手术的成功率。

（3）术前给药。根据病情及手术的种类决定术前是否采取预防性治疗措施。对于需要做手术的宠物首先要建立静脉通道，以便于在手术中需要时及时给药。术前给予预防性抗生素药物可防止手术创感染，强心补液以加强机体抵抗力。

（4）清洁宠物体表。手术前刷拭宠物体表，清除污物，然后先用粗齿电动剪毛剪逆毛依次剪除术部的被毛，再用细齿电动剪毛剪剪毛一遍，术部剃毛的范围要超出切口周围20～25cm。剃毛后，用0.1％新洁尔灭或温肥皂水反复擦洗，去除油脂，最后用纱布拭干。

手术区的消毒，在宠物临床上可用2％～5％碘酊消毒术部2次，再用75％酒精消毒2次。少数宠物的皮肤对碘酊敏感，可改用新洁尔灭酊、洗必泰、碘伏等溶液消毒。

2. 手术材料准备　全套手术器械，包括无菌薄膜1块（覆盖于手术区域表面）、手术刀1把、注射器2支、镊子2把、组织钳6把（用于固定保护创缘的纱布）、止血钳6把、创巾布4块、创巾钳4把、纱布10块、保护纱布4块、持针钳1把、一次性缝线针2根；尖、圆头剪刀各1把、圆缝针2根、无菌丝线1卷、三棱缝针2根、圆缝针2根等。

【保定与麻醉】 根据手术目的、手术部位和宠物种类不同，可采用不同的保定方式，目前临床上，一般可采用仰卧保定方法。

手术麻醉可根据宠物手术种类不同选择麻醉方法，一般可采用肌内注射、静脉注射和吸入给药的全身麻醉方法。在给宠物麻醉之前要建立好血管静脉通道，如图 2-6-1 所示，以便采用静脉给药全身麻醉或当发生宠物麻醉意外时，能及时进行抢救。

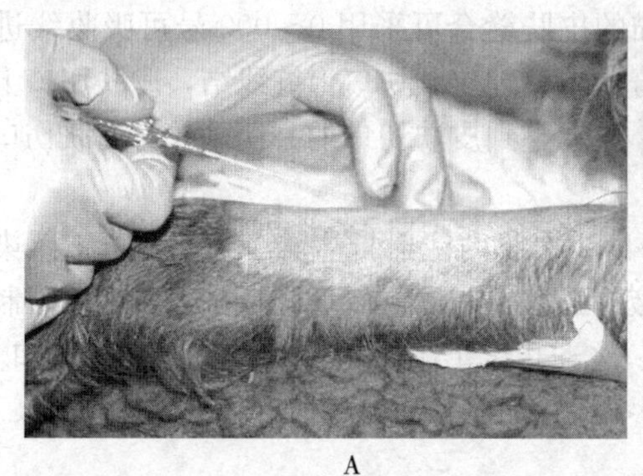

A

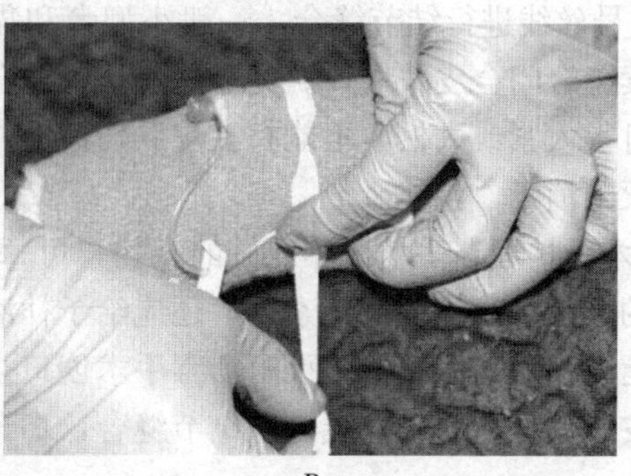

B

图 2-6-1 建立血管静脉通道

A. 给宠物安置静脉留置针 B. 固定安置的静脉留置针

【手术方法】 腹腔手术通常沿腹中线做切口。以犬腹腔手术为例，沿腹中线做 15～25cm 切口，切开腹腔检查的手术通路，多数腹腔脏器手术均可经此切口完成。在脐前腹中线切口两创缘的腹膜上有一个发达的腹膜褶，称为镰状韧带，其上附着大量脂肪，常常妨碍对腹腔内脏器的探查，影响手术操作，在手术后常常发炎而与腹腔内脏器粘连。为此，在切开腹壁后，应先将镰状韧带从腹腔中引出，从切口后端向前在与两侧腹膜连接处切除镰状韧带，如图 2-6-2 所示。腹中线切口也适用于宠物广泛性大结肠闭结时肠侧壁切开术、小肠全扭转整复术、直肠破裂修补术等。此切口具有出血少、组织损伤轻，腹腔暴露充分，操作简便等优点。适用于子宫卵巢切除术、剖腹探查、剖宫产、胃肠手术、膀胱手术等。

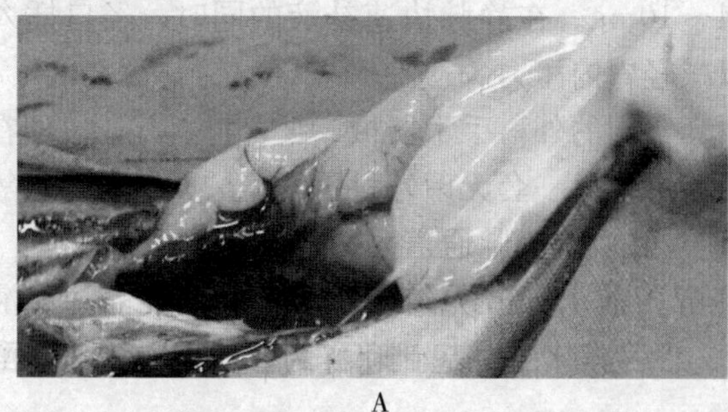

A

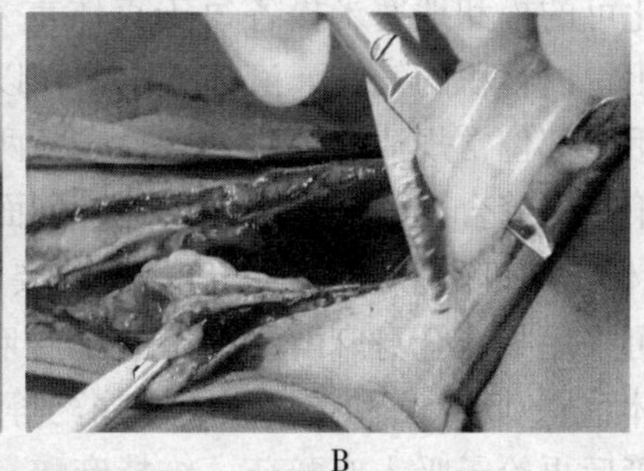

B

图 2-6-2 切除镰状韧带

A. 沿腹中线切开腹壁后拉出镰状韧带 B. 将镰状韧带剪除

腹中线切口位置视手术目的而定，如卵巢子宫切除术、剖腹探查术、剖宫产术等应在腹中线后部（脐部前后位置）切开皮肤；如膈、肝、胃、幽门或肾等手术应取腹中线前部（剑状软骨至脐部）作为切口部位；如为膀胱、前列腺、结肠、卵巢或子宫及肠管手术等可取腹中线后部。

在手术部位上做一大小合适的皮肤切口，并及时止血和清洁创面。分离皮肌、皮下结缔组织及肌膜，彻底止血，用扩创钩扩大创口，充分显露术野的腹白线。然后沿腹白线切开腹膜，为避免损伤腹腔器官，可先用手术镊或止血钳提起腹膜后开一小孔，再用反挑式手术刀切开或用手术剪剪开腹膜。用温生理盐水浸湿灭菌纱布，衬垫整个腹壁切口，勿使肠管等脏器脱出。接着从前至后依次检查腹腔脏器，发现问题后准备进行下一步手术。

闭合腹壁切口时，可用0～000号可吸收线对腹膜和腹直肌外鞘、内鞘进行连续缝合或将腹膜、腹直肌一起结节缝合；用0～000号可吸收缝线将皮下组织进行连续缝合；皮肤用7～10号丝线进行结节缝合，一般小型犬和猫的皮肤缝合可采用0～000号可吸收线进行皮内连续缝合闭合皮肤切口。完成皮肤切口缝合后，整理皮肤切口上缝线结，皮肤切口上的结不能打得太紧或太松，不能打在皮肤切口上，应调整到皮肤切口的一侧，并对皮肤伤口用新洁尔灭酊消毒、包扎。

【术后护理】手术后体况好的宠物，可每日2次肌内注射抗生素5～7d，防止感染；体况差的宠物每日除用抗生素外，还应给予补液、强心、利尿，以增强抵抗力。术后限制宠物剧烈运动，每日用新洁尔灭酊消毒手术创口一次，并给予高蛋白性的食物，促进创口愈合。一般皮肤用7～10号丝线进行结节缝合，10～14d后可拆除缝线。

学习任务二　胃切开手术

【临床适应证】主要用于通过胃取出胸段近贲门处食道内异物、取胃内异物、采集胃活组织、摘除胃内肿瘤、急性胃扩张减压、胃扭转整复术及探查胃内的疾病等。临床上为宠物做胃切开的病例较多，本手术以犬胃切开术为例。

【手术前准备】对于非紧急手术的宠物，在术前应禁食24h以上，停止给水3h。对患病宠物要进行全面身体状态的检查，全面评估患病宠物手术的风险，以确保手术的成功率。对急性胃扩张-扭转的病犬，术前应充分补充血容量和纠正水、电解质及酸碱平衡紊乱，控制休克等。对已出现休克症状的犬应纠正休克，快速静脉输液时，应在中心静脉压的监护下进行，静脉注射林格氏液或5%葡萄糖生理盐水，剂量为每千克体重80～100mL，同时静脉注射氢化可的松和地塞米松各每千克体重4～10mg。在静脉快速补液的同时，经口插入胃管以导出胃内蓄积的气体、液体或食物，以减轻胃内压力。

手术部位常规清洗消毒处理，准备两套常用的外科手术器械、缝合材料等，以便在对胃壁做第一层缝合后，彻底清洁胃壁、创面后更换另一套无菌外科手术器械、缝合材料等。

【保定与麻醉】在给宠物麻醉之前要建立好血管静脉通道。

可采用吸入全身麻醉。在给予全身麻醉药前15min先给予皮下注射阿托品注射液（每千克体重0.05mg）和抗生素、镇痛药等。然后静脉注射基础麻醉药，使宠物快速麻醉，气管插管后再给予吸入麻醉药，维持麻醉。

也可用舒泰做全身麻醉，每千克体重5～11mg肌内注射，麻醉维持时间30min，追加麻醉时，每千克体重3～6mg肌内注射。

宠物保定采用手术台仰卧保定，固定四肢、尾部并将宠物舌头拉出口腔外用湿润纱布包裹，将手术部位剃毛、消毒。

在兽医临床上，宠物胃切开等大手术常采用吸入麻醉的方法。

【手术方法】在宠物脐前腹中线从剑状软骨突末端下1～2cm到脐部之间做15～20cm切口。幼犬、小型犬和猫的切口，可从剑状软骨突末端到耻骨前缘之间；患胃扭转宠物的腹壁

切口及胸廓深的犬腹壁切口可延长到脐后 4～5cm 处。犬胃位于腹前部，左端膨大部位于左季肋部，最高点可达第 11、12 肋骨椎骨；幽门部位于右季肋部。背侧壁为腰椎、腰肌和膈肌脚，侧壁和底壁为假肋的肋骨下部、肋软骨和腹肌，前与膈、肝接触，后与大网膜、肠、肠系膜及胰接触。胃的左侧壁有脾紧贴，如图 2-6-3 所示。

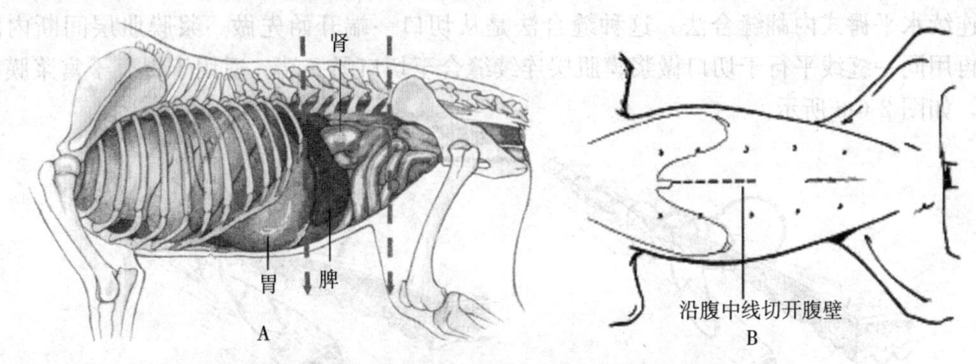

图 2-6-3　犬胃的解剖位置与腹壁切开线位置

A. 犬胃的解剖位置投影图　B. 腹中线切开腹壁位置

1. 腹壁切开　沿脐前腹中线常规切开皮肤，钝性分离皮下组织后，在皮肤切口两侧分别垫上两块用温生理盐水浸湿的灭菌纱布，并用 3 把组织钳固定于皮肤切口上以保护切口皮肤，然后沿腹白线切开腹膜，暴露腹腔。切开腹腔后首先显露的是连在腹中线腹膜上的镰状韧带，将镰状韧带予以切除。在创口边缘用温生理盐水浸湿的灭菌纱布保护后安置腹腔牵开器。

2. 胃的切开　把胃从腹腔中轻轻牵引至创口外，并在创口边缘用温生理盐水浸湿的灭菌纱布将胃与腹壁隔离，以防切开胃时，胃的内容物污染腹腔及腹壁切口。在胃大弯与胃小弯之间的预定切开线两端，用组织钳夹持胃壁的浆膜肌层或用 7 号丝线通过浆膜肌层安置两根牵引线。在胃大弯和胃小弯之间的无血管区内的预定切开线上，纵向切开胃壁，先用手术刀在胃壁上向胃腔内戳一小口，退出手术刀，改用手术剪通过胃壁小切口扩大胃的切口，如图 2-6-4 所示。胃壁切口长度视手术需要而定。胃壁创缘用舌钳牵拉固定，防止胃内容物进入腹腔。必要时扩大切口，取出胃内异物，探查胃内各部（贲门、胃底、幽门窦、幽门）有无异常，如有无异物、肿瘤、溃疡、炎症及胃壁肿瘤等。若胃壁发生肿瘤、坏死，应将坏死

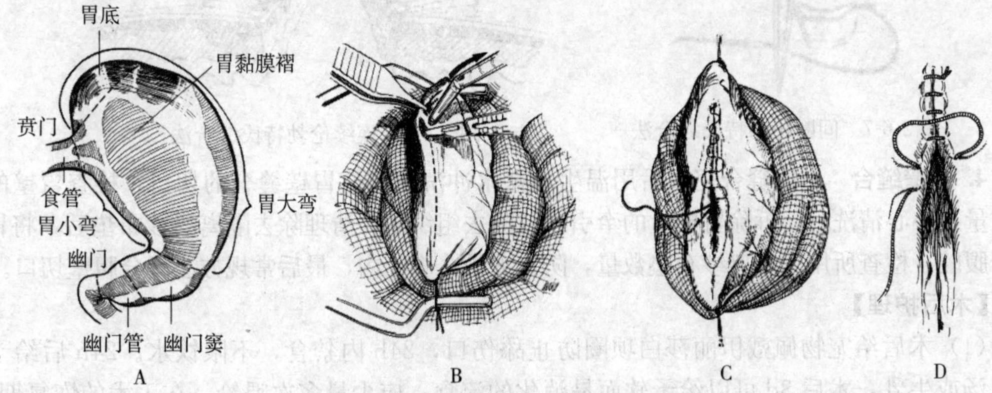

图 2-6-4　胃的结构与胃的切开缝合

A. 胃大弯和胃小弯之间的无血管区　B. 预定切开线上纵向切开胃壁

C. 第一层采用康奈尔氏缝合　D. 第二层采用连续水平褥式内翻缝合（库兴氏缝合）

（任晓明，2009. 图解小动物外科技术）

的胃壁切除。如是胃扭转应进行胃整复术、胃壁固定术。

3. 胃壁切口的缝合 胃的缝合采用二层缝合方法。

(1) 第一层缝合可用康奈尔氏缝合法。这种缝合法在缝合时缝针要贯穿全层组织，多用于胃、肠、子宫壁缝合，如图 2-6-5 所示。在临床上，第一层缝合也可用库兴氏缝合法，又称为连续水平褥式内翻缝合法，这种缝合法是从切口一端开始先做一浆膜肌层间断内翻缝合，再用同一缝线平行于切口做浆膜肌层连续缝合至切口另一端。适用于胃、子宫浆膜肌层缝合，如图 2-6-6 所示。

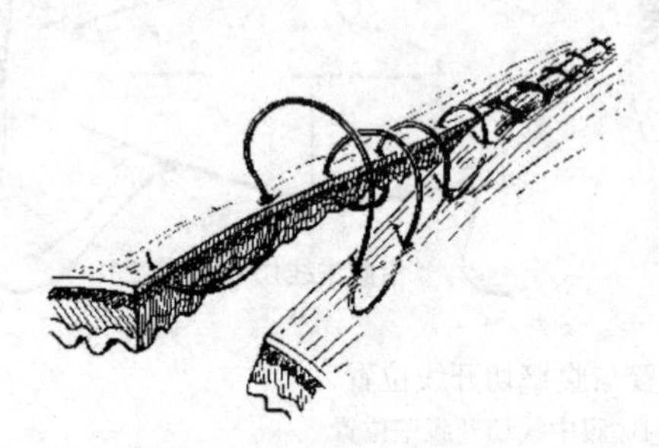

图 2-6-5 康奈尔氏缝合

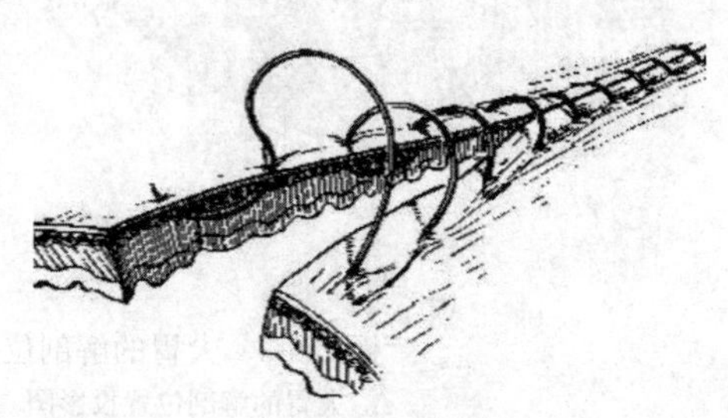

图 2-6-6 库兴氏缝合

(2) 第二层缝合可用伦勃特氏缝合法。又称为垂直褥式内翻缝合法，分为间断与连续两种。在胃壁第一层缝合结束后，清除胃壁切口缘的血凝块及污物后，用温灭菌生理盐水对缝合胃壁的伤口进行冲洗，所有用过的器械必须更换一套，转入无菌手术操作，然后进行间断伦勃特氏缝合，缝线分别垂直穿过切口两侧浆膜及肌层即行打结，使部分浆膜内翻对合，如图 2-6-7 所示。也可采用连续伦勃特氏缝合，于切口一端开始，先做一浆膜肌层垂直切口间断内翻缝合，再用同一缝线做浆膜肌层连续缝合至切口另一端，如图 2-6-8 所示。伦勃特氏缝合法常用在胃肠外层缝合，是胃肠手术的传统缝合方法。

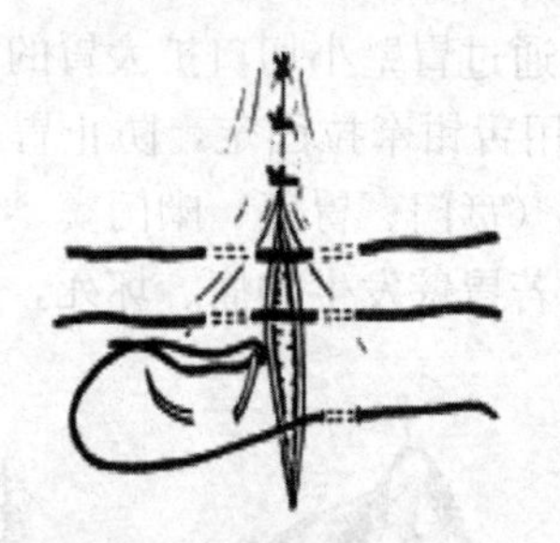

图 2-6-7 间断伦勃特氏缝合法

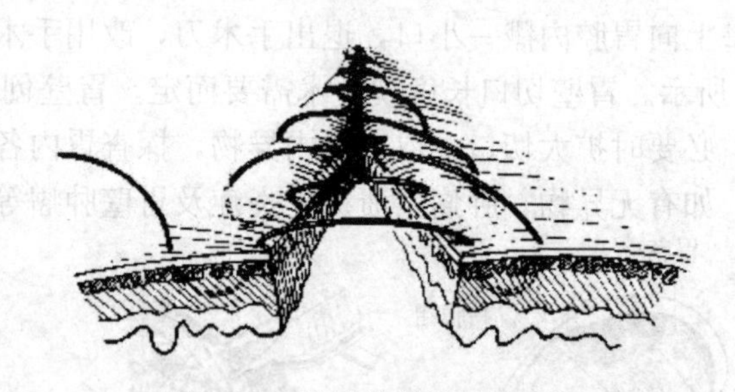

图 2-6-8 连续伦勃特氏缝合法

4. 腹壁缝合 胃壁缝合完成后用温生理盐水冲洗或擦拭胃壁缝合的切口，检查胃壁的缝合质量，小心清洗后，拆除胃壁上的牵引线或除去组织钳，清理除去隔离的纱布垫后，将胃还纳于腹腔，检查所用的隔离纱布垫数量，防止夹带入腹腔内，最后常规方法闭合腹壁切口。

【术后护理】

(1) 术后给宠物佩戴伊丽莎白项圈防止舔伤口，24h 内禁食，不限饮水。24h 后给予少量肉汤或牛乳，术后 3d 可以给予软而易消化的流食，应少量多次喂给。在手术的恢复期间，应注意水、电解质代谢是否发生紊乱及酸碱平衡是否失调，必要时应予以纠正。

(2) 在术后 5d 内每天定时给予静脉滴注抗生素，每天 2 次，以控制感染。

(3) 手术后还应密切观察胃的解剖复位情况，特别是对胃扩张-扭转的病犬，经胃切开

减压整复后，注意犬的胃扩张-扭转症状改善状况，一旦发现症状没有改善并有恶化趋势，应立即进行救治。

（4）术后无感染、恢复良好的宠物 8～12d 可拆除皮肤缝合线。

学习任务三　犬幽门肌切开与幽门成形手术

【临床适应证】犬幽门肌切开与幽门成形术可增加幽门的口径，用来纠正胃流出口阻塞的疾病，如顽固性幽门肌痉挛、先天性肥厚性幽门狭窄、后天性幽门狭窄而引发的呕吐或胃排空时间延长、胃扩张-扭转综合征等。

【手术前准备】需手术的犬要先行禁食，禁食的时间视情况而定，一般情况下手术前要禁食 8～12h 以保证胃的排空，停止给水 2h；对患病宠物要进行全面检查并及时纠正体液酸碱平衡并适当进行补液，确保手术的成功率。

将手术部位常规清洗、消毒处理，准备两套常用的外科手术器械、缝合材料等，以便在对胃壁做第一层缝合，彻底清洁胃壁、创面后更换另一套无菌的外科手术器械、缝合材料等。

【麻醉与保定】可采用吸入全身麻醉。在给予全身麻醉药前 15min 先给予皮下注射阿托品注射液（每千克体重 0.05mg）和抗生素、镇痛药等。然后静脉注射基础麻醉药，使宠物快速麻醉，气管插管后再给予吸入麻醉药，维持麻醉，并进行生理指标的监控。

也可用舒泰做全身麻醉，每千克体重 5～11mg 肌内注射，麻醉维持时间 30min，追加麻醉时，每千克体重 3～6mg 肌内注射。

保定采用手术台仰卧保定，固定宠物四肢和尾部。

【手术方法】手术部位从剑突到耻骨，做腹中线切口。切开腹壁后用温生理盐水浸湿的灭菌纱布垫隔离腹壁切口，装置牵开器，轻柔牵拉大网膜，可将横结肠提取牵拉，充分暴露胃、十二指肠和胰腺等脏器。在游离幽门之前应先切断胃肝韧带，胃肝韧带位于肝与幽门之间，小心地切断胃肝韧带和与其相连的结缔组织。在切断胃肝韧带时应注意识别胆总管，以免误切。用温生理盐水浸湿的灭菌纱布提住胃前壁，将胃窦部上提后显露幽门，将幽门拉出腹壁切口之外，并用温生理盐水浸湿的灭菌纱布垫隔离胰、肝和胆总管，防止缩回和防止幽门切开后胃内容物污染腹腔。在胃大弯和胃小弯交界处的胃体部无血管区装置牵引线，将胃大弯提至腹壁切口外，在幽门窦、幽门和十二指肠近心端做一个足够长的直线切口。切口位于幽门的腹面、幽门前缘与后缘之间的无血管区内，切口一端为十二指肠边缘，另一端到达胃壁。小心地切开浆膜及纵行肌和环形肌纤维，如图 2-6-9A 所示。使黏膜层膨出在切口之外，如图 2-6-9B 所示。若黏膜不能向切口外膨出，切口两创缘可能会重新黏合。为此，在切开纵行肌纤维以后，对环形肌纤维必须完全切断。如果环形肌纤维未能完全切断，将限制黏膜下层从切口中膨出。在切断环形肌纤维时，可沿着不同的纵行部位进行切开，这样可以避免切透黏膜层。在环形肌完全切开之后，为了使黏膜下层尽量从切口中膨出，可用直止血钳和小弯止血钳分离肌肉，直至黏膜膨出切口外，如图 2-6-9C、D 所示。在幽门的近心端要一直分离到胃壁的斜肌和结构正常的胃壁肌纤维，幽门的远心端应分离到穹隆部，在这一部位，稍有疏忽就可能撕破附着在该处的浅表黏膜。

在分离黏膜下层时可能有出血点和轻微渗血，用温生理盐水浸湿的灭菌纱布压迫 1～2min 即可止血，不需要结扎止血。

术者必须检查确认膨出的黏膜无穿孔，可用手指轻轻压迫十二指肠以阻塞肠腔，将胃内气体挤入幽门管进行检查。若有黄色泡沫状液体出现，说明黏膜有穿孔，可用3-0或4-0肠线做水平褥式缝合以闭合裂口，必要时可将一部分网膜松松地扎入线结内，使网膜紧贴缝合处又不致发生绞窄。

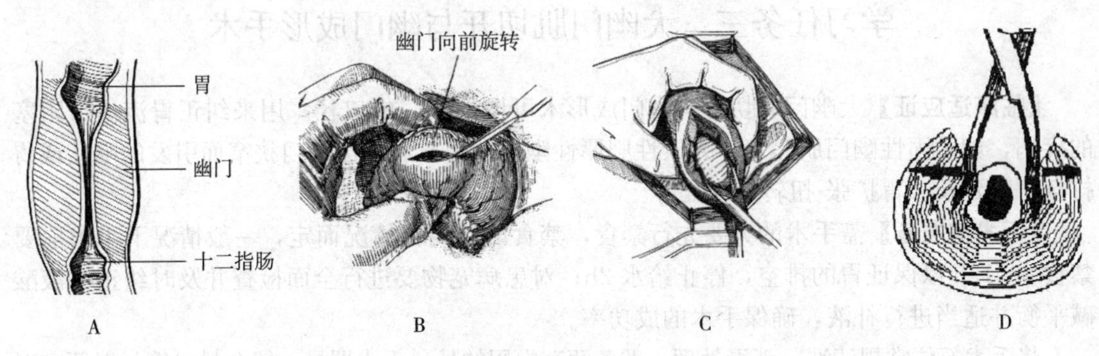

图 2-6-9　幽门的腹面、幽门前缘与后缘之间无血管区的切口

A. 幽门前缘与后缘之间的结构　B. 黏膜层膨出在切口之外　C、D. 用直止血钳和小弯止血钳分离肌肉

（任晓明，2009. 图解小动物外科技术）

当黏膜发生了大的穿孔时，则应进行幽门成形术。幽门成形术有两种手术方法，分别是“Y-U皮瓣”法和“一字成形”法，现将两种手术方法分别阐述。

方法一：“一字成形”法。将幽门部全层纵向切开，并于切口的近端和远端拓展切开1～2cm，吸去幽门切口内的胃内容物。在切口中央旁离开切口1～2cm处设置2根牵引线，助手牵拉牵引线横向扩张切口，用弯圆针带3-0号或0号可吸收缝线，在纵向切口一端的胃幽门交界处的浆膜外进针、黏膜层出针，然后到纵向切口的另一端幽门十二指肠交界处的黏膜层进针、幽门外浆膜层出针，将该缝合线拉紧打结后，使幽门部的纵向切口变为横向，从而使幽门管变短变粗，幽门管内径明显增大，如图2-6-10所示。用3-0或1-0号可吸收缝线对已变成横向切口进行全层单纯结节缝合。缝合完成，用温生理盐水冲洗，将大网膜覆盖在幽门缝合区，对术中的偶然污染引起的炎症起到限制的作用。

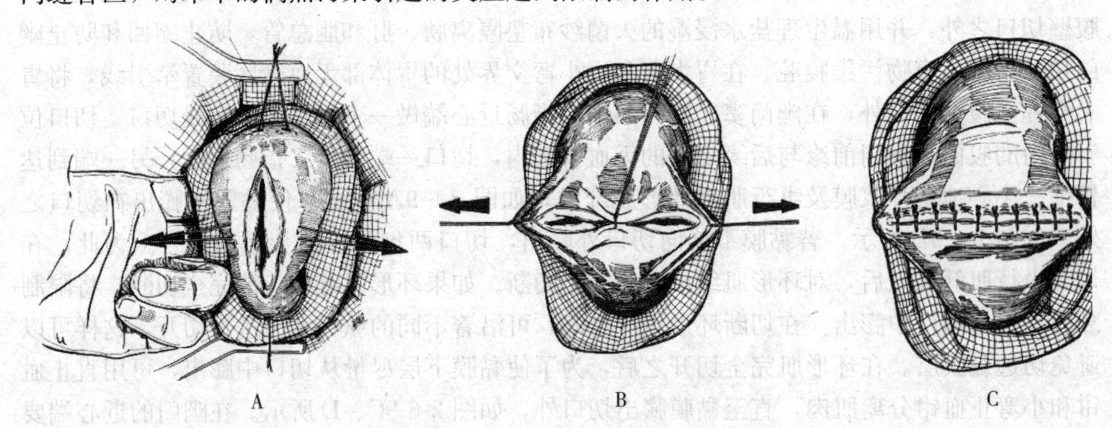

图 2-6-10　“一字成形”法幽门成形术

A. 在切口中央部离开切口1～2cm处设置2根牵引线，牵拉牵引线横向扩张切口

B. 幽门部的纵向切口变为横向　C. 对已变成横向切口进行全层单纯结节缝合

（任晓明，2009. 图解小动物外科技术）

方法二："Y-U 皮瓣"法。在幽门腹面下的浆膜上做纵向切口（干），并做两个进入胃的切口（臂），切口平行于胃小弯和胃大弯（做 Y 形切口），如图 2-6-11A 所示。一定不要使"Y"的角度过窄，否则可引起坏死。Y 形切口的干和臂的长度应大致相等，做全层切口，可切除"Y"的尖部。检查黏膜，如果有必要，切除黏膜，用 3-0 或 4-0 可吸收缝线连续缝合剩余的黏膜边缘。用 2-0 或 3-0 可吸收缝线缝合窦皮片的底部到十二指肠切口的远端，做 U 形缝合，如图 2-6-11B 所示。用间断缝合法缝合切口的剩余部分（干部），如图 2-6-11C 所示。检查缝合部位以确定缝合紧密，防止渗漏，渗漏通常是小组织被包裹进幽门腔而对合不紧密引起的。

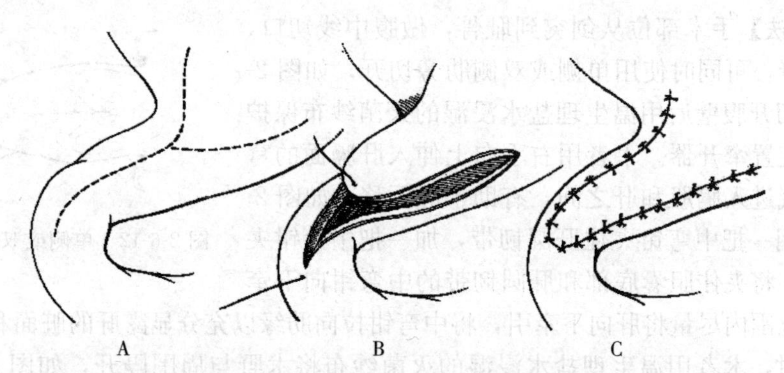

图 2-6-11　"Y-U 皮瓣"法幽门成形术

A. 在幽门和幽门窦处做 Y 形切口　B. 缝合窦片的基底到十二指肠切口的远端

C. 缝合切口剩余的 U 形部分

（张海彬，等主译，2008. 小动物外科学）

用生理盐水冲洗幽门部及胃壁，拆幽门部的牵引固定线，清点隔离纱布，在确认腹腔内没有遗留下任何异物的情况下，将胃整复至正常的解剖位置后，还纳于腹腔内，然后依序缝合腹膜及腹壁肌肉、皮下组织及皮肤。

【术后护理】

（1）术后继续禁食、胃肠减压 1～2d 后，如犬有食欲又无呕吐症状可给少量清水或流食以刺激至胃肠功能恢复。

（2）在禁食期间，每日需输液及补充电解质，以补足生理需要和损失量。脱水和电解质平衡失调较重者，开始进食后，仍应适当补充液体。有部分犬术后发生呕吐，但 4～5d 即可停止。

（3）术后 3～5d 内常规使用广谱抗生素，以防术部感染。

（4）术后应早期活动，以预防粘连。

（5）术后无感染、恢复良好者，8～12d 可拆线。

学习任务四　胆囊摘除手术

【临床适应证】当宠物发生胆结石、胆囊肿瘤、严重的慢性胆囊炎及胆囊外伤等不可恢复时，可实施胆囊摘除术。

【手术前准备】宠物胆道系统疾病由于肝外胆管系统的功能障碍、细菌感染或肿瘤引起。患有胆道系统疾病需要量进行胆囊摘除之前应纠正电解质和体液失衡，为防止宠物因胆囊功能障碍发生厌氧菌和需氧菌感染，手术前可使用抗生素进行预防性治疗。将手术部位常规剃毛、消毒。

【保定与麻醉】可采用吸入全身麻醉。在给予全身麻醉药前15min先给予皮下注射阿托品注射液（每千克体重0.05mg）和抗生素、镇痛药等。然后静脉注射基础麻醉药，使宠物快速麻醉，气管插管后再给予吸入麻醉药，维持麻醉，并进行生理指标监控。

也可用舒泰做全身麻醉，每千克体重5～11mg肌内注射，麻醉维持时间30min，追加麻醉时，每千克体重3～6mg肌内注射。

将宠物仰卧保定，固定四肢和尾部。

【手术方法】手术部位从剑突到耻骨，做腹中线切口，为了扩大术野，可同时使用单侧或双侧肋旁切开，如图2-6-12所示。切开腹壁后用温生理盐水浸湿的灭菌纱布保护腹壁切口，装置牵开器。术者用右手向上伸入肝膈面的穹隆部，使空气进入膈肌和肝之间，有助于肝下移，如图2-6-13所示。用一把中弯钳夹住肝圆韧带，加一把中弯钳夹住胆囊底部。将夹住胆囊底部和肝圆韧带的中弯钳向下牵引，在允许范围内尽量将肝向下牵引，将中弯钳拉向肋缘以充分显露肝的脏面和胆囊。由助手牵住两把钳，术者用温生理盐水浸湿的灭菌纱布将术野与周围隔开，如图2-6-14所示。显露胆囊使用梅曾堡氏手术剪剪开胆囊附着于肝的脏膜，如图2-6-15所示，将胆囊拉向一边，在胆囊和肝之间注入生理盐水，以便容易钝性分离胆囊和肝，分离胆囊管和胆总管。用组织钳夹住胆囊盲端部并稍稍提起，如图2-6-16所示。对暴露胆囊动脉及分布于胆囊的动脉分支的近端，用钳夹住胆管动脉，用不可吸收缝线对胆管动脉进行双重结扎后切断。切断胆管前，将胆总管夹上3把止血钳，在远离胆囊的第三把止血钳前穿过浆肌层结扎胆总管后去掉中间的止血钳，在止血钳钳夹处进行第二道结扎后，在第一把止血钳处把胆管切断，用灭菌棉消毒胆管断端，如图2-6-17所示。对于胆囊窝不必做任何处理。

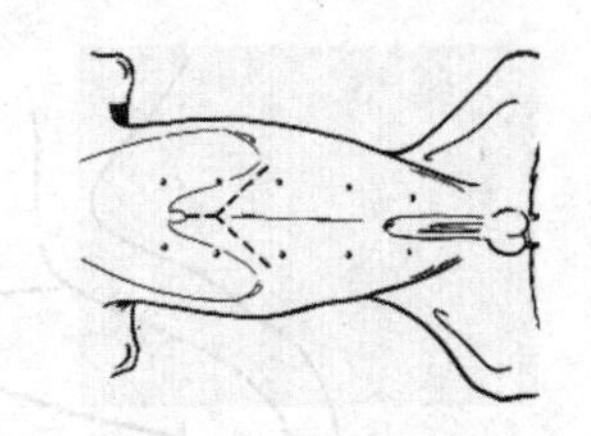

图2-6-12　单侧或双侧肋旁切口

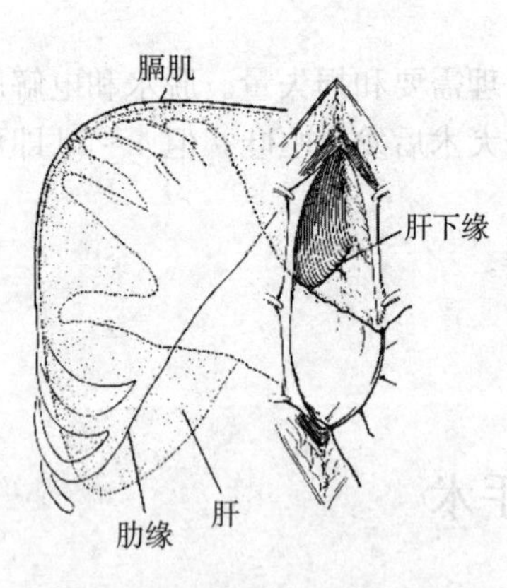

图2-6-13　右手向上伸入肝膈面的穹隆部

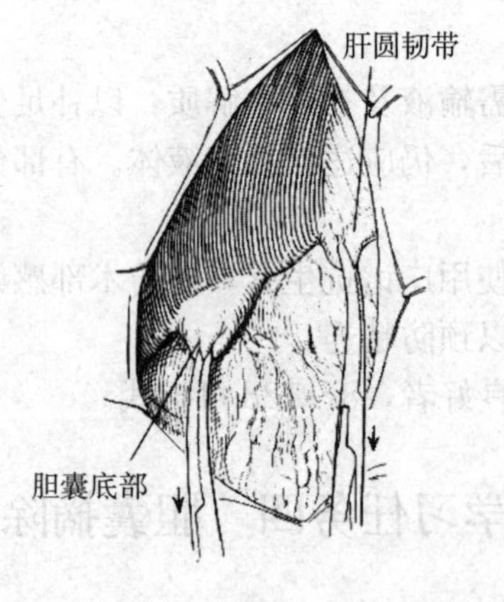

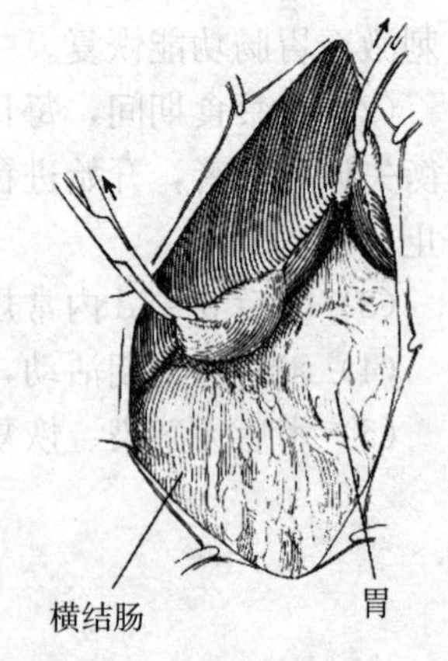

图2-6-14　夹住胆囊底部和肝圆韧带的中弯钳向下牵引

【术后护理】

(1) 术后可用广谱抗生素控制感染，连用5～7d。

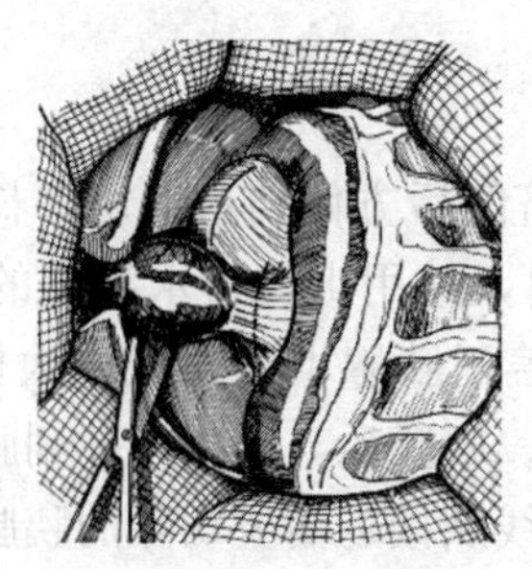

图 2-6-15 剪开胆囊附着于肝的脏膜

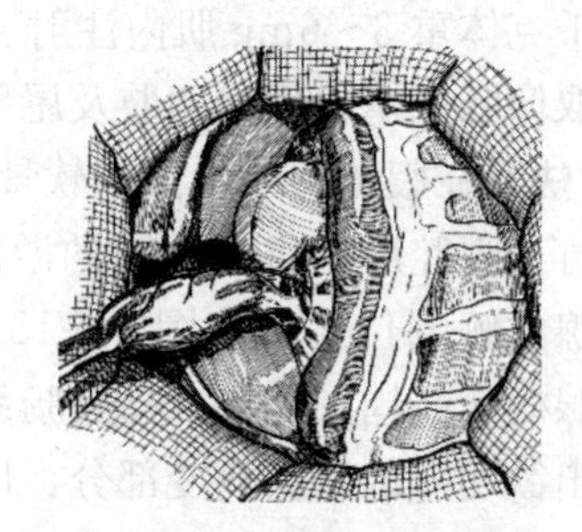

图 2-6-16 用组织钳夹住胆囊盲端部并稍稍提起

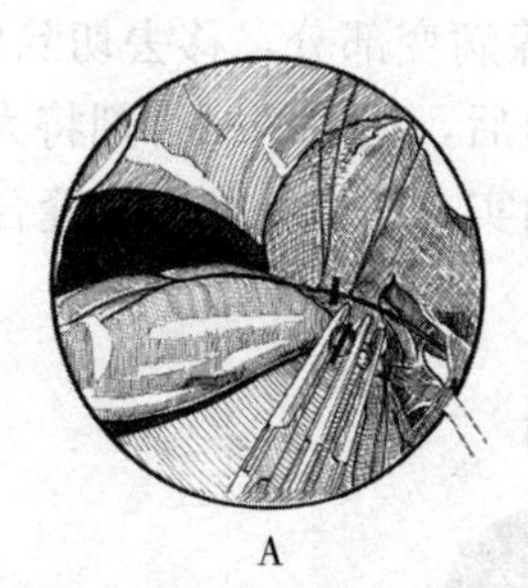

A

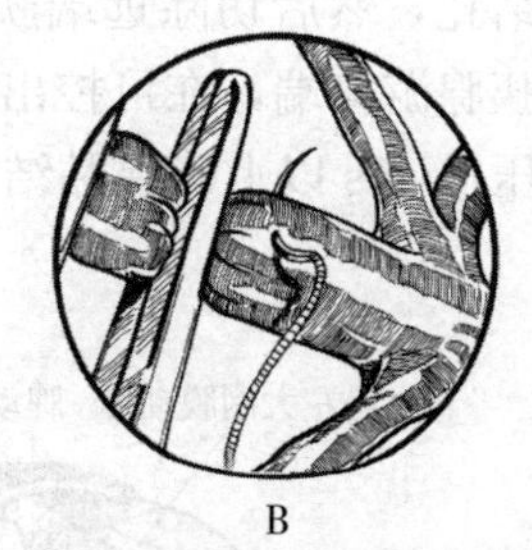

B

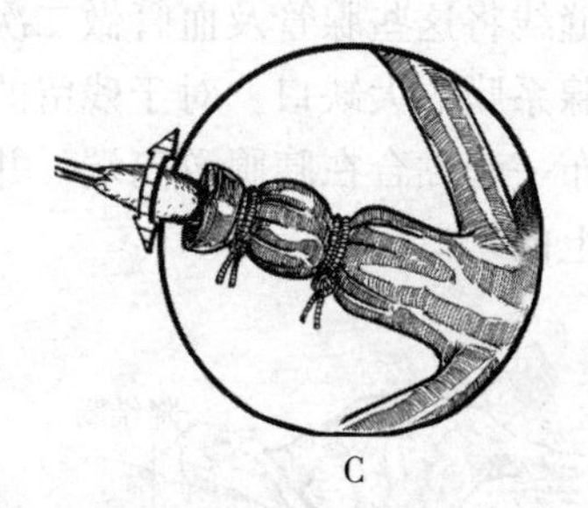

C

图 2-6-17 胆管与胆管动脉结扎、消毒

A. 在胆总管上夹 3 把止血钳 B. 在第三把止血钳前穿过浆肌结扎胆总管 C. 用灭菌棉消毒胆管断端

（任晓明，2009. 图解小动物外科技术）

（2）在宠物主动饮水之前，每日需输液维持营养，以补足生理需要和损失量。脱水和电解质平衡失调较重者，仍应适当补充液体。

（3）术后可饲喂低脂易消化的饲料，经过较长时间恢复后，可转为饲喂正常的饲料。

（4）术后无感染、恢复良好者，8～12d 拆线。

学习任务五 胰腺部分切除手术

【临床适应证】当犬、猫的胰腺 β 胰岛细胞出现功能性肿瘤、胰岛瘤、胰囊肿、钙化性胰腺炎、脓肿以及严重创伤的胰腺区域，可实施胰腺部分切除术。

【手术前准备】对患病的犬、猫手术前一天给予正常的饮食和正常剂量的胰岛素，手术前犬、猫要禁食 12h 或在早上给胰岛素后喂少量食物，在手术前 1～2h 若血糖浓度在 150～300mg/dL，则需要皮下注射早上给胰岛素的半量。诱导麻醉后检查血糖浓度。当血糖浓度较低时，可静脉注射 0.45%生理盐水加 2.5%葡萄糖注射液，前 1 小时剂量为每千克体重 5mL，以后按每千克体重 2.5mL 的剂量注射；当血糖浓度正常时，可静脉注射常规剂量的林格氏液；当血糖浓度过高，达 300mg/dL 时，可注射 5%葡萄糖注射液加小剂量胰岛素。手术过程中特别注意要防止胰腺感染。对手术部位进行常规术前消毒。

【保定与麻醉】可采用吸入全身麻醉。在给予全身麻醉药前 15min 先给予皮下注射阿托品注射液（每千克体重 0.05mg）和抗生素、镇痛药等。然后静脉注射基础麻醉药，使宠物快速麻醉，气管插管后再给予吸入麻醉药，维持麻醉，并进行生理指标的监控。

也可用舒泰做全身麻醉，每千克体重 5～11mg 肌内注射，麻醉维持时间 30min，追加麻醉时，每千克体重 3～6mg 肌内注射。

宠物采取仰卧保定，固定四肢及尾部。

【手术方法】在腹正中线由剑状软骨向后延伸至脐的后方做切口，切口长度视手术情况需要而定。打开腹腔后，将大网膜的游离端向前牵引，并用生理盐水浸湿的消毒纱布覆盖好。根据胰腺的解剖位置，如图 2-6-18 所示，将覆盖于胰腺上的浆膜、大网膜小心分离。小心切开胰腺病变端周围的十二指肠肠系膜、大网膜、腹膜后，手指可伸到胰腺后面，暴露出腺体，找出欲切除的胰腺病变部分，用不可吸收缝线从接近需要切除的胰腺病变处一侧至另一侧的胰腺组织绕一圈，拉紧缝线，使缝线陷入胰腺的实质组织内，并仔细结扎血管和导管，如图 2-6-19 所示。小心地沿着预定的切除线将胰叶实体剥开，露出腺管及血管，用不可吸收缝线将这些腺管及血管做二次结扎，然后切除远端胰腺病变部分，移去切除的胰腺，缝合胰腺系膜的大缺口。对于残留的胰腺游离端，在可控出血后，用组织黏合剂将大网膜和止血纱布一起黏合在胰腺游离端，并压迫 30s 以上确保黏结确实。用可吸收缝线缝合十二指肠浆膜上的切口。

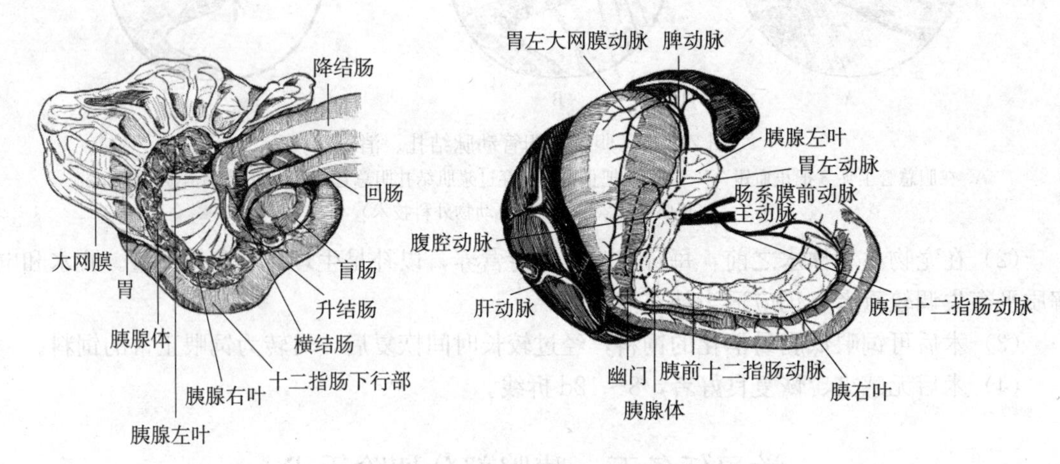

图 2-6-18　胰腺解剖位置与血管分布

（任晓明，2009. 图解小动物外科技术）

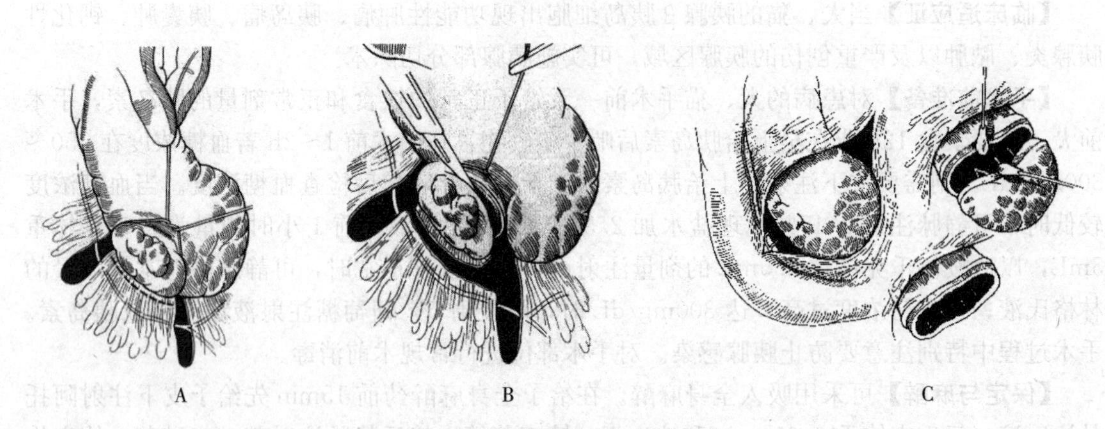

图 2-6-19　胰腺结扎与切除方法

A. 用不可吸收缝线结扎要切除的胰腺　B. 拉紧缝线，切除胰腺　C. 仔细结扎血管和导管

（张海彬，等主译，2008. 小动物外科学）

用生理盐水浸湿的消毒纱布清理伤口后，将十二指肠和胰腺还纳于腹腔，然后依序缝合腹壁切口。

【术后护理】

（1）宠物胰腺部分切除手术后，限制犬、猫做剧烈运动和采食，术后5～7d需要静脉输液维持营养、体液和电解质平衡，可在术前、术后持续肠外给予高营养补液。当宠物饮水后没有呕吐时，才可喂些少脂、软的食物。

（2）定期检查创口，如有脓毒血症现象时，需要连续注射广谱抗生素10～14d。

（3）术后8～12d基本恢复正常后可拆线。

学习任务六　脾切除手术

【临床适应证】脾肿瘤、扭转（胃或脾）或是脾的严重创伤，当应用药物治疗无效时可采用手术将部分脾或全脾切除。

【手术前准备】脾损伤严重的宠物，往往会伴随着不同程度的贫血，当宠物的红细胞比容（PCV）低于20%或者血清蛋白的水平低于5～7g/dL时，术前有必要进行输血。脱水时需要进行术前补液治疗。贫血的宠物在麻醉前还应该进行输氧。

宠物术前12h禁食，2h禁水，将手术部位常规剃毛、消毒。

【保定与麻醉】可采用吸入全身麻醉。在给予全身麻醉药前15min先给予皮下注射阿托品注射液（每千克体重0.05mg）和抗生素、镇痛药等。然后静脉注射基础麻醉药，使宠物快速麻醉，气管插管后再给予吸入麻醉药，维持麻醉，并进行生理指标的监控。

也可用舒泰做全身麻醉，每千克体重5～11mg肌内注射，麻醉维持时间30min，追加麻醉时，每千克体重3～6mg肌内注射。

宠物采用仰卧保定，固定四肢及尾部。

注意：巴比妥盐类药物可以引起脾充血，应避免使用；乙酰丙嗪可引起低血压和血小板功能障碍，也应避免使用。由于脾切除术可引起血容量降低进而引起低血压，因此，手术过程中，还应随时检查血压。

【手术方法】在腹部腹中线做切口，并将切口向前延伸至剑突，向后到脐部。打开腹腔，将脾从腹腔内取出，并使用湿润的纱布将腹腔其他器官覆盖，或者在脾下面切口的周围放剖腹手术用的垫子，观察脾的血液供应，如图2-6-20所示，在进行脾切除术时尽量保留胃短动脉。

1. 部分脾切除术　确定脾需要切除的位置，并对这一部位的供血血管进行双重结扎，然后在两次结扎线之间剪断，如图2-6-21A所示。用镊子夹住压平的部位，然后在两个镊子之间剪断脾，如图2-6-21B所示。使用可吸收缝合线连续缝合切开面，如图2-6-21C所示。

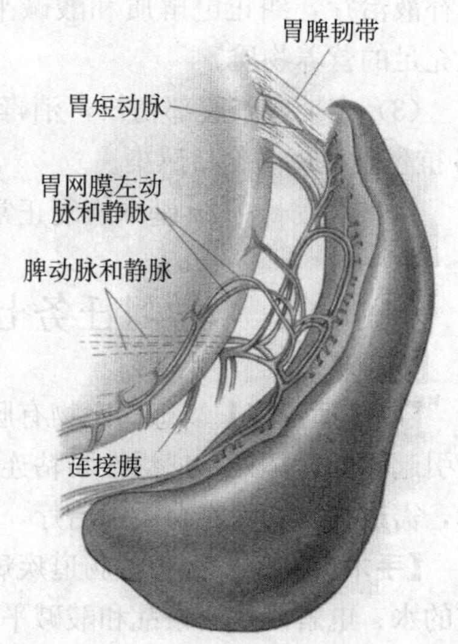

图2-6-20　脾的血液供应
（张海彬，等主译，2008. 小动物外科学）

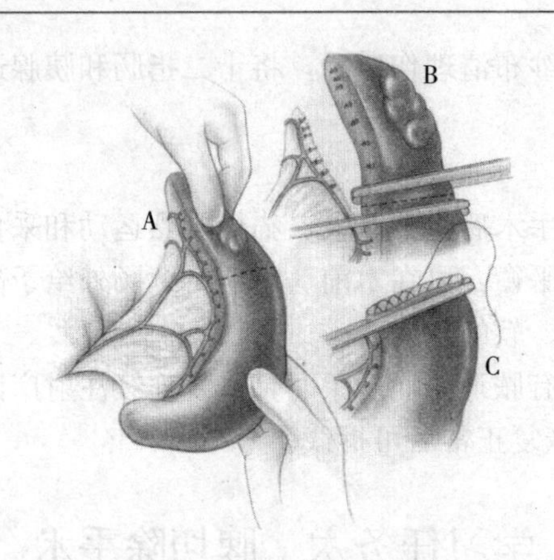

图 2-6-21 部分脾切除术

A. 确定需要进行切除的脾的位置，并对供应这一区域血液的血管进行双重结扎

B. 在两个镊子之间切断脾 C. 采取连续缝合的方式对脾切断表面进行缝合

（张海彬，等主译，2008. 小动物外科学）

2. 全脾切除术 用可吸收缝线或者不可吸收缝线对供应脾血液的门脉区血管进行双重结扎，并在门脉附近切断血管，如图 2-6-22 所示。如有可能尽量保护胃基底供血的胃短动脉分支。

检查剩余的脾或血管是否有出血，充分止血后将其送回腹腔，常规闭合腹腔，将手术部位消毒。

【术后护理】

（1）脾切除术后，24h 内对患病宠物进行严密监护，观察有无术后出血，在其情况稳定前，需要每隔数小时进行一次血细胞比容的检查。

（2）在患病宠物恢复自主饮水之前，需要对其补液治疗，纠正电解质和酸碱平衡紊乱，并补充充足的营养物质。

（3）定期检查腹部伤口，消毒，术后应用3～5d 抗生素，以防伤口感染。

（4）术后 8～12d 基本恢复正常后可拆线。

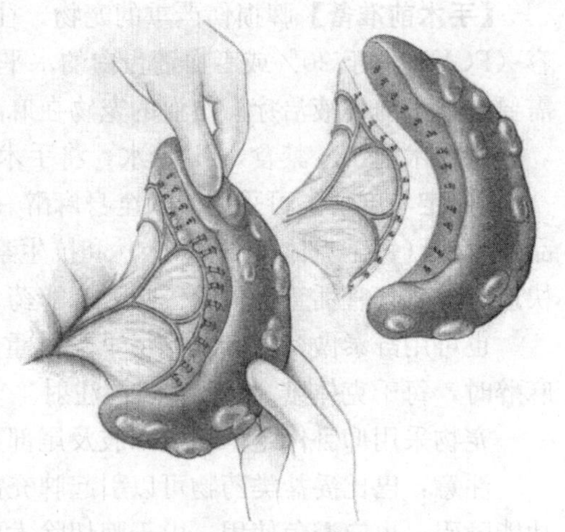

图 2-6-22 全脾切除术（对血管进行双重结扎并切断所有连接的血管）

（张海彬，等主译，2008. 小动物外科学）

学习任务七 肠管切开与切除吻合手术

【临床适应证】 当患病宠物有肠管内异物、肠变位、肠套叠、肠扭转、肠嵌闭等各种疾病引起的肠管坏死、广泛性肠粘连、不宜修复的广泛性肠损伤或肠瘘，以及肠肿瘤的根治手术，需进行肠切除吻合手术治疗，将坏死的肠管切除并进行肠管吻合术。

【手术前准备】 由各种肠道疾病引起的肠管坏死，需进行紧急手术的宠物，大多伴有严重的水、电解质代谢紊乱和酸碱平衡失调，并常常发生中毒性休克。为了提高宠物对手术的耐受性和手术治愈率，在术前应纠正因肠坏死引起的脱水和酸碱平衡紊乱，并纠正休克。静脉注射胶体液（如全血、血浆）和晶体液（如林格氏液）、地塞米松、抗生素等药物，并在

中心静脉压测定的监护下进行。

在非紧急情况下对各种肠道疾病需进行手术的宠物，需在术前24h禁食，术前2h禁水，并给予内服抗生素等以便有效地抑制厌氧菌和整个肠道菌群的繁殖，并对患病宠物进行全面检查，全面评估对手术的承受状况，以确保手术的成功率。

【保定与麻醉】可采用吸入全身麻醉。在给予全身麻醉药前15min先给予皮下注射阿托品注射液（每千克体重0.05mg）和抗生素、镇痛药等。然后静脉注射基础麻醉药，使宠物快速麻醉，气管插管后再给予吸入麻醉药，维持麻醉，并进行生理指标的监控。

也可用舒泰做全身麻醉，每千克体重5～11mg肌内注射，麻醉维持时间30min，追加麻醉时，每千克体重3～6mg肌内注射。

将宠物保定在手术台上，固定四肢及尾部，将手术部位剃毛、消毒。

【手术方法】手术通路采取脐前腹中线切口。

1. 切开腹腔　按常规方法切开腹腔和保护皮肤切口，切口的长度依肠堵塞物的大小、形状而定，一般比肠堵塞物大一点，以便肠堵塞物易于取出切口外。

2. 肠管切除方法　将腹壁切开后，用浸有生理盐水的纱布垫保护切口创缘，术者将手经创口伸入腹腔内探查病部肠段。对各种类型小肠变位的探查，应重点探查扩张、积液、积气、内压增高的肠段，遇此肠段应将其牵引出腹壁切口外，用浸有生理盐水的纱布将肠管和腹腔的间隙保护起来，检查病变肠管的活性，以判定病变肠切除的范围。若变位肠段范围较大，经腹壁切口不能全部引出或因肠管高度扩张与积液，强行牵拉肠管有肠破裂危险时，可将部分变位肠管引出腹腔外，用浸有生理盐水的纱布将肠管和腹腔的间隙严密保护起来，由助手扶持肠管进行小切口排液。术者将手伸入腹腔内，将变位肠管近心端肠中的积液向腹腔切口外的肠段推移，排空全部变位肠管中的积液，方可将全部变位肠管引出腹腔外。移出腹腔切口外的肠段，在手术期间用浸有生理盐水的纱布将其覆盖保持湿润。

对已经判定为肠壁坏死肠管，切除部位应在病变部位两端5～10cm的健康肠管上，近心端肠管切除范围应更大些。展开肠系膜后在肠管切除范围上，对相应肠系膜做V形或扇形预定切除线，如图2-6-23所示，在预定切除线两侧，将肠系膜血管进行双重结扎，结扎血管时不要把分布于剩余肠管断端的血管也结扎，如图2-6-24所示，然后在结扎线之间切断血管与肠系膜，肠系膜为双层浆膜组成，系膜血管位于其间，严防缝针刺破血管，造成肠系膜血肿。扇形肠系膜切断后，在预定切除肠管的切口两端，术者用食指和中指夹住预定切除部位的肠管，将内容物移向肠管的切口两端，然后用2把无损肠钳外套乳胶管，分别夹住预定切除肠管两端，以减少对组织的损伤，如图2-6-25所示，但在切除部位以外侧肠管的肠钳应避免夹住肠系膜的血管，以维持断端的血液供给。在2把无损肠钳之间呈楔形切除肠管及肠系膜，再用同样的方法切除另一端，如图2-6-26所示。将切下的病变肠管迅速移开，对肠断端进行吻合。

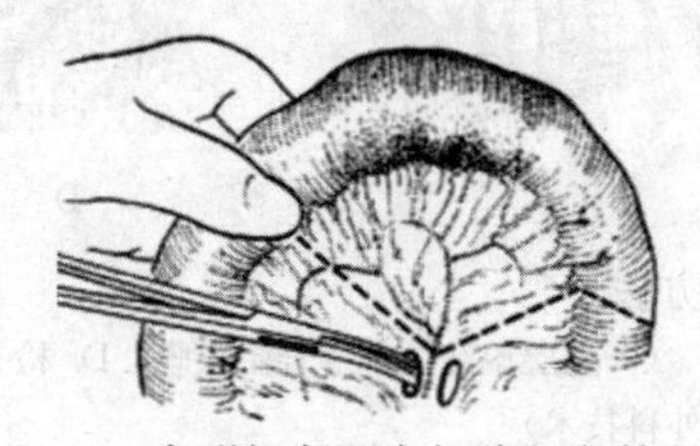

图2-6-23　扇形切断预定切除肠段的肠系膜

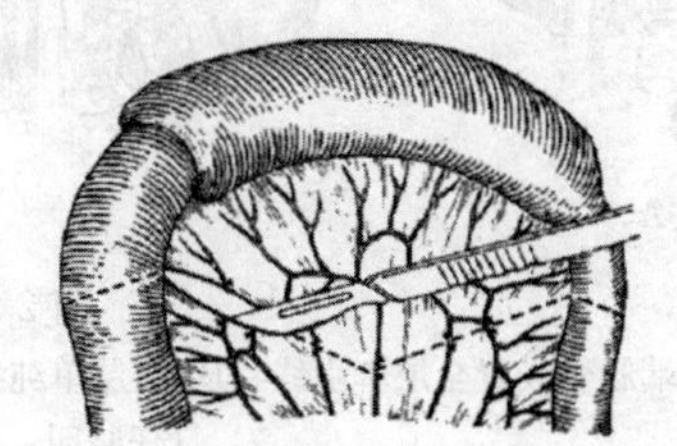

图2-6-24　将肠系膜血管双重结扎后切除

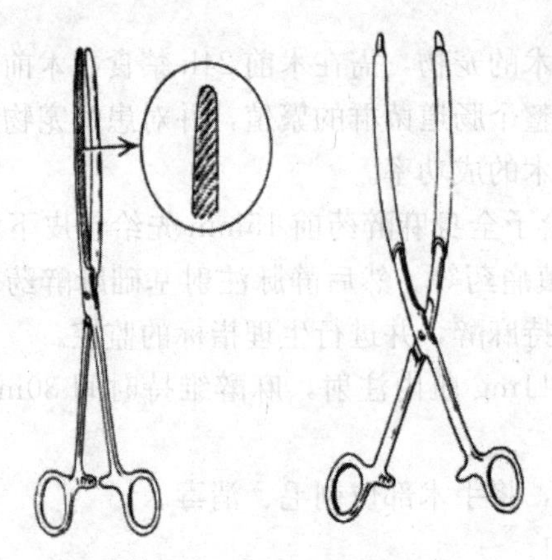

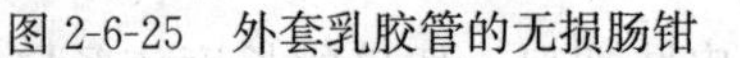

图 2-6-25　外套乳胶管的无损肠钳

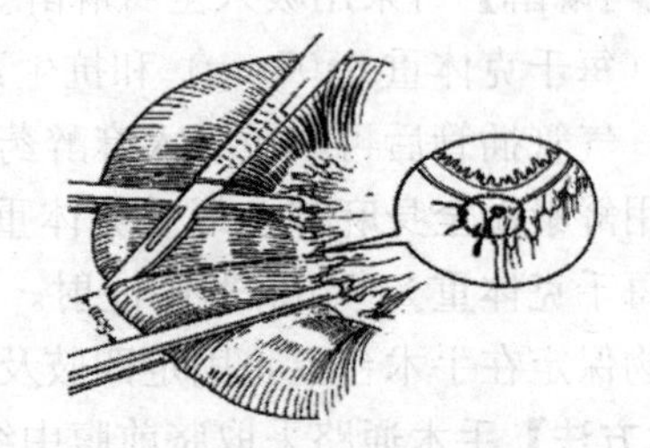

图 2-6-26　将预定切除肠管两端钳夹无损肠钳并切除肠管

3. 肠管吻合方法　切除的肠断端吻合方法主要有三种：端端吻合、侧侧吻合和端侧吻合。

(1) 端端吻合。肠管端端吻合方法符合解剖学与生理学要求，临床常用，但是对肠管较细的宠物，吻合后易出现肠腔狭窄，应特别注意。

将肠断端两侧的两把肠钳靠拢，检查吻合的肠管有否扭转。首先在肠系膜侧和肠系膜对侧的肠管上距肠断缘 0.5～1cm 处，用 1～2 号丝线设置两根固定线，也即牵引线。由助手用止血钳分别夹住两根牵引线，调节吻合术时肠管的位置，便于两肠断端缝合，如图 2-6-27A所示。然后将位于下部的肠管用 4-0～3-0 号可吸收缝线做全层单纯结节缝合，直至进行到肠系膜的对侧部位。在肠管的下部，也同样做全层单纯结节缝合，针距一般为 0.3～0.5cm，如图 2-6-27B 所示。用 4-0～3-0 号可吸收缝线做全层单纯结节缝合肠系膜的间隙，修正粗糙面，缝合时注意避开血管，以免造成出血、血肿或影响肠管的血液运行，如图 2-6-27C 所示。

在兽医临床上肠管端端吻合也可采用全层单纯连续缝合，如图 2-6-28 所示。如果肠腔直径不一致，可以通过调整肠腔切口的角度，在肠腔直径较小的肠系膜对缘剪下一块长 1～2cm、宽 1～3cm 的楔形体，如图 2-6-29 所示，以扩大吻合口的周长，使肠腔管的管腔圆周呈现椭圆形，达到肠腔管径一致。

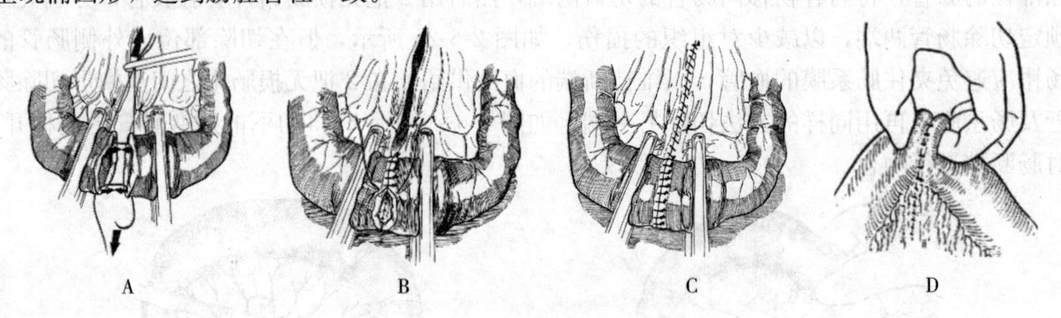

图 2-6-27　端端吻合方法

A. 在两断端肠管设置全层牵引线　B. 全层单纯结节缝合肠管断端　C. 全层单纯结节缝合肠系膜　D. 检查吻合口

(任晓明，2009. 图解小动物外科技术)

最后，为了检查吻合部的缝合质量，助手用拇指、食指指尖对合检查吻合口有无狭窄，如图 2-6-27D 所示。或由助手手指持握吻合部的两端，用手轻轻挤压两端肠管，观察吻合口有无渗漏，术者也可用注射器向肠腔内注入 3～5mL 生理盐水，以检查吻合口有无渗漏，必要时追补数针。将缝合完毕的肠管放回腹腔（注意勿使扭转），逐层缝合腹壁切口。

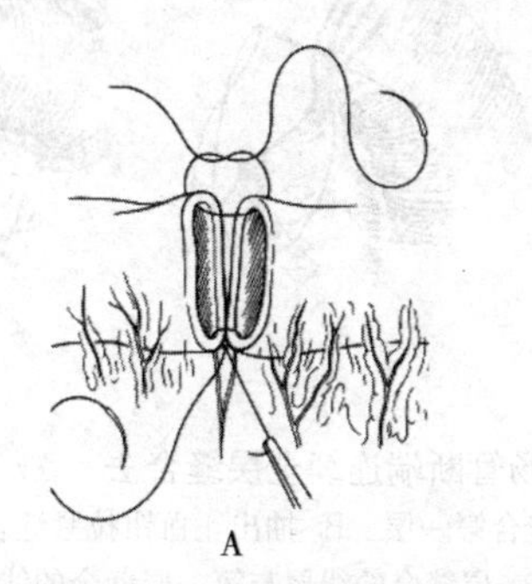

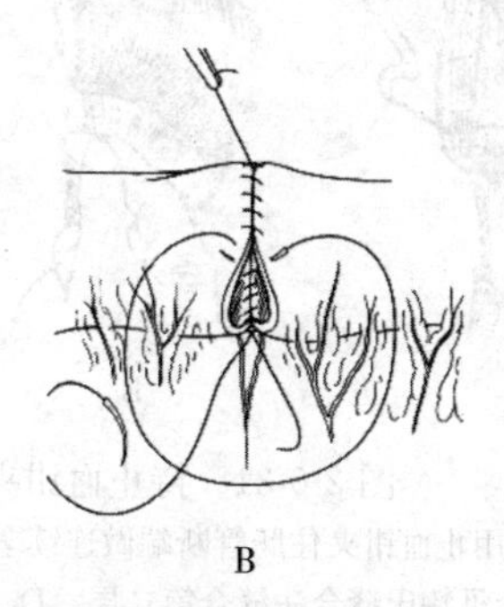

图 2-6-28　肠管端端全层连续缝合法

A. 在两断端肠管设置全层牵引线　B. 全层单纯连续缝合肠管断端

（张海彬，等主译，2008. 小动物外科学）

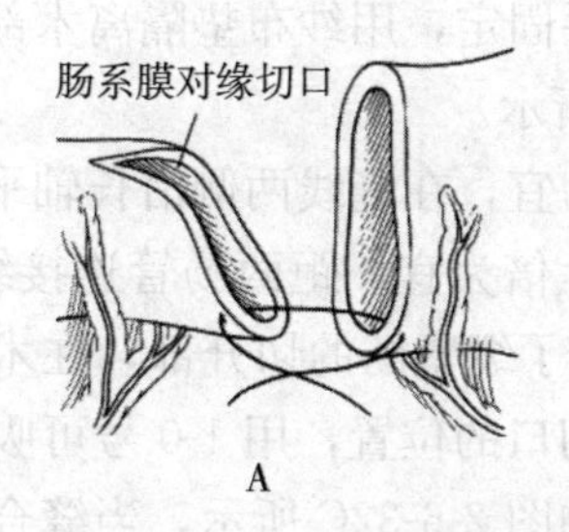

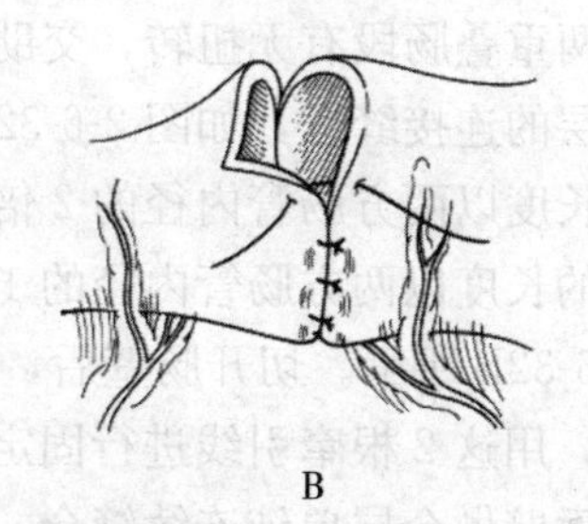

图 2-6-29　调整肠系膜对缘肠腔切口的角度与缝合

A. 在肠腔直径较小的肠系膜对缘剪下一块楔形体　B. 全层单纯结节缝合肠管断端

（张海彬，等主译，2008. 小动物外科学）

（2）侧侧吻合。侧侧吻合适用于较细的肠管吻合，能克服肠腔狭窄障碍。目前，只有在肠吻合术后输出段易出现梗阻时，才作侧侧吻合。因为侧侧吻合不符合正常肠管的蠕动规律，吻合口在肠管内无内容物的情况下基本上处于关闭状态。由于肠两端的环行肌被切断，故吻合口段的肠管蠕动功能大为降低，排空功能不全。肠管内容物下行时往往先冲击残端，受阻后引起强烈蠕动，再自残端反流，才经过吻合口向下运行，如图 2-6-30 所示。时间长久后，往往在肠管两端形成囊状扩张，进一步发展，可形成粪团（块）性梗阻或引起肠穿孔、肠瘘等，即所谓盲袢综合征。患病宠物手术后常发生贫血、营养不良，经常有腹痛、腹泻等症状，远期效果不良。

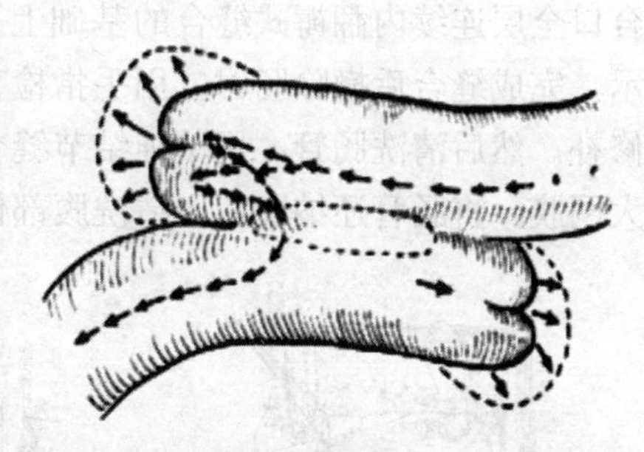

图 2-6-30　侧侧吻合术后远端残端受到冲击形成囊状扩张

在实施肠侧侧吻合时，应先将切除肠的远、近断端分别用止血钳夹住，用连续全层缝合法缝合第一层，缝合时连止血钳缝合在一起，但不抽紧缝合线，至全部缝合完后，再边抽出止血钳边抽紧缝合线，第一层缝合完后，抽出止血钳，拉紧缝合线，紧接着用伦贝特氏缝合法缝合第二层，如图 2-6-31 所示。两肠管断端闭合后，开始进行侧侧吻合。

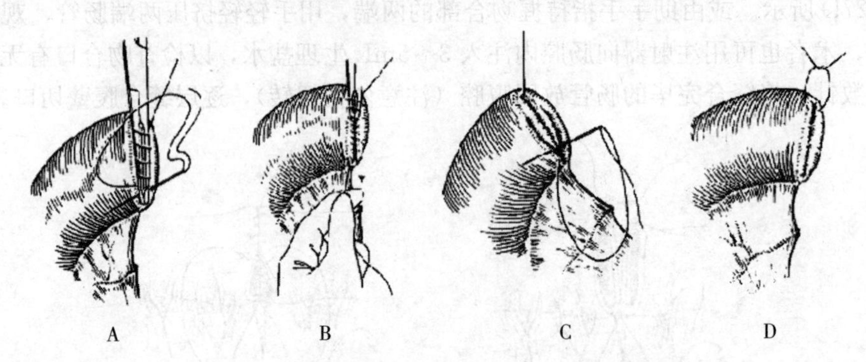

图 2-6-31　持止血钳夹住肠管断端连续全层缝合法

A. 用止血钳夹住肠管断端做连续全层缝合第一层　B. 抽出止血钳拉紧缝合线

C. 用伦贝特氏缝合法缝合第二层　D. 将第二层缝合的线尾与第一层缝合的线尾打结

然后进行两肠断端侧侧吻合，先摆正两肠段盲端，以相对方向使肠壁交错重叠接近，术者用食指和中指将挤压吻合肠段内容物，在近盲端 7～10cm 处用两把无损伤肠钳各横向夹住盲端肠管。检查两重叠肠段有无扭转，交助手固定，用纱布垫隔离术部。用连续缝合法进行只穿透浆膜与肌层的连接缝合，如图 2-6-32 所示。

两段肠壁连接长度以两方肠管内径的 2 倍为宜，在缝线两侧沿长轴平行于肠管将要吻合的部位切开，切口的长度以两方肠管内径的 1.5 倍为宜，距两肠管连接缝合处 l～1.5cm 各切开肠管，如图 2-6-32B 所示。切开肠壁后，为了绷紧肠的切开部，在术者左手侧的肠切口处设置 2 根牵引线，用这 2 根牵引线进行固定切口的位置，用 1-0 号可吸收缝线从术者右手侧切口一端开始在后壁做全层单纯连续缝合，如图 2-6-32C 所示，当缝合至术者左手侧的肠切口转折处时，做全层连续内翻褥式缝合，如图 2-6-33 所示，当全层连续康奈尔氏缝合至术者右手侧的肠切口时，与起始的线头互相打结，完成吻合口缝合。为了加固吻合部，在吻合口全层连续内翻褥式缝合的基础上再做穿透浆膜和肌层的连续内翻缝合，如图 2-6-34 所示。完成缝合后撤除肠钳，用手指检查缝合质量、吻合口大小是否符合要求，如有漏洞加针修补。然后清洗肠管，用单纯结节缝合肠系膜间隙。为了促进吻合部的愈合，在其上部覆盖大网膜。将肠管还纳腹腔，清洗腹部创口，依次闭合腹壁创口。

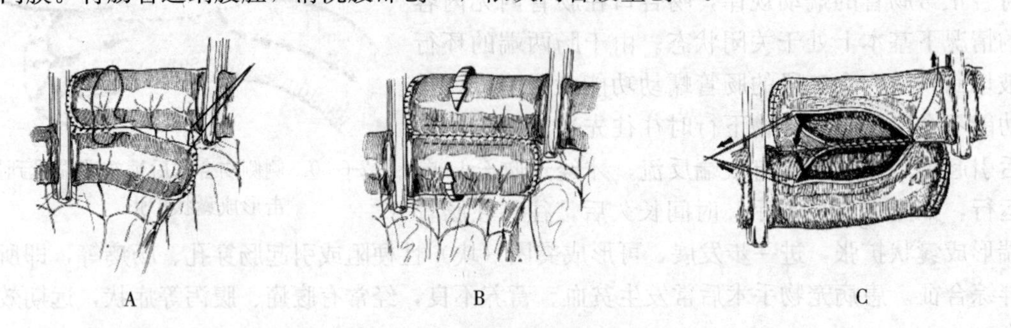

图 2-6-32　肠断端侧侧吻合方法

A. 沿纵轴方向钳夹盲端肠管做连续伦勃特氏缝合　B. 在距缝合处下方 1～1.5cm 处做一个切口

C. 后壁做全层单纯连续缝合

（任晓明，2009. 图解小动物外科技术）

（3）端侧吻合。端侧吻合一般用于吻合肠管上、下段口径相差悬殊时，或当肠梗阻原因不能去除，需做捷径手术者，以及各种Y形吻合术中。吻合口需和肠道远段闭锁端靠近，否则也可能引起盲袢综合征。

以回肠-横结肠端侧吻合术为例，在回肠末端预定切断处，向肠系膜根部分离肠系膜，结扎、止血。在近端夹肠钳，远端夹直止血钳，用纱布垫保护后切断肠管。切除右半结肠后，结肠切除端用全层连续缝合后加浆肌层连续内翻褥式缝合闭锁。将回肠近侧断端消毒后，于横结肠前面的结肠带上做双层缝合的端侧吻合，缝合方法同“端端吻合”。最后关闭肠系膜裂孔，如图2-6-35所示。常规闭合腹壁，术后伤口消毒。

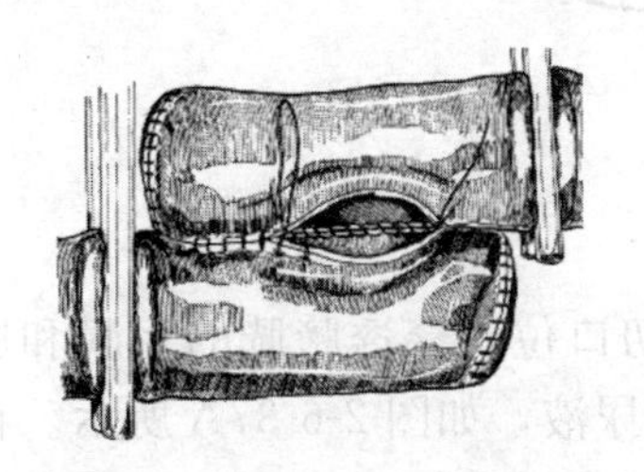

图2-6-33　缝合至折转处时做康奈尔氏缝合

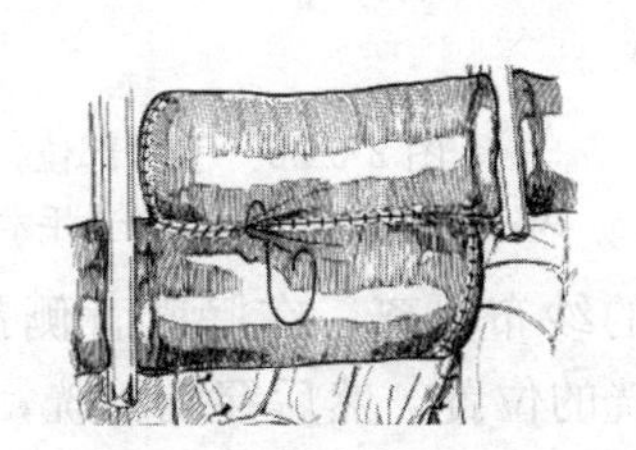

图2-6-34　穿透浆膜和肌层连续内翻缝合

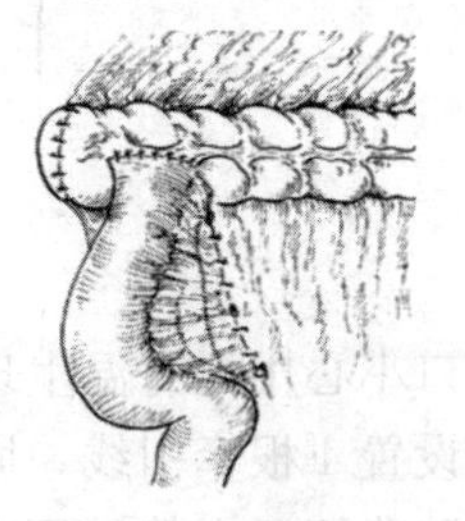

图2-6-35　肠端侧吻合

【术后护理】

（1）肠切除术后要求宠物禁食、胃肠减压3d以上，至肠功能恢复正常为止。小肠手术后6h内即可恢复蠕动，故无肠梗阻的宠物，术后第一天开始服少量流质，逐渐加至半流质。对小肠切除多者，或对保留肠管生机仍有疑问者，饮食应延缓，需待排气、排便、腹胀消失后，开始考虑给予饮食。

（2）在禁食期间，每日需输液维持营养，以补足生理需要和损失量。脱水和电解质平衡失调较重者，仍应适当补充液体。第三天开始给予少量流食，然后过渡到正常饲喂。

（3）用抗生素控制感染，必要时尽可能选用广谱抗生素。

（4）术后应早期活动，以预防肠粘连。

（5）术后8～12d基本恢复正常后可拆线。

学习任务八　膀胱切开与修补手术

【临床适应证】适用于膀胱结石、膀胱壁肿瘤、膀胱壁息肉及膀胱破裂修补等。

【手术前准备】对手术的宠物要进行禁食，禁食的时间视情况而定，一般情况下要禁食12h，停止给水2h；对患病宠物要进行全面检查，全面评估，确保手术的成功率。在尿道插入导尿管，以防手术过程中，有尿液在尿道流出污染术部。

【保定与麻醉】采用手术台仰卧保定。固定宠物四肢，将手术部位剃毛、消毒。在基础麻醉后可插入气管插管，用异氟烷吸入维持全身麻醉。

【手术方法】手术部位在脐后至耻骨前缘。雌犬距耻骨前缘2～3cm向前切开5～10cm，在腹白线上进行，雄犬在阴茎旁2cm做一与腹中线平行的切口，长度5～10cm，如图2-6-36所示。

常规打开腹腔，用创钩向左右拉，手指伸入腹腔探查。小心将膀胱牵出切口之外，

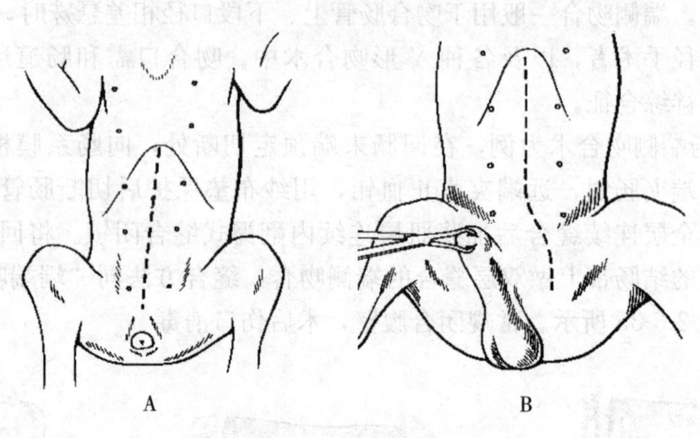

图 2-6-36　手术部位

A. 雌犬手术部位　B. 公犬手术部位

创口小心用浸有温生理盐水的纱布隔离，在膀胱背侧预定切口位置穿透膀胱的浆膜和肌层设置 4 根牵引线，固定膀胱的位置，然后穿刺膀胱，排空尿液，如图 2-6-37A 所示。在膀胱背侧无血管处用高频电刀切开膀胱，切口的大小视手术需要而定，如图 2-6-37B 所示。将膀胱内的结石取出或将肿瘤切除，如图 2-6-37C 所示。将膀胱内的结石全部清除，包括膀胱颈部及附近的尿道。如果还有结石，可用导尿管、温生理盐水逆向反复冲洗尿道，并不断吸引出冲洗液。将小结石从尿道全部冲洗入膀胱内，然后将膀胱内的结石全部取出。

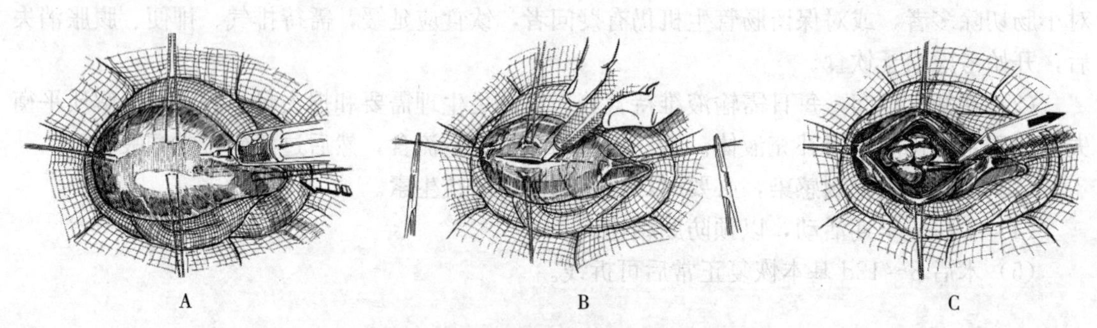

图 2-6-37　膀胱切开与取出结石

A. 在膀胱预定切口位置设置 4 根牵引线

B. 在膀胱背侧无血管位置切开膀胱　C. 取出膀胱内的结石

原则上采用双层缝合膀胱壁。第一层用可吸收缝线进行连续水平褥式内翻缝合膀胱浆肌层，如图 2-6-38A 所示。第二层用连续垂直内翻缝合法将膀胱浆膜层对接缝合，如图 2-6-38B所示。将黏膜下组织用生理盐水冲洗后，将膀胱还纳于腹腔。常规闭合腹腔。插入的导尿管滞留 3～4d。

【术后护理】

（1）术后连续应用广谱抗生素 5～7d。

（2）每天可用温生理盐水抗生素由导尿管进行膀胱冲洗一次。进行尿量测定和定期尿液检查。

（3）术后 8～12d 基本恢复正常后可拆线。

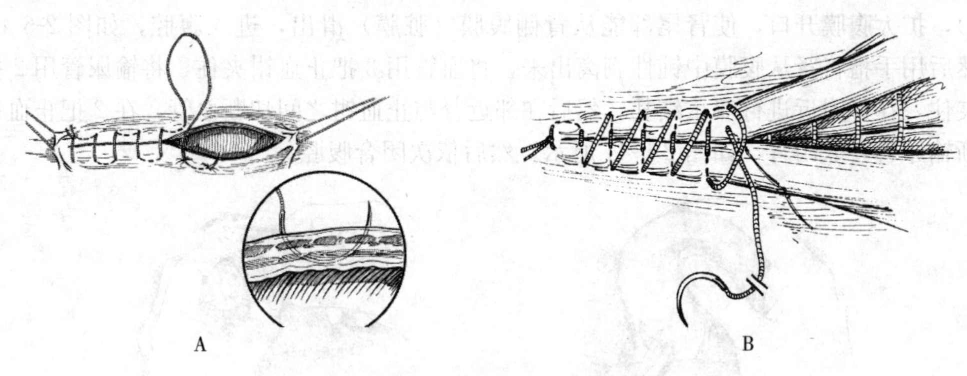

图 2-6-38　膀胱浆膜层内翻缝合
A. 连续水平褥式内翻缝合　B. 连续垂直内翻缝合
（任晓明，2009. 图解小动物外科技术）

学习任务九　肾切除手术

【临床适应证】当宠物肾严重感染、肾实质严重伤害、严重出血、肾肿瘤、肾囊肿、肾水肿以及伴有严重感染的肾结石时，可采取肾切除术。

【手术前准备】检查待手术的宠物整个腹腔情况，观察有无肿瘤转移病灶。手术前要纠正体内酸碱和电解质平衡紊乱；对于已经发生感染的宠物，手术前要进行抗生素治疗；如果宠物有贫血症状，则需要在手术前进行吸氧和适当输血。

【保定与麻醉】采用手术台仰卧保定，固定四肢。将手术部位剃毛、消毒。在基础麻醉后可插入气管插管，用异氟烷吸入维持全身麻醉。

【手术方法】手术部位在腹正中线处。由剑状软骨向后做切口，切口长度视手术情况需要而定。打开腹腔后，用扩创器充分暴露腹腔。将腹腔内脏器用浸有温生理盐水的灭菌纱布覆盖。将肠管全部从腹腔中取出，覆盖浸有温生理盐水的灭菌纱布，手术中不断向纱布淋温生理盐水。为了打开肾手术通路，将左侧腹腔内的降结肠及横结肠向右侧移动，如图 2-6-39 所示，充分暴露出背侧腹膜下的左肾，术者用手抓住肾小心提起。用手术剪剪开肾尾侧腹膜

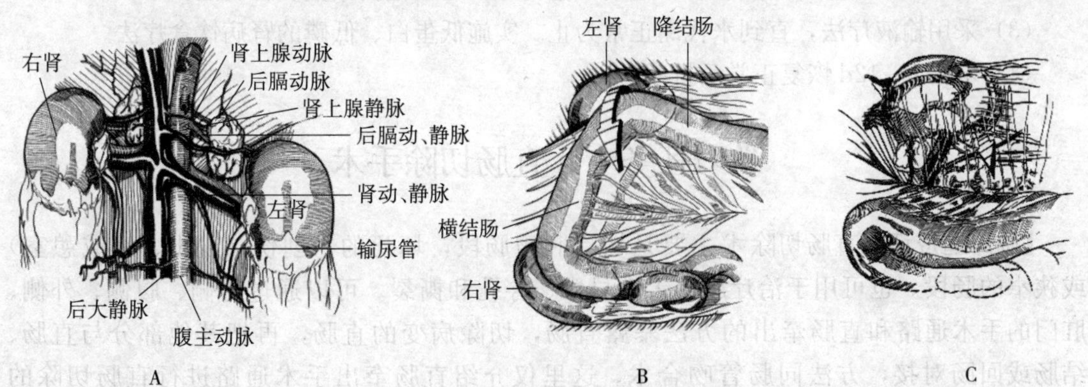

图 2-6-39　将左侧腹腔内的降结肠及横结肠向右侧移动
A. 双肾的解剖位置　B. 双肾与横结肠关系
C. 将腹腔内降结肠及横结肠向另一侧移动

(脏膜)，扩大腹膜开口，使肾尾部能从背侧腹膜（脏膜）滑出，进入腹腔，如图 2-6-40 所示。然后用手指将肾从腹膜中钝性剥离出来，将血管用 3 把止血钳夹住，将输尿管用 2 把止血钳夹住，在肾附近进行双重结扎，然后在邻近肾与止血钳之间切断血管，在 2 把止血钳之间切断输尿管，取出肾，如图 2-6-41 所示。然后依次闭合腹腔。

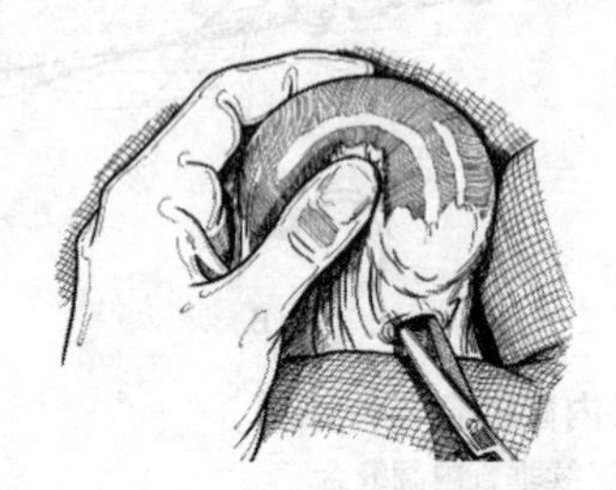
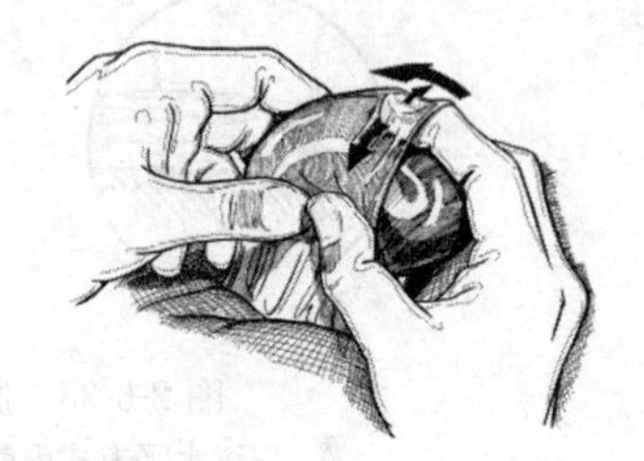

图 2-6-40　充分暴露出背侧腹膜下的肾

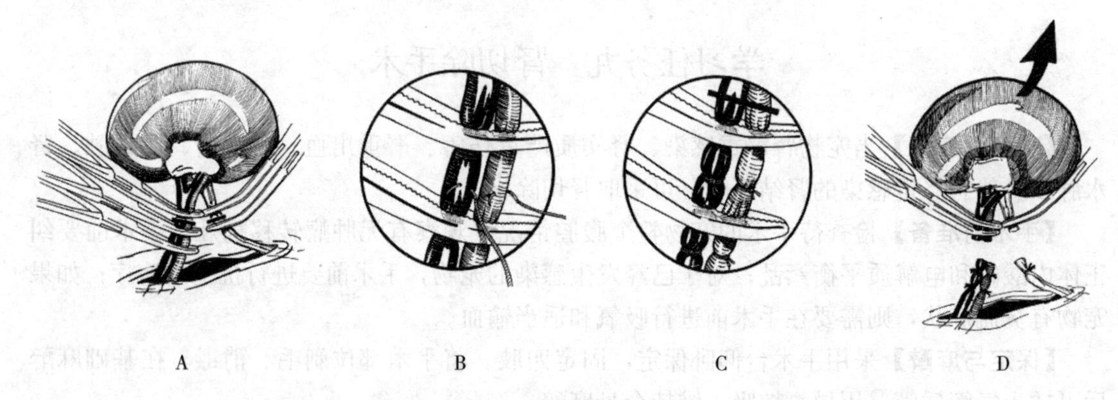

图 2-6-41　肾切除步骤

A. 分离肾门处的血管、输尿管　B、C. 结扎血管、输尿管　D. 剪断血管

（任晓明，2009. 图解小动物外科技术）

【术后护理】

(1) 手术后连续注射抗生素 5～7d。

(2) 术后应限制宠物剧烈运动，定期检查创口，定期检测尿量和肾功能。

(3) 采用输液疗法，直到水代谢正常为止。实施低蛋白、低磷的肾病饮食疗法。

(4) 术后 8～12d 恢复正常后拆线。

学习任务十　直肠切除手术

【临床适应证】直肠切除术主要是切除肿瘤肠段，坏死的、创伤（脱出、瘘或憩室）或狭窄的肠段。也可用于治疗肠先天性异常、穿孔和撕裂。可以通过背侧、腹侧、外侧、肛门的手术通路和直肠牵出的方法暴露直肠，切除病变的直肠，再把其他部分与直肠、结肠或回肠对接，方法同肠管吻合术。这里仅介绍直肠牵出手术通路进行直肠切除的方法。

【手术前准备】成年宠物术前要禁食 24h（未成年宠物要禁食 8～12h），正常饮水。术前 24h 内使用缓泻剂及温水灌肠，术前 3h 内不要进行灌肠（会使肠的内容物液化，并增加手

术期间污染物的散播)。使用缓泻剂和灌肠方法对大肠进行排空之后，粪便仍会滞留在偏离或膨胀的直肠部位，需要人工辅助去除。

术前输液纠正机体脱水、电解质代谢紊乱和酸碱不平衡等，以增加手术的成功率。为了减少在手术过程中及术后的感染概率，术前可使抗生素以有效抑制革兰氏阴性需氧菌和厌氧菌。整个会阴部，从背侧到尾巴包括尾的腹部，都要进行剃毛消毒。另外，准备两套手术器械，以备第一套器械污染后，可以及时更换第二套手术器械。

【保定与麻醉】 可采用吸入全身麻醉。在给予全身麻醉药前15min先给予皮下注射阿托品注射液(每千克体重0.05mg)和抗生素、镇痛药等。然后静脉注射基础麻醉药，使宠物快速麻醉，气管插管后再给予吸入麻醉药，维持麻醉，并进行生理指标的监控。

也可用舒泰做全身麻醉，每千克体重5～11mg肌内注射，麻醉维持时间30min，追加麻醉时，每千克体重3～6mg肌内注射。

将患病宠物俯卧保定，抬起后半侧，充分暴露宠物的会阴部，如图2-6-42所示。

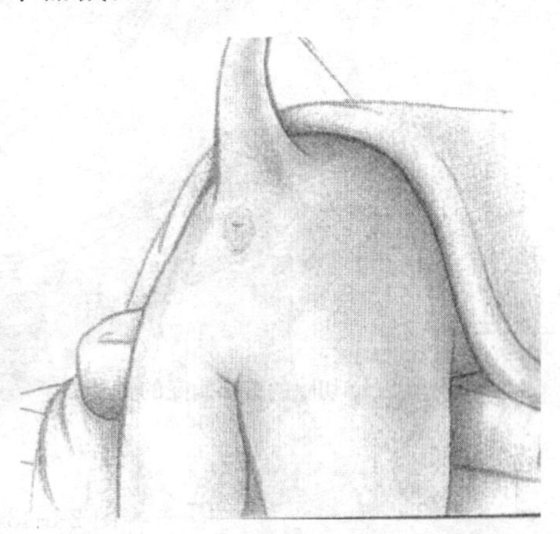

图2-6-42　充分暴露宠物的会阴部

【手术方法】 保定患病宠物，经过肛门的黏膜皮肤预置3～4根固定线(预置的固定线最好距离皮肤大于1.5cm)；牵拉固定线，可以使直肠外翻，继续牵拉可以拉出部分直肠。首先，对直肠进行360°全层切割，尽量保留与肛门相连的1.5cm正常肠壁的套囊。在套囊上再预置3～4根固定线，如图2-6-43A所示。直接沿外壁进行钝性分离，使直肠游离，如图2-6-43B所示。继续向前分离，但要注意直肠上的血管。

用结扎或电凝法处理遇到的直肠血管。纵向切开直肠到可以看见正常组织，如图2-6-43C所示。在两端距正常组织1cm处切断病变肠管。横断肠周1/3，用间断缝合法闭合盲肠的前端与直肠的后端，继续横断并对接，直到切除所有的病变的组织，如图2-6-43D所示。检查缝合部位，拆除固定线，小心把肠管放回肛门内。如担心宠物在术后出现里急后重的情况，可对肛周做荷包缝合进行预防，对伤口进行消毒。

如果直肠脱出较多而且大面积坏死时，可以直接进行切除。在直肠肠管内插入一圆柱形物体，在预切除的脱出组织的稍向前部位，做全层缝合，设置3个水平方向的固定线(分别在12时、5时、8时方向)，这些缝合线应穿进直肠管腔，在针碰到探头后，穿出直肠组织。在固定线的近末端方向横断损伤的组织，如图2-6-44所示。在切除组织后，以间断缝合法缝合边缘的组织。检查缝合部位，拆除固定线，小心把肠管放回肛门内。如担心宠物在术后出现里急后重的情况，可对肛周做荷包缝合进行预防，对伤口进行消毒。

【术后护理】

(1) 在恢复期，需要注意宠物是否发生呕吐，如果术后8～12h没有呕吐，就可以给予少量饮水。在开始饮食时，要给予一定的粪便软化剂，持续2周，在术后3～5d应给予温和、低脂肪的食物，之后再逐渐给予正常的食物。

(2) 术后可以适当给予镇痛药物。

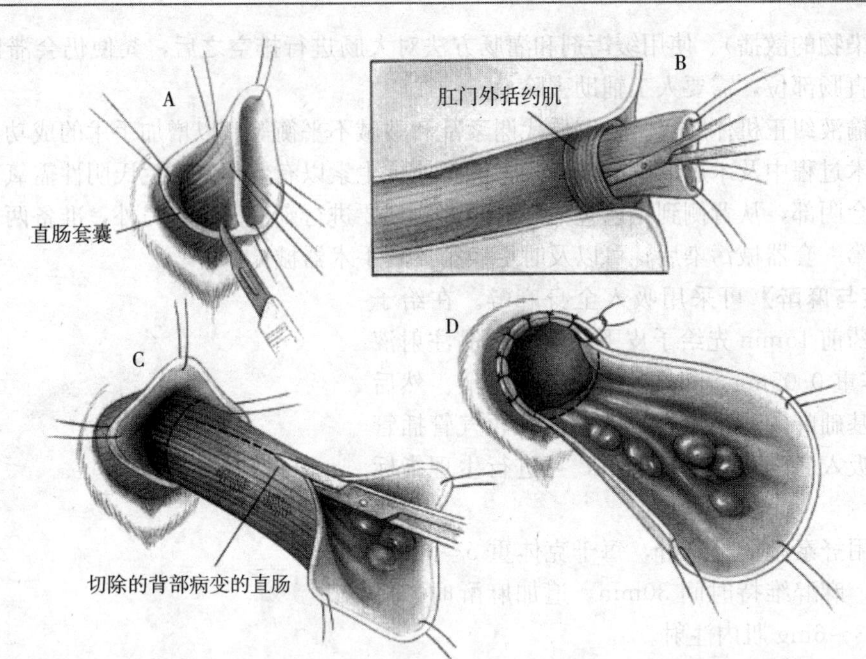

图 2-6-43　直肠牵出通路切除直肠

A. 通过肛门牵引固定线外置直肠，做全层切开，在直肠末端预留 1.5cm 的套囊　B. 钝性分离直肠壁，使肛门括约肌与其周围组织游离　C. 牵出活动的直肠末端，纵向切割至正常组织　D. 把正常组织的末端与预留套囊做间断缝合

（张海彬，等主译，2008. 小动物外科学）

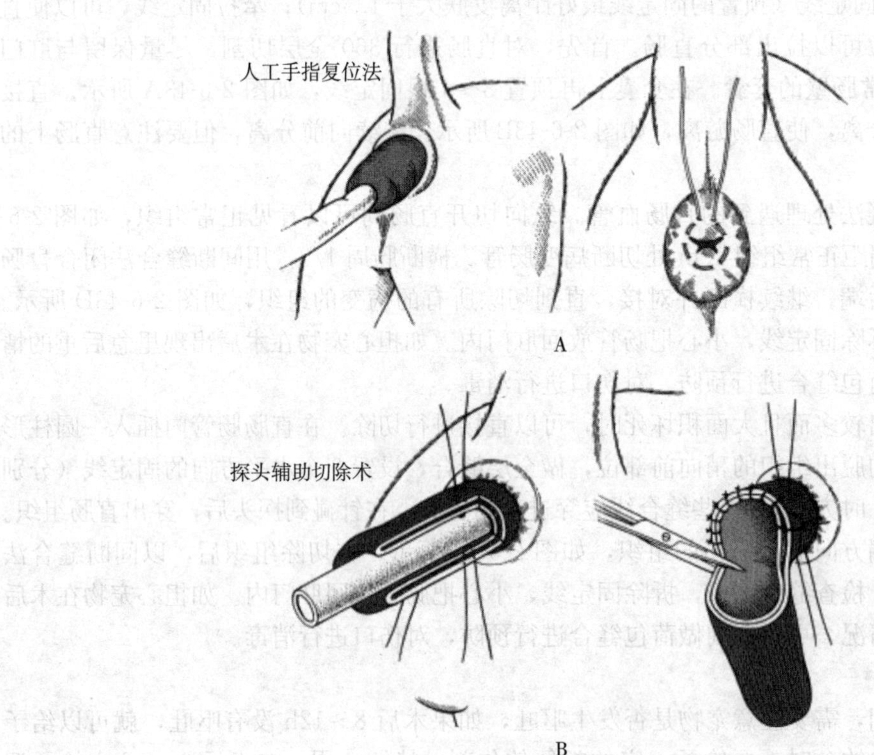

图 2-6-44　直肠脱出坏死时直肠切除术

A. 在直肠肠管内放置探头，做 3 个固定缝合　B. 在脱出部位做全层切除，边缘做间断缝合

（张海彬，等主译，2008. 小动物外科学）

(3) 对于脱水的宠物要对其进行输液补液，直到可以正常饮食，纠正电解质代谢紊乱及酸碱平衡紊乱；术后5～7d使用抗生素预防感染。

(4) 早期行走和适当饮食可以减少肠梗阻的发生。

(5) 注意肛门部手术创口的护理，进行日常消毒。

(6) 术后2～3d，拆除荷包缝合缝线；8～12d拆除肛周缝合线。

学习任务十一　肛门肿瘤切除手术

【临床适应证】肛门周围肿瘤，如肛周腺瘤、脂肪瘤、多样细胞的皮肤肿瘤等生长在肛门周围的肿瘤，在药物治疗后无效果时，可实施手术切除。

【手术前准备】术前对脱水、电解质平衡和酸碱代谢异常的宠物进行纠正。还要对滞留的粪便进行手工排除，以防止在手术过程中粪便流出，污染创口。整个会阴部，从背侧到尾巴包括尾的腹部，都要进行剃毛、消毒。

【保定与麻醉】可采用吸入全身麻醉。在给予全身麻醉药前15min先给予皮下注射阿托品注射液（每千克体重0.05mg）和抗生素、镇痛药等。然后静脉注射基础麻醉药，使宠物快速麻醉，气管插管后再给予吸入麻醉药，维持麻醉，并进行生理指标的监控。

也可用舒泰做全身麻醉，每千克体重5～11mg肌内注射，麻醉维持时间30min，追加麻醉时，每千克体重3～6mg肌内注射。

将患病宠物俯卧保定，抬起后半侧，充分暴露宠物的会阴部。

【手术方法】实施肿瘤切除时，应尽可能小心，保护邻近组织并防止肿瘤扩散，因此，在切除肿瘤时至少要切除1cm正常组织。容易被肿瘤细胞浸润的组织（如脂肪、表皮下组织、肌肉等）应该与肿瘤一起切除。首先，在距离肿瘤至少1cm的皮肤处进行皮肤切口，切除皮下组织和外括约肌之间的肿瘤，并对其彻底冲洗。如果切除皮肤的范围较大，可实施皮瓣移植术，如图2-6-45A、B所示，两种方法可以很好预防术后肛门狭窄。最后将正常组织进行间断缝合。对伤口进行清理、消毒。

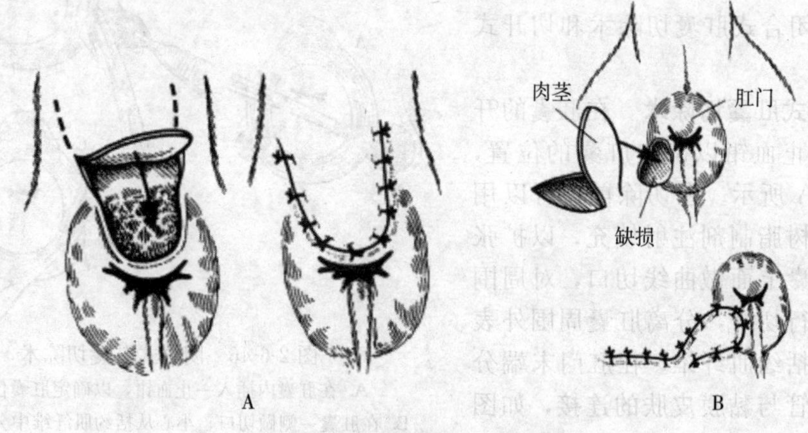

图2-6-45　肛周肿瘤切除时的皮瓣移植术

A. 皮瓣移动改进术　B. 局部肉茎改进术

（张海彬，等主译，2008. 小动物外科学）

【术后护理】

（1）术后可以适当给予镇痛药物。

（2）对于脱水的宠物要对其进行输液补充，直至可以正常饮食，纠正电解质代谢紊乱及酸碱平衡紊乱；术后5～7d使用抗生素预防感染。

（3）注意肛周部手术创口的护理，进行日常消毒。

（4）8～12d拆除缝合线，并对直肠和肛门进行触诊，判断是否有狭窄和肿瘤复发。

学习任务十二　肛周囊切除手术

【临床适应证】肛囊疾病（如嵌塞、感染、脓肿）当药物治疗失败或怀疑有肿瘤发生时，可进行肛囊切除手术。若肛囊破溃，需待炎症控制住之后再进行手术，即使只是单侧肛囊发炎，为了避免二次手术，也要把对侧的肛囊全部切除。

【手术前准备】肛囊炎、脓肿、瘘等都要在术前几天进行准备并做处理以控制炎症。术前也要对脱水、电解质平衡和酸碱代谢异常的宠物进行纠正。还要对滞留的粪便进行手工排除，以防止在手术过程中粪便流出，污染创口。整个会阴部，从背侧到尾巴包括尾的腹部，都要进行剃毛、消毒。

【保定与麻醉】可采用吸入全身麻醉。在给予全身麻醉药前15min先给予皮下注射阿托品注射液（每千克体重0.05mg）和抗生素、镇痛药等。然后静脉注射基础麻醉药，使宠物快速麻醉，气管插管后再给予吸入麻醉药，维持麻醉，并进行生理指标的监控。

也可用舒泰做全身麻醉，每千克体重5～11mg肌内注射，麻醉维持时间30min，追加麻醉时，每千克体重3～6mg肌内注射。

将患病宠物俯卧保定，抬起后半侧，充分暴露宠物的会阴部。

【手术方法】肛囊在肛门两侧，内外括约肌之间。在肛门的4～8时和7～8时方向。在这里介绍两种切除肛囊的方法，分别为闭合式肛囊切除术和切开式肛囊切除术。

1. 闭合式肛囊切除术　在肛囊的开口端插入一止血钳以确定肛囊的位置，如图2-6-46A所示。在切除前，可以用石蜡或人工树脂制剂注射填充，以扩张肛囊。在肛囊上面做曲线切口，对周围组织直接进行切开，分离肛囊周围外表面的内、外括约肌纤维。在肛门末端分离肛囊和导管与黏膜皮肤的连接，如图2-6-46B所示。在肛囊导管近肛门端进行结扎，如图2-6-46C所示。切除肛囊和导管，检查是否切除彻底，用结扎及电凝法控制出血。彻底冲洗组织，防止在肛囊分离时的破

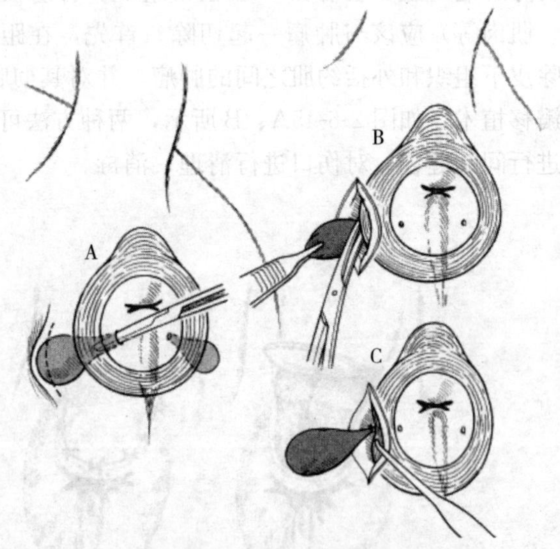

图2-6-46　闭合式肛囊切除术

A. 在肛囊内插入一止血钳，以确定肛囊位置

B. 在肛囊一侧做切口，小心从括约肌纤维中分离肛囊

C. 在切口基部结扎导管

（张海彬，等主译，2008. 小动物外科学）

溃污染周边组织。对皮下组织和皮肤进行间断缝合。

2. 切开式肛囊切除术　把剪刀的一支或刀背插进肛囊导管内，剪开皮肤、皮下组织、外括约肌或切开肛囊导管，如图 2-6-47A 所示。继续切开两侧，扩大肛囊，提起肛囊的切口缘，用剪刀分离肛囊与肌肉和周边组织的连接，如图 2-6-47B 所示。分离与切除肛囊方法，与上述闭合式肛囊切除术操作相同，最后结节缝合皮肤，如图 2-6-47C 所示。

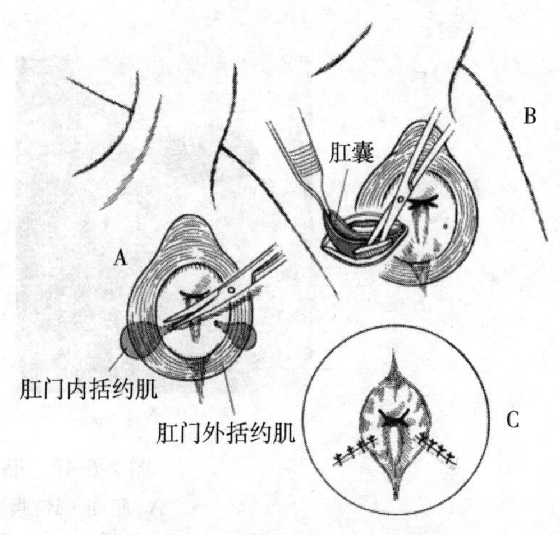

图 2-6-47　切开式肛囊切除术
A. 向肛囊插入手术剪的一支，剪开皮肤、皮下组织、外括约肌和肛囊　B. 提高肛囊切口缘，从肛门肌纤维上分离肛囊　C. 缝合肛门括约肌、皮下组织和皮肤
（张海彬，等主译，2008. 小动物外科学）

【术后护理】

（1）术后可以适当给予镇痛药物。

（2）对于脱水的宠物要对其进行输液补充，直至可以正常饮食，纠正电解质代谢紊乱及酸碱平衡紊乱；术后 5～7d 使用抗生素预防感染。

（3）注意肛周部手术创口的护理，进行日常消毒。

（4）8～12d 拆除缝合线，并对直肠和肛门进行触诊，判断是否有狭窄和肿瘤复发。

学习任务十三　疝的修补手术

【临床适应证】腹腔内组织或脏器通过身体的自然孔道（如脐、腹股沟等）进入皮下的现象，称为疝，也称为疝气。疝由疝囊、疝环及疝内容物构成。一般根据其位置来命名，如脐疝、腹股沟疝、会阴疝等。当疝内组织或脏器不能自行恢复及内部脏器发生粘连或损伤时，会对宠物的正常生理功能造成损害，此时，建议进行疝的修补手术。

【手术前准备】术前对宠物进行手术评估，对脱水、电解质平衡和酸碱代谢异常的宠物进行纠正。一般术前 8h 禁食，4h 禁水。对术部常规剃毛、消毒即可。

【保定与麻醉】可采用吸入全身麻醉。在给予全身麻醉药前 15min 先给予皮下注射阿托品注射液（每千克体重 0.05mg）和抗生素、镇痛药等。然后静脉注射基础麻醉药，使宠物快速麻醉，气管插管后再给予吸入麻醉药，维持麻醉，并进行生理指标的监控。

也可用舒泰做全身麻醉，每千克体重 5～11mg 肌内注射，麻醉维持时间 30min，追加麻醉时，每千克体重 3～6mg 肌内注射。

宠物脐疝及腹股沟疝手术时一般行仰卧位保定；会阴疝手术时行俯卧位保定。

【手术方法】脐疝病例如图 2-6-48A 所示。手术前，首先要仔细触诊疝环，看其内容物能否被还纳，然后再切开上层皮肤，如果疝内容物只是一些脂肪和网膜，可以直接结扎疝的柄部，然后切除其囊和内容物。如果没有粘连，就将其内容物还纳到腹腔中，不需要清除疝孔边缘，用可吸收缝线做结节缝合，闭合缺口。如果内容物不能还纳，就沿着疝的肿胀处做一椭圆形切口，注意避免伤到其内容物。切开疝孔，将其内容物还纳于腹腔；如果内容物不能还纳，或是发生嵌闭、肠道阻塞，则在腹中线扩大切口，暴露腹腔，在闭合前仔细检查肠

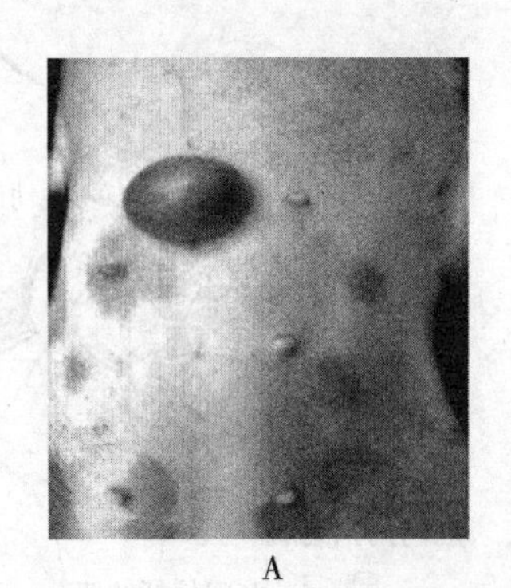
A

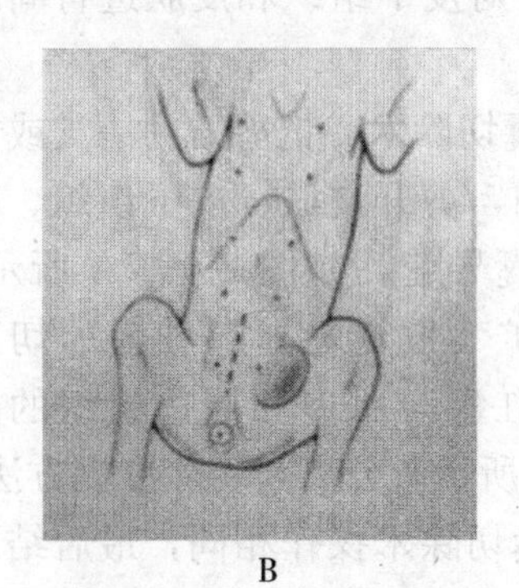
B

图 2-6-48 脐疝、腹股沟疝病例
A. 脐疝 B. 腹股沟疝及相应手术切口

道是否正常。脐疝的修复很少需要内置网膜。闭合腹腔，在缝合皮下组织前认真检查腹腔是否真正闭合，如还有孔隙则需要再进行补针缝合，最后缝合皮下组织及皮肤。伤口进行常规消毒。

腹股沟疝病例如图 2-6-48B 所示。

腹股沟管是在腹壁腹后侧的一条矢形裂口，生殖股神经的生殖分支、动脉、静脉、外阴脉管和精索（雄性）或圆韧带（雌性）都通过这里，如图 2-6-49 所示。腹股沟疝手术通路根据疝是单侧还是双侧的，内容物是否被还纳，肠道是否嵌闭或伴有腹部外伤等情况决定。虽然可以直接通过肿胀处侧面做一个平行于腰窝皱褶的切口，但是雌性宠物常常做腹中线切口，因为这样有利于通过切口触诊和缝合腹股沟的内外侧口。切口深度经皮下组织到腹直肌腹侧，从底部分离乳腺组织以暴露疝囊，找到疝囊、疝环，如图 2-6-50A 所示。通过扭转疝囊和挤压疝内容物使其还纳于腹腔；如有需要，切开疝囊并在疝环的上中部做一个切口以扩大疝孔，如图 2-6-50B 所示。把腹腔内容物还纳后，切除疝囊，然后采用简单连续水平褥式缝合或内翻缝合闭合疝孔，如图 2-6-50C、D 所示。用可吸收或非可吸收缝线，间断缝合闭合腹股沟孔，以确保闭合完全，如图 2-6-50E 所示。避免伤到腹股沟环后中部的外阴静脉和

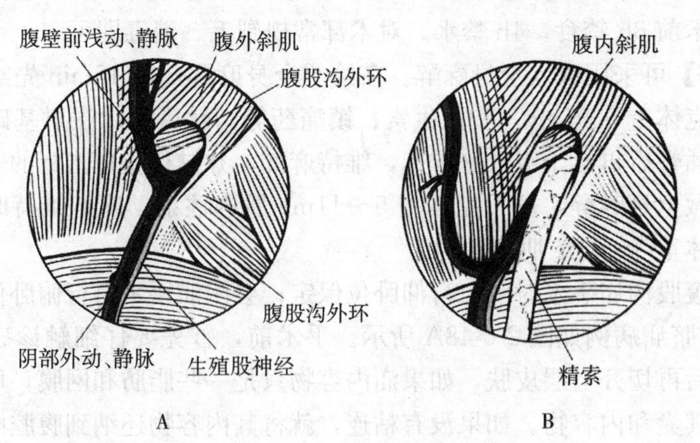

图 2-6-49 腹股沟组成
A. 雌性 B. 雄性
（张海彬，等主译，2008. 小动物外科学）

股生殖神经（或未去势雄性犬的精索），触诊对侧的腹侧腹股沟环，如果有必要也可以将其闭合。如果疝内容物不能被还纳，要切开腹腔，探查腹腔内容物。暴露疝环，然后还纳腹腔内容物（如果需要可以扩大腹股沟环）。切除坏死的肠道或进行卵巢子宫切除术，然后闭合疝孔。常规缝合皮下组织及皮肤，消毒。

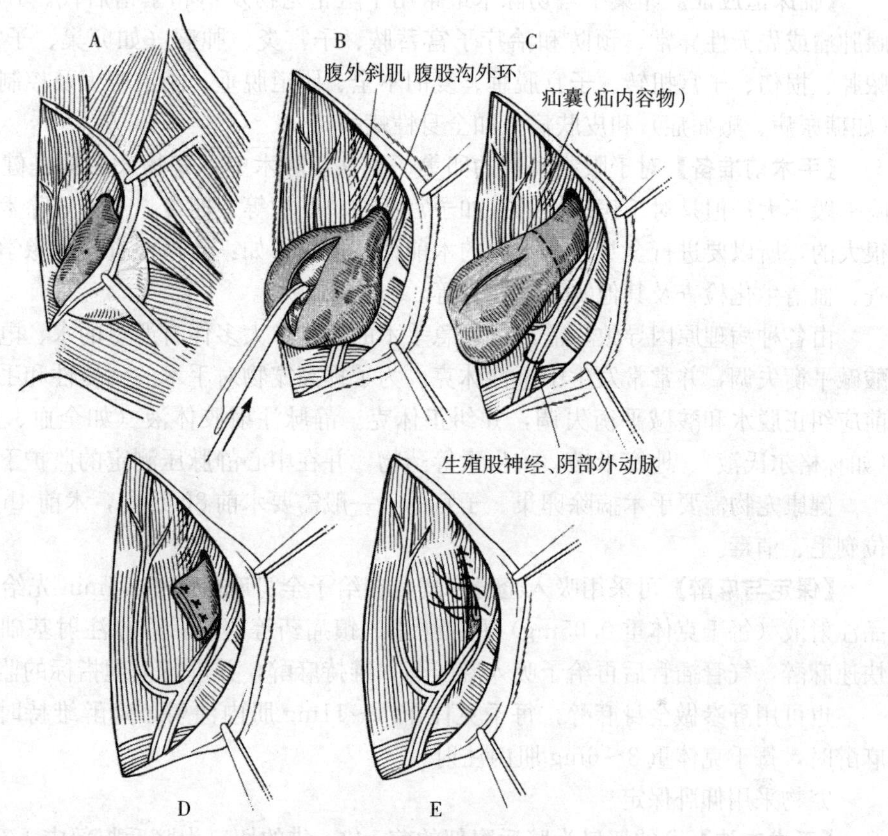

图 2-6-50　腹股沟疝的修复

A. 分离组织，辨认疝囊和疝环　B. 切开疝囊　C. 切除疝囊

D. 缝合疝囊　E. 闭合腹股沟孔

（张海彬，等主译，2008. 小动物外科学）

会阴疝：从尾骨肌前端，绕过疝囊到肛门旁侧做一个 1～2cm 的环状切口，向盆骨底方向扩大 2～3cm。切开皮下组织和疝囊。分离皮下组织和纤维连接，辨认并减少疝内容物。可用温和湿润的海绵压拭病变部位，使疝内容物复位。找到并复位卷入疝的肌肉，阴部内动、静脉血管，荐骨结节韧带。将外括约肌和肛门提肌与尾骨肌作简单间断缝合的预置固定线，最后一起将预置固定线打结。检查修复情况，如有遗漏则进行补针缝合。对皮下组织和皮肤进行常规缝合，消毒。

【术后护理】

（1）注意手术部位的护理，进行日常消毒。

（2）术后 5～7d 使用抗生素预防感染；对于脱水的宠物要进行输液补充，直至可以正常饮食，纠正电解质代谢紊乱及酸碱平衡紊乱。

（3）术后可以适当给予镇痛药物。

（4）术后10～14d拆除缝合线，并对疝区修复部位进行触诊检查，以防止复发。

学习任务十四　卵巢摘除与子宫切除手术

【临床适应证】卵巢子宫切除术最常用于阻止宠物发情和繁衍后代。其他还用于防止乳腺肿瘤或先天性异常、预防和治疗子宫蓄脓、子宫炎、肿瘤（如卵巢、子宫或阴道肿瘤）、脓肿、损伤、子宫扭转、子宫脱垂、复旧不全、阴道脱垂、阴道肥大及控制一些内分泌失调（如糖尿病、癫痫症）和皮肤病（如全身性螨病）。

【手术前准备】对于限制繁殖的卵巢、子宫切除术中，宠物大多都是健康的，手术的风险一般不大；但是对于病理性的（如子宫蓄脓、肿瘤等）卵巢、子宫切除术，宠物风险性是很大的，所以要进行全身性及全面的术前评估检查，如：体格检查、影像学检查、血液学检查、血清生化检查及其他实验室检查等。

由各种病理原因导致，需进行紧急手术的宠物，大多伴有严重的水、电解质代谢紊乱和酸碱平衡失调，并常常发生中毒性休克。为了提高宠物对手术的耐受性和手术治愈率，在术前应纠正脱水和酸碱平衡失调，并纠正休克。静脉注射胶体液（如全血、血浆）和晶体液（如林格尔氏液）、地塞米松、抗生素等药物，并在中心静脉压测定的监护下进行。

健康宠物需要手术摘除卵巢、子宫的，一般需要术前8h禁食，术前4h禁水。将手术部位剃毛、消毒。

【保定与麻醉】可采用吸入全身麻醉。在给予全身麻醉药前15min先给予皮下注射阿托品注射液（每千克体重0.05mg）和抗生素、镇痛药等。然后静脉注射基础麻醉药，使宠物快速麻醉，气管插管后再给予吸入麻醉药，维持麻醉，并进行生理指标的监控。

也可用舒泰做全身麻醉，每千克体重5～11mg肌内注射，麻醉维持时间30min，追加麻醉时，每千克体重3～6mg肌内注射。

宠物采用仰卧保定。

【手术方法】犬的切口为脐后腹部的前1/3；猫的切口为脐后腹部中1/3。切开皮肤和皮下组织，延长切口4～8cm，暴露腹白线。夹住腹白线或腹直肌鞘，向外提起，然后剪一小口进入腹腔。用钝直剪向前后扩大腹白线的穿刺切口。用拇指夹住腹白线或腹外直肌鞘，提起左侧腹壁。小心移动牵引钩或手指沿腹壁向后延伸至距离肾2～3cm处，如图2-6-51A所示。将牵引钩向中间转，钩住子宫角、阔韧带或圆韧带，然后轻轻拉出腹腔，如图2-6-51B所示。在靠近肾处撕拉或切断悬韧带，注意不要破坏卵巢组织，并把卵巢移至腹腔外，在向中后侧牵引子宫角的同时，用食指向后外侧牵引悬韧带，如图2-6-51C。在阔韧带上划一小口，向后穿入卵巢蒂。用一把或两把止血钳夹住与卵巢相连的卵巢蒂近端（深），另一把夹住卵巢固有韧带，如图2-6-51D所示。在夹住的卵巢蒂处做一个“8”字结扎，如图2-6-51E所示。先将针的钝头穿过蒂的中间绕过一侧，然后沿针穿入的孔穿出，结扎线的环绕过蒂的另一半，打结。拉紧结扎线时，撤掉止血钳，打第一个结后再做一个环绕结扎，作止血用。在卵巢悬韧带附近放一把蚊式止血钳，在止血钳和卵巢间横切断卵巢蒂，如图2-6-51F所示。移开止血钳观察是否出血，如出血则用钳压止血或再做一结扎止血。牵引子宫角离开子宫体。夹住另一侧子宫角及卵巢，按上述步骤钳夹打结。靠近子宫体和子宫动、静脉，在阔韧带上开一个小窗。经过每侧的阔韧带放置止血钳并横断，如图2-6-51G所示。牵引子宫前

部，结扎子宫体前的子宫颈，经子宫体上做“8”字结扎，如图 2-6-51H 所示。用一把止血钳夹住子宫体，用镊子夹住子宫壁，切断并观察出血情况，如出血则用钳压止血。撤出止血钳或镊子，把残留的子宫还纳于腹腔。关闭腹腔。

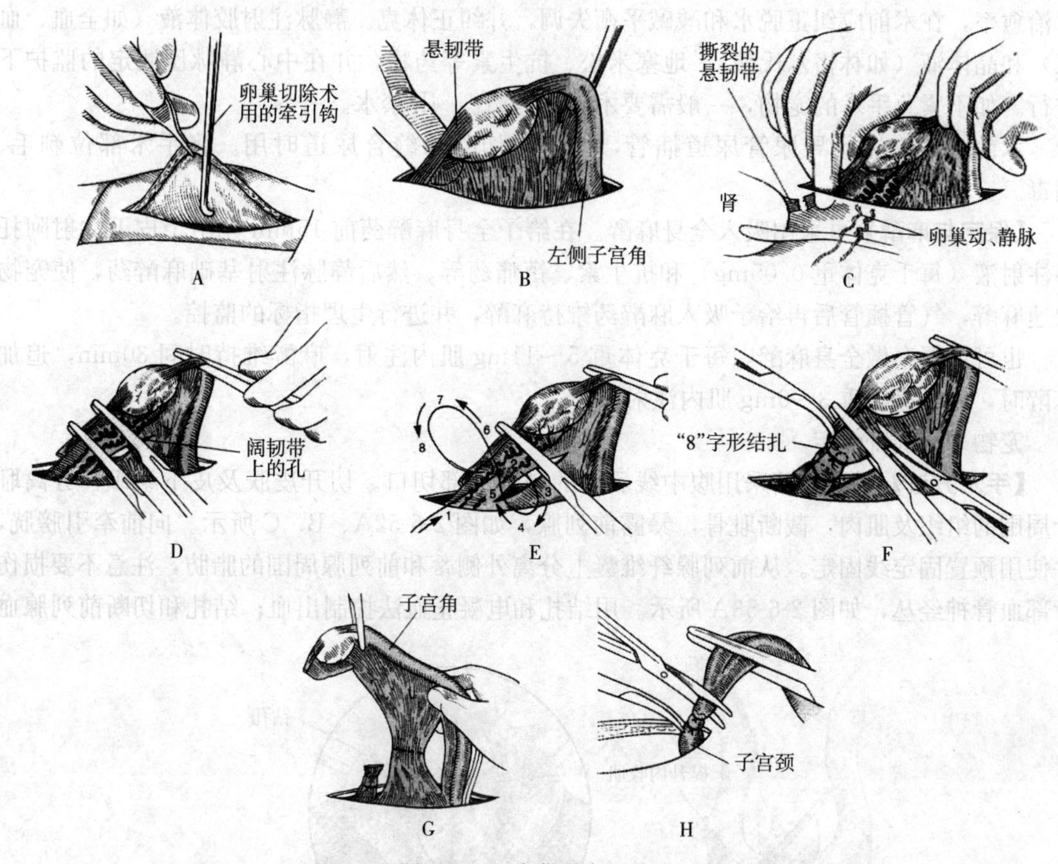

图 2-6-51　卵巢子宫切除术

A. 提起左侧腹壁，小心移动牵引钩或手指沿腹壁向后延伸至距离肾 2～3cm 处　B. 将牵引钩向中间转，钩住子宫角、阔韧带或圆韧带，然后轻轻拉出腹腔　C. 在向中后侧牵引子宫角的同时，用食指向后外侧牵引悬韧带　D. 用一把或两把止血钳夹住与卵巢相连的卵巢带近端（深），另一把夹住卵巢固有韧带　E.“8”字结扎　F. 在卵巢悬韧带附近放一把蚊式止血钳，在止血钳和卵巢间横切断卵巢蒂　G. 经过每侧的阔韧带放置止血钳并横断　H. 牵引子宫前部，结扎体前的子宫颈，经子宫体上做“8”字结扎

（张海彬，等主译，2008. 小动物外科学）

【术后护理】

（1）手术后体况好的宠物，可每日给予肌内注射抗生素 5～7d，防止感染；体况差的宠物每日除用抗生素外，还应给予补液、强心、利尿，以增强抵抗力。

（2）术后限制宠物做剧烈运动，每日消毒创口一次，并给予高蛋白食物，促进伤口愈合。

（3）术后 8～12d 恢复正常后拆线。

学习任务十五　前列腺囊肿切除手术

【临床适应证】宠物患有前列腺肿瘤、囊肿或严重损伤及慢性病，在用药物治疗无效时可采用前列腺切除手术。因手术会导致尿失禁，所以在手术过程要格外小心。

【手术前准备】由各种病理原因导致，需进行紧急手术的宠物，大多伴有严重的水、电解质代谢紊乱和酸碱平衡失调，并常常发生中毒性休克。为了提高宠物对手术的耐受性和手术治愈率，在术前应纠正脱水和酸碱平衡失调，并纠正休克。静脉注射胶体液（如全血、血浆）和晶体液（如林格尔氏液）、地塞米松、抗生素等药物，并在中心静脉压测定的监护下进行。如不紧急手术的宠物，一般需要术前8h禁食，4h禁水。

术前对宠物进行导尿管尿道插管，以备在切除与缝合尿道时用。将手术部位剃毛、消毒。

【保定与麻醉】可采用吸入全身麻醉。在给予全身麻醉药前15min先给予皮下注射阿托品注射液（每千克体重0.05mg）和抗生素、镇痛药等。然后静脉注射基础麻醉药，使宠物快速麻醉，气管插管后再给予吸入麻醉药维持麻醉，并进行生理指标的监控。

也可用舒泰做全身麻醉，每千克体重5～11mg肌内注射，麻醉维持时间30min，追加麻醉时，每千克体重3～6mg肌内注射。

宠物采用仰卧保定。

【手术方法】手术通路采用腹中线后部的耻骨腹部切口。切开皮肤及皮下组织，分离耻骨周围的组织及肌肉，截断耻骨，暴露前列腺，如图2-6-52A、B、C所示。向前牵引膀胱，并使用预置固定线固定。从前列腺纤维囊上分离外侧蒂和前列腺周围的脂肪，注意不要损伤背部血管神经丛，如图2-6-53A所示。用结扎和电凝止血法控制出血；结扎和切断前列腺血

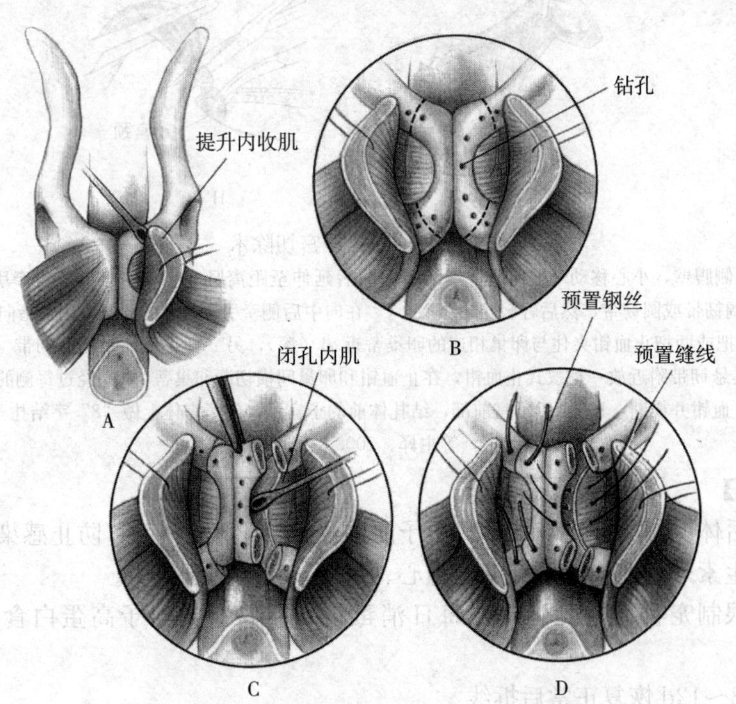

图2-6-52　两侧耻骨及坐骨截骨术与缝合术

A. 提升内收肌暴露闭孔神经及闭孔

B. 在4个预截骨术部位两侧的耻骨和坐骨上并且沿左耻骨前后，进行预钻孔

C. 截断耻骨，并提起耻骨和坐骨左边的闭孔内肌，向右翻转整个中央骨板　D. 用矫形金属丝缝合耻骨

（张海彬，等主译，2008. 小动物外科学）

管和输精管时，位置尽量靠近前列腺。从膀胱和尿道上分离前列腺，在前列腺两端尽可能靠近前列腺的位置，横断尿道（此时可将导尿管退回些），如图 2-6-53B 所示。避开膀胱三角肌和膀胱颈摘除前列腺。再次把导尿管向前推至膀胱，在横断尿道两端正中位置上，设置 2 条预置固定线，留较长的末端，有助于翻转尿道，如图 2-6-53C 所示。首先在背部缝合，然后再缝合腹部。检查缝合处，以确保缝合完全。然后闭合耻骨，如图 2-6-52D 所示。缝合肌肉，及常规缝合皮下组织及皮肤。

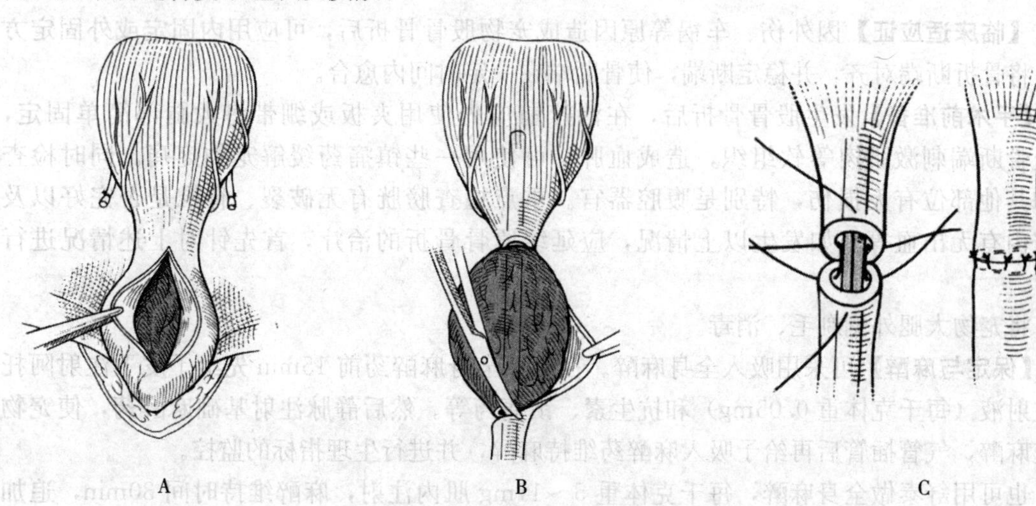
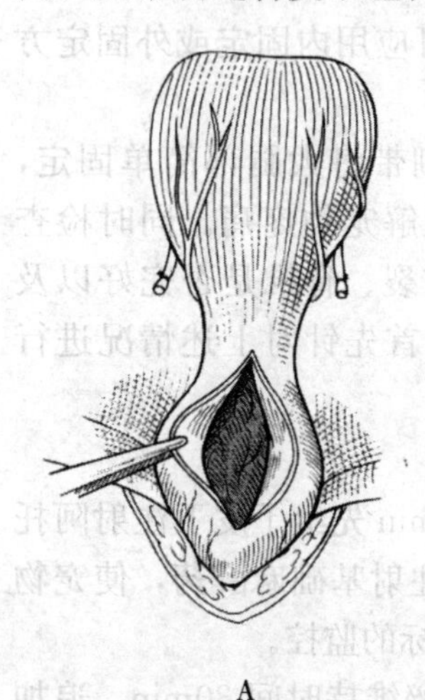
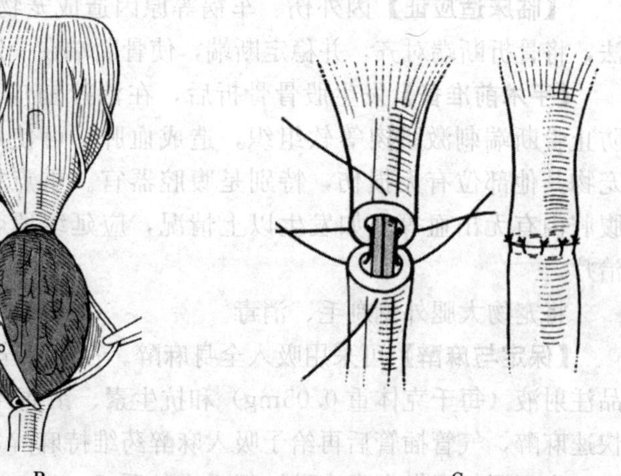

图 2-6-53　前列腺切除术

A. 分离前列腺周围的脂肪、筋膜、血管和神经　B. 分离尿道，然后尽可能接近前列腺处横断尿道

C. 用导尿管固定尿道，然后两端做对接缝合

（张海彬，等主译，2008. 小动物外科学）

【术后护理】

（1）手术后体况好的宠物，可每日给予肌内注射抗生素 5～7d，防止感染；体况差的宠物每日除用抗生素外，还应给予补液、强心、利尿，以增强抵抗力。

（2）术后限制宠物做剧烈运动，每日消毒伤口一次，并给予高蛋白饲料，促进伤口愈合。

（3）导尿管放置 5～7d，进行导尿；对伤口进行护理，并每日消毒。

（4）宠物术后 8～12d 恢复正常后拆线。

项目七　四肢、关节手术

学习任务一　股骨骨折内外固定手术

【临床适应证】因外伤、车祸等原因造成宠物股骨骨折后，可应用内固定或外固定方法，将骨折断端对齐，并稳定断端，使骨断端在一定时间内愈合。

【手术前准备】发生股骨骨折后，在治疗前应先使用夹板或绷带将大腿部简单固定，防止骨断端刺激肌肉等软组织，造成血肿。可使用一些镇痛药缓解宠物疼痛。同时检查宠物其他部位有无损伤，特别是腹腔器官。重点检查膀胱有无破裂、脊椎是否完好以及腹腔内有无出血等。如发生以上情况，应延缓股骨骨折的治疗，首先针对上述情况进行治疗。

将宠物大腿外侧剃毛、消毒。

【保定与麻醉】可采用吸入全身麻醉。在给予全身麻醉药前 15min 先给予皮下注射阿托品注射液（每千克体重 0.05mg）和抗生素、镇痛药等。然后静脉注射基础麻醉药，使宠物快速麻醉，气管插管后再给予吸入麻醉药维持麻醉，并进行生理指标的监控。

也可用舒泰做全身麻醉，每千克体重 5～11mg 肌内注射，麻醉维持时间 30min，追加麻醉时，每千克体重 3～6mg 肌内注射。

使宠物患肢在上，侧卧保定。

【手术方法】

1. 骨板固定　在大腿外侧沿股骨外侧缘切开皮肤，切口自大转子延伸至股骨远端。分离皮肤下组织，沿股二头肌前缘切开阔筋膜张肌，如图 2-7-1 所示，向前牵引股外侧肌群和阔筋膜，向后牵引股二头肌，显露股骨干，如图 2-7-2 所示。使用骨膜剥离器将股骨骨膜剥离。根据宠物体型及股骨直径选择合适的骨板，并在固定前将骨板进行塑形处理。骨板可选择普通骨板、加压骨板或锁定骨板。近年来的研究表明，使用加压骨板和锁定骨板可极大提高股骨骨折的治疗成功率。使用骨钻在股骨上、下断端各钻取 2～5 个螺钉孔，如图 2-7-3 所示。在复位钳的辅助下，使断端靠近，用螺钉将骨板固定在股骨上。常规缝合肌肉、皮下组织和皮肤。

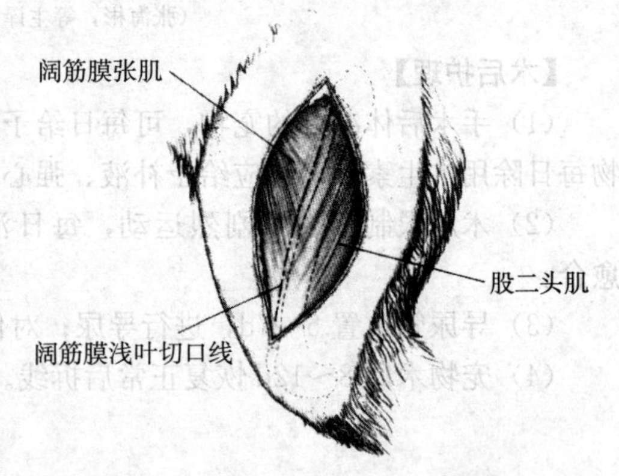

图 2-7-1　沿股二头肌前缘切开阔筋膜张肌
（侯加法，2008. 犬猫骨骼与关节手术入路图谱）

2. 髓内针固定　手术通路同骨板固定。根据骨髓腔大小选择合适的髓内针，从骨折的近侧向骨髓腔内插入髓内针，用骨钻或锤将髓内针从股骨近端穿出，将髓内针的另一端剪出尖，然后将髓内针向外拔到不影响骨折的对合为止。将骨折部位对合好，用骨把持器固定骨断端，此时将髓内针钻入骨远端，用另一支相同型号的髓内针量取髓内针进入的深度，估计深度合适时，拍摄 X 射线胶片，确定髓内针的深度，并做调整，然后剪

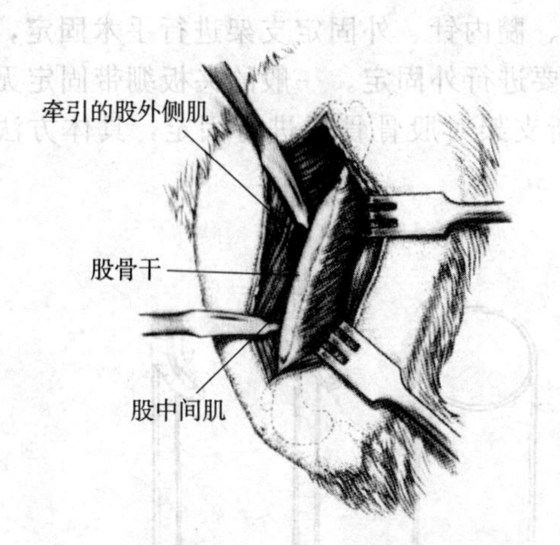

图 2-7-2　显露股骨干（向前牵引股外侧肌群和阔筋膜，向后牵引股二头肌，显露股骨干）
（侯加法，2008. 犬猫骨骼与关节手术入路图谱）

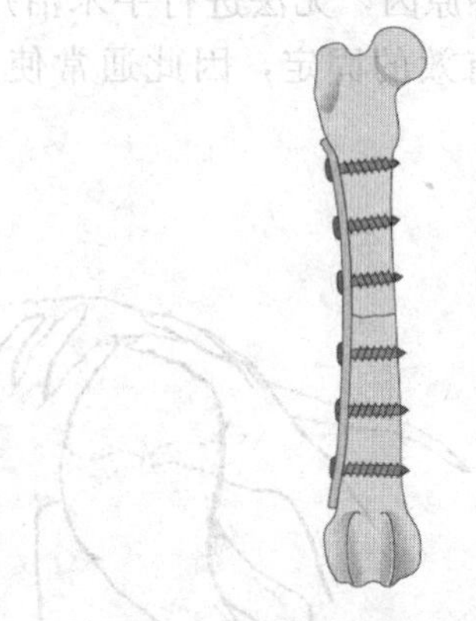

图 2-7-3　使用骨板治疗股骨中段横骨折
（Theresa Welch. Fossum，2013. Small Animal Surgery. 4th ed.）

掉髓内针多余部分（髓内针长出骨面 1～1.5cm，便于取针）。用锉将髓内针断端磨光，并将断端埋入皮下。为了加强固定，还可以在断端处使用钢丝做数个环形结扎或“8”字形结扎，如图 2-7-4 所示。

3. 外固定支架固定　在 C 形臂辅助下，使用骨钻在股骨的上、下断端各钻取 2～3 个固定针孔。利用电钻将固定针固定在股骨上。在 C 形臂辅助下调整断端的对位，待对位良好时，使用固定夹将固定针与连接杆连接并固定。如果没有 C 形臂，也可采取切开复位。在骨折部位切开皮肤，切口长度应包括上、下断端各 3cm。分离皮下组织，切开阔筋膜张肌，向前牵引股外侧肌群和阔筋膜，向后牵引股二头肌，显露骨断端。将固定针固定在股骨上后，在直视下进行对位，最后使用固定夹固定，如图 2-7-5 所示。

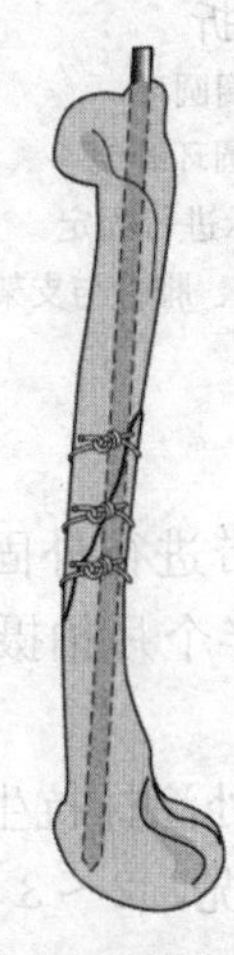

图 2-7-4　使用髓内针加钢丝固定股骨中段斜骨折
（Theresa Welch. Fossum，2013. Small Animal Surgery. 4th ed.）

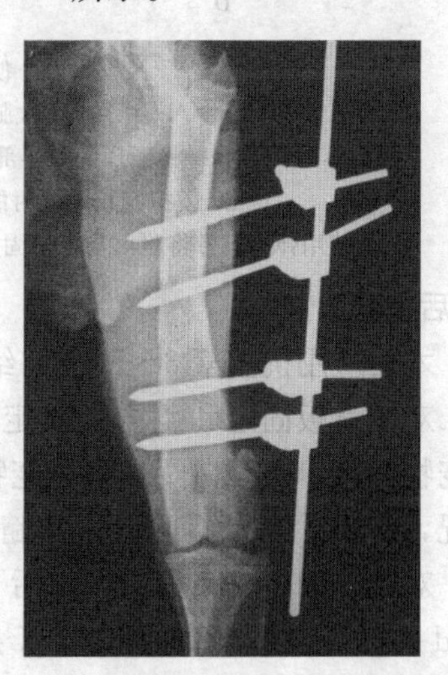

图 2-7-5　使用外固定支架治疗犬股骨骨折（2 个月后的 X 射线胶片：骨折线消失，骨断端完成愈合）

4. 外固定 对于股骨骨折，建议使用骨板、髓内针、外固定支架进行手术固定，但有时由于种种原因，无法进行手术治疗，则需要进行外固定。一般的夹板绷带固定无法对股骨实施有效的固定，因此通常使用托马斯支架对股骨骨折进行固定，具体方法见图 2-7-6。

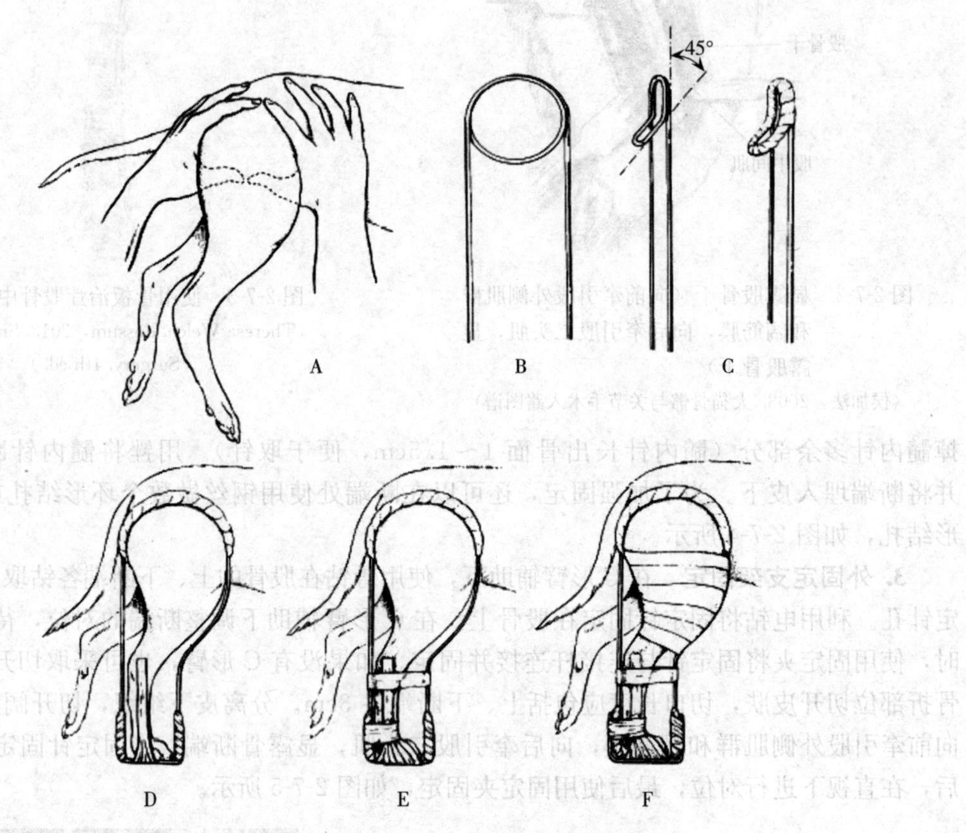

图 2-7-6 使用托马斯支架固定犬股骨骨折

A. 用手估侧大腿的直径 B. 将钢丝弯曲为 1.5 圈圆环

C. 将圆环的下半部分弯曲 45°，并用纱布和绷带将圆环缠绕

D. 模拟宠物站立时的姿势，将外固定支架按图中所示进行固定

E. 使用弹力绷带将跗部与支架固定 F. 使用纱布绷带将股骨与胫、腓骨与支架前侧固定

【术后护理】

（1）术后应用抗生素 3～5d，并给予止痛药。

（2）对于骨板固定和髓内针固定，手术后使用夹板或绷带进行外固定，以保护骨折部位。给宠物佩戴伊丽莎白圈，防止宠物舔咬。7d 后拆线，每半个月拍摄 X 射线胶片检查骨愈合情况，2～3 个月后拆除骨板和髓内针。

（3）对于外固定支架固定，术后 7d 在固定针与皮肤交界处涂抹抗生素药膏。对于切开复位，7d 后拆线。每半个月拍摄 X 射线胶片检查骨愈合情况，2～3 个月后拆除外固定支架。

（4）对于进行外固定的病例，应注意爪部有无肿胀。每半个月拍摄 X 射线胶片检查骨愈合情况，2～3 个月拆除外固定。

学习任务二　髋关节开放整复和关节囊缝合固定手术

【临床适应证】对于无法进行闭合整复的髋关节脱位和反复发生的脱位，可进行髋关节开放整复和关节缝合固定手术。通过对髋关节脱位的开放式整复，可以探查关节、清除残留在髋臼内的血肿及软组织，并可以应用关节囊缝合固定技术。开放式整复及固定的成功率（约为85%）显著大于闭合式整复。

【手术前准备】将髋关节周围剃毛、消毒。

【保定与麻醉】可采用吸入全身麻醉。在给予全身麻醉药前15min先给予皮下注射阿托品注射液（每千克体重0.05mg）和抗生素、镇痛药等。然后静脉注射基础麻醉药，使宠物快速麻醉，气管插管后再给予吸入麻醉药维持麻醉，并进行生理指标的监护。

也可用舒泰做全身麻醉，每千克体重5～11mg肌内注射，麻醉维持时间30min，追加麻醉时，每千克体重3～6mg肌内注射。

使宠物患肢在上，侧卧保定。

【手术方法】

1. 开放整复　皮肤切口中点为大转子水平线，沿股骨干前缘切开皮肤，向上稍向前做弧形切开，切口向下延伸至股骨近端1/2处，见图2-7-7所示。沿股二头肌前缘切开阔筋膜浅叶。向后牵拉股二头肌，切开阔筋膜深叶。继续向上切开臀浅肌前缘。向前牵引阔筋膜及其附着的阔筋膜张骨，向后牵引股二头肌。用指尖沿股骨颈做钝性分离。切开部分臀深肌后切开关节囊，即可进入髋关节，见图2-7-8所示。关节打开后，对髋臼和股骨头进行全面检查，检查有否存在骨折和关节软骨的损伤。切除损伤的圆韧带，用灭菌生理盐水冲洗髋臼窝，清除组织碎片，将股骨头复位至髋臼中。

图2-7-7　进行髋关节开放整复时的皮肤切口
（侯加法，2008. 犬猫骨骼与关节手术入路图谱）

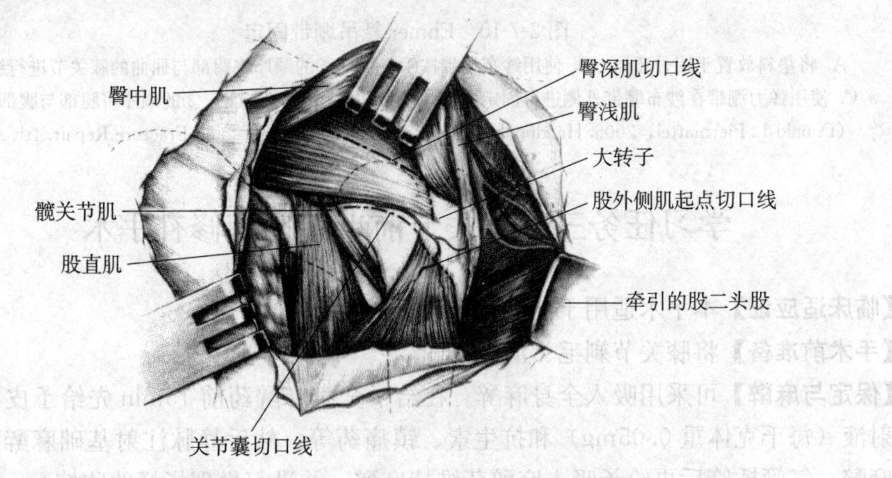

图2-7-8　臀深肌的切开位置及关节囊切口线
（侯加法，2008. 犬猫骨骼与关节手术入路图谱）

2. 关节囊缝合术 开放整复后，应进行关节囊缝合术，以稳定复位后的髋关节。采取髋关节的前背侧或背侧手术通路，将撕裂的关节囊缝合，提高关节稳定性。选择大号非可吸收或可吸收尼龙线，使用水平褥式缝合或十字缝合将缝线预置在关节囊上，然后将髋部内旋并外展，再将缝线打结，如图 2-7-9 所示。再依次缝合肌肉、皮下组织和皮肤。有报道称使用关节囊缝合术的治疗成功率为 83%～90%。然而，在许多病例，常由于关节囊损伤严重而无法完全缝合，如果关节囊损伤严重或从股骨或髋臼处撕脱，则应采用其他治疗方法。

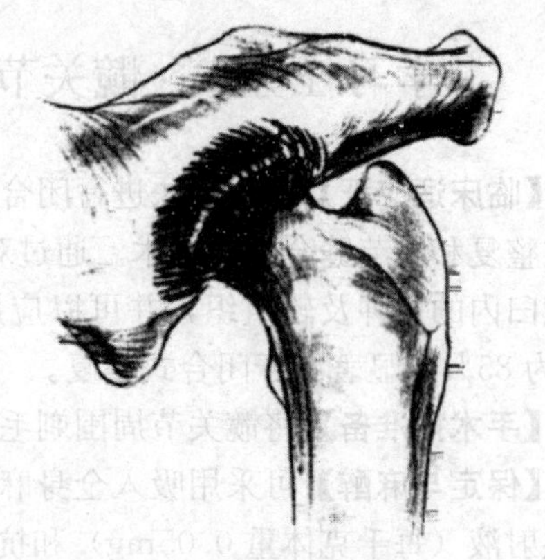

图 2-7-9 关节囊缝合

（Alan J. Lipowitz，2011. 小动物骨科手术图谱）

【术后护理】 术后应用抗生素控制感染，并给予止痛药物。为保护修复的关节，术后使用 Ehmer 悬吊绷带固定 10～14d，如图 2-7-10 所示。

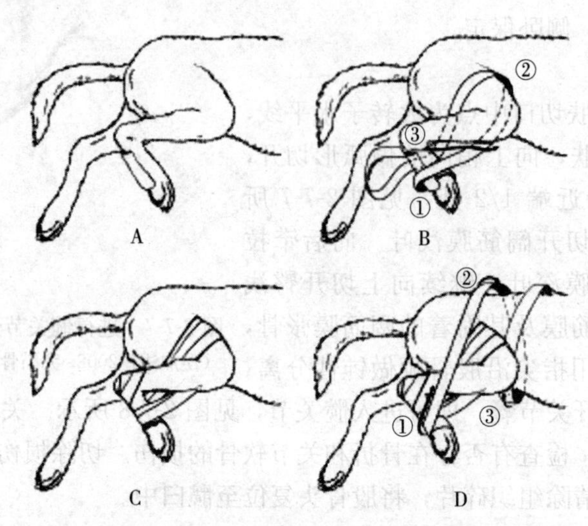

图 2-7-10 Ehmer 悬吊绷带固定

A. 将垫料放置于跗骨跖侧 B. 使用纱布绷带按①—②—③的顺序将跗部与屈曲的膝关节进行缠绕
C. 使用弹力绷带在纱布绷带外侧进行固定 D. 使用弹力绷带按①—②—③的顺序将腿部与腹部固定

（Donald L. Piermattei，2006. Handbook of Small Animal Orthopedics and Fracture Repair. 4th ed.）

学习任务三 膝关节前十字韧带修补手术

【临床适应证】 本手术适用于前十字韧带断裂后的修复。

【手术前准备】 将膝关节剃毛、消毒。

【保定与麻醉】 可采用吸入全身麻醉。在给予全身麻醉药前 15min 先给予皮下注射阿托品注射液（每千克体重 0.05mg）和抗生素、镇痛药等。然后静脉注射基础麻醉药，使宠物快速麻醉，气管插管后再给予吸入麻醉药维持麻醉，并进行生理指标的监控。

也可用舒泰做全身麻醉，每千克体重 5～11mg 肌内注射，麻醉维持时间 30min，追加

麻醉时，每千克体重 3～6mg 肌内注射。

将宠物仰卧保定，将患肢远端用纱布绷带包裹。

【手术通路】触摸到髌骨和外侧滑车嵴后，于膝关节外侧沿髌骨旁做一弧形皮肤切口，从胫骨粗隆延伸到髌骨水平处，再向上等距离延长，如图 2-7-11 所示。沿皮肤切口切开皮下筋膜，分离皮下脂肪和筋膜，与皮肤一起牵开，显露阔筋膜和膝关节的外侧筋膜。切开筋膜与关节囊，显露关节内部，如图 2-7-12 所示。

图 2-7-11 在膝关节外侧将皮肤切开
（侯加法，2008. 犬猫骨骼与关节手术入路图谱）

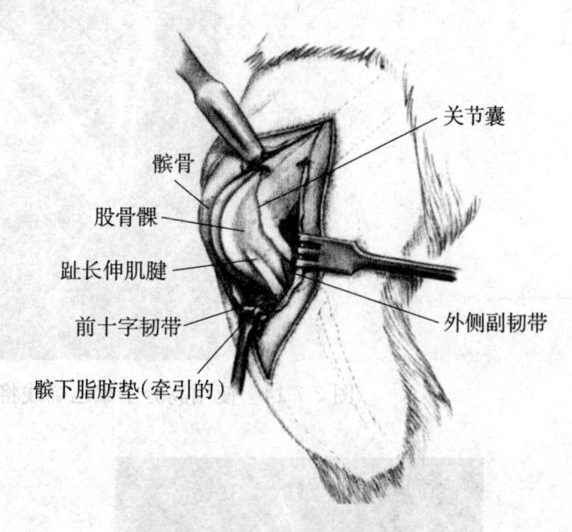

2-7-12 显露关节内部
（侯加法，2008. 犬猫骨骼与关节手术入路图谱）

【手术方法】显露关节后，检查前十字韧带的断裂部位，将断裂的前十字韧带切除后闭合关节囊。手术原理为使用高分子聚乙烯线，如图 2-7-13 所示，将位于股骨远端的外侧籽骨和胫骨粗隆连接，达到替代前十字韧带、使膝关节稳固的目的，如图 2-7-14 所示。具体方法为：使用骨膜剥离器将胫骨前肌的内侧附着点自胫骨粗隆外侧剥离，显露完整的胫骨粗隆。使用骨钻在胫骨粗隆上钻取 2 个孔洞，如图 2-7-15 所示，孔洞间相隔 0.5～1.0cm，所用钻头直径为 1.0mm。然后在股骨远端找到外侧籽骨，使用高分子聚乙烯线将外侧籽骨与胫骨粗隆上的孔洞连接，如图 2-7-16 所示。连接后通过前抽屉试验或胫骨压缩试验测试膝关节的稳定性，如果稳定性良好，则可以缝合皮下组织、闭合皮肤。

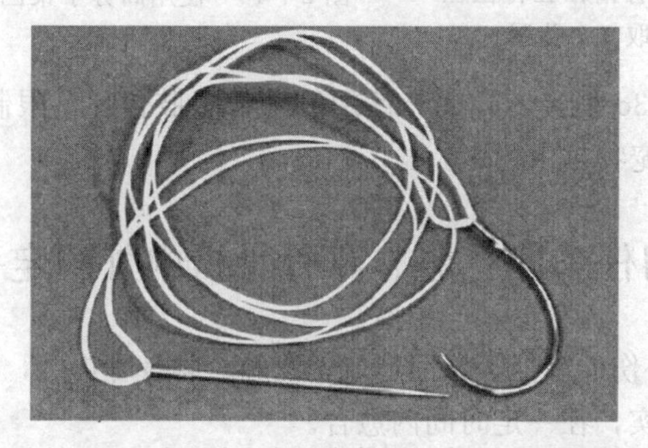

图 2-7-13 治疗前十字韧带断裂的高分子聚乙烯线

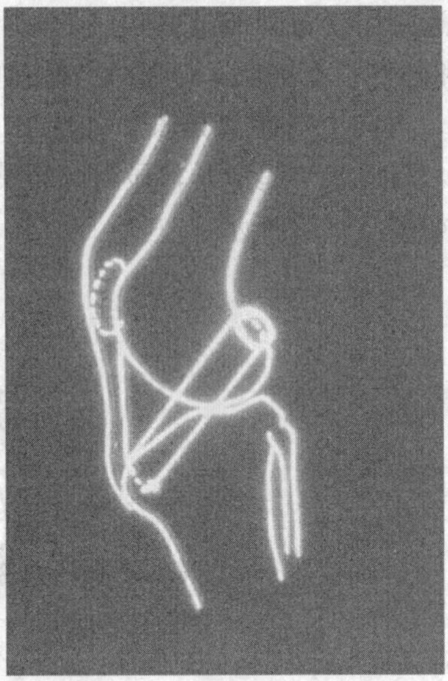

图 2-7-14　使用高分子聚乙烯线将籽骨与胫骨粗隆连接的示意

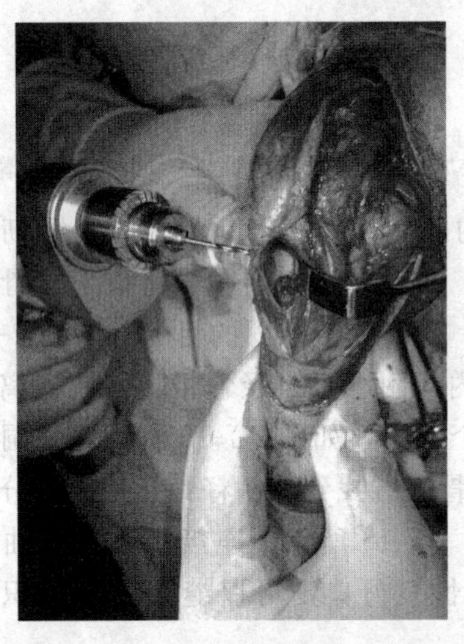

图 2-7-15　使用骨钻在胫骨粗隆上钻取 2 个孔洞

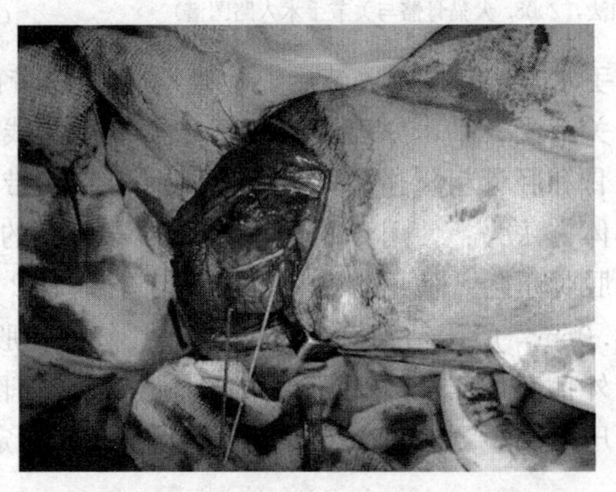

图 2-7-16　使用高分子聚乙烯线将籽骨与胫骨粗隆连接

【术后护理】术后 3d 消炎、止痛。使用绷带将患肢包扎，限制宠物活动 7d。7d 后拆线，拆除包扎绷带，让宠物自由行走。

学习任务四　胫、腓骨骨折内外固定手术

【临床适应证】因外伤、车祸等原因造成宠物胫、腓骨骨折后，可通过骨折内固定手术，使骨断端对合并固定确实，在一定时间内愈合。

【手术前准备】对患肢剃毛、消毒，将脚部包扎。

【保定与麻醉】 可采用吸入全身麻醉。在给予全身麻醉药前 15min 先给予皮下注射阿托品注射液（每千克体重 0.05mg）和抗生素、镇痛药等。然后静脉注射基础麻醉药，使宠物快速麻醉，气管插管后再给予吸入麻醉药维持麻醉，并进行生理指标的监控。

也可用舒泰做全身麻醉，每千克体重 5～11mg 肌内注射，麻醉维持时间 30min，追加麻醉时，每千克体重 3～6mg 肌内注射。

使宠物患肢在上，侧卧保定。

【手术方法】

1. 骨板固定　自胫骨前内侧切开皮肤，切口自胫骨近端内侧髁至跟结节，注意不要伤及隐动脉、隐静脉和隐神经。切开覆盖胫骨干内侧的筋膜，显露部分胫骨。再沿胫骨前肌和趾内侧屈肌缘切开筋膜，进一步显露胫骨，如图 2-7-17 所示。

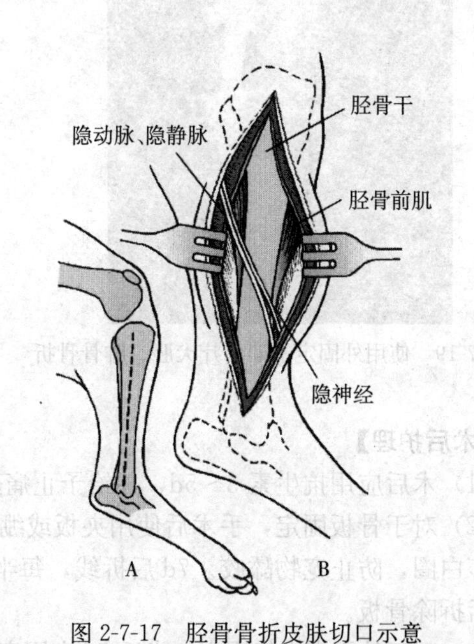

图 2-7-17　胫骨骨折皮肤切口示意

A. 皮肤切口　B. 显露胫骨干

（Theresa Welch. Fossum，2013. Small Animal Surgery. 4th ed.）

选取合适大小的骨板，对骨板进行塑形后利用点状复位钳将骨板与胫骨固定并进行骨折的复位。使用骨钻分别在上、下断端各钻取 3～4 个螺钉孔，钻好后将螺钉固定，使骨板与胫骨固定在一起，如图 2-7-18 所示。常规缝合肌肉、筋膜和皮肤。对于腓骨骨折，可不予处理。为提高治疗成功率，降低骨不连的发生率，可优先选用加压骨板或锁定骨板。

2. 外固定支架固定　利用外固定支架治疗胫、腓骨折具有手术方便、成功率高的优点。可通过闭合整复或有限切开整复。使用骨钻分别在上、下骨断端各钻取固定针孔 2～4 个。钻好后将固定针穿入胫骨内，在 C 形臂辅助下将胫、腓骨复位，使用固定夹将连接器和固定针连接，如图 2-7-19 所示。

3. 外固定　对于闭合性、非移位性胫、腓骨折可通过外固定治疗。使用两片塑形夹板将患肢固定后，用弹力绷带自肢远端向近端缠绕固定，塑形夹板内应垫有敷料，防止对腿部造成过度压迫，如图 2-7-20 所示。

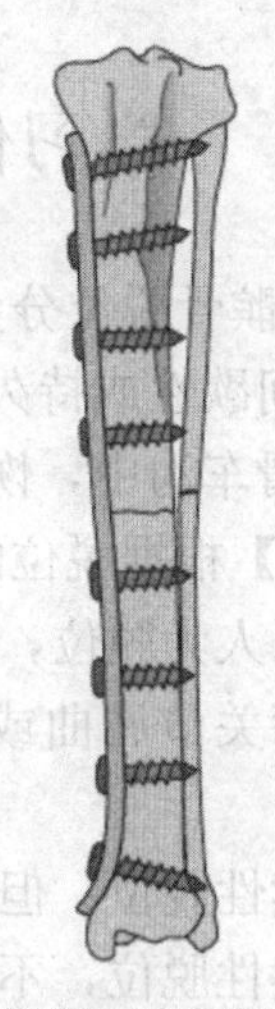

图 2-7-18　使用骨板治疗胫、腓骨骨折

（Theresa Welch. Fossum，2013. Small Animal Surgery. 4th ed.）

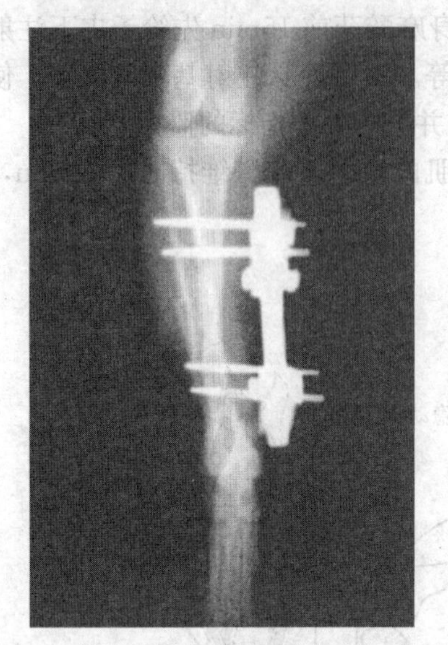

图 2-7-19　使用外固定支架治疗犬胫、腓骨骨折

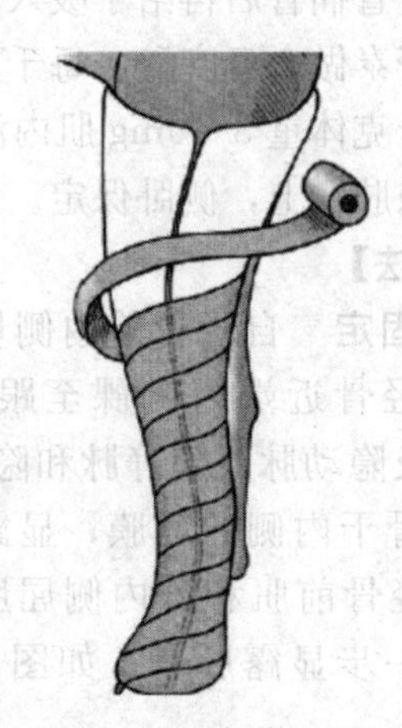

图 2-7-20　使用外固定治疗胫、腓骨骨折

（Theresa Welch. Fossum，2013. Small Animal Surgery. 4th ed.）

【术后护理】

（1）术后应用抗生素 3～5d，并给予止痛药。

（2）对于骨板固定，手术后使用夹板或绷带进行外固定，以保护骨折部位。给宠物佩戴伊丽莎白圈，防止宠物舔咬。7d 后拆线，每半个月拍摄 X 射线胶片检查骨愈合情况，2～3 个月后拆除骨板。

（3）对于外固定支架固定，术后 7d 在固定针与皮肤交界处涂抹抗生素药膏。对于切开复位，7d 后拆线。每半个月拍摄 X 射线胶片检查骨愈合情况，2～3 个月后拆除外固定支架。

（4）对于进行外固定的病例，应注意爪部有无肿胀。每半个月拍摄 X 射线胶片检查骨愈合情况，2～3 个月拆除外固定。

学习任务五　髌骨脱位修复手术

【临床适应证】髌骨脱位分为髌骨内侧脱位和外侧脱位，宠物犬多发生内侧脱位。髌骨脱位后，患肢出现间歇性或持久性跛行，容易造成腿部肌肉萎缩。进行髌骨脱位修复可以将髌骨的运动限定在滑车沟中，恢复宠物膝关节的正常功能。

【髌骨脱位分级】根据脱位的严重程度将髌骨脱位分为以下 4 级：

1 级：髌骨可以人为脱位，但放开后回到原位。

2 级：髌骨在膝关节屈曲或人为使之脱位，且保持脱位状态，直到膝关节伸展或人为复原。

3 级：髌骨持续性脱位，但能人为整复。

4 级：髌骨持续性脱位，不能人为整复，此级多伴有胫骨变形。

【手术前准备】对患肢剃毛、消毒，将脚部包扎。

【保定与麻醉】可采用吸入全身麻醉。在给予全身麻醉药前 15min 先给予皮下注射阿托品注射液（每千克体重 0.05mg）和抗生素、镇痛药等。然后静脉注射基础麻醉药，使宠物

快速麻醉，气管插管后再给予吸入麻醉药维持麻醉，并进行生理指标的监控。

也可用舒泰做全身麻醉，每千克体重 5～11mg 肌内注射，麻醉维持时间 30min，追加麻醉时，每千克体重 3～6mg 肌内注射。

将患犬仰卧保定，将患肢悬吊、隔离。

【手术方法】

1. 髌骨内侧脱位

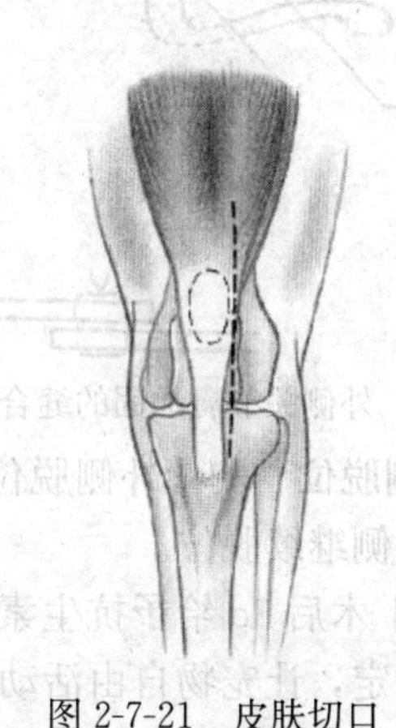

图 2-7-21 皮肤切口

(Theresa Welch. Fossum，2013. Small Animal Surgery. 4th ed.)

(1) 滑车沟加深。对于 2、3 级髌骨内脱，需进行滑车沟加深术。手术方法为：触摸到髌骨和外侧滑车嵴后，于膝关节外侧沿髌骨旁做一弧形皮肤切口，从胫骨粗隆延伸到髌骨水平处，再向上等距离延长，如图 2-7-21 所示。沿皮肤切口切开浅筋膜，分离皮下脂肪和筋膜，与皮肤一起牵开，显露阔筋膜和膝关节的外侧筋膜。切开筋膜与外侧关节囊，显露关节内部。将患肢伸展，把髌骨推向膝关节内侧。屈曲患肢，使用骨锯在内、外侧滑车嵴上向深处锯，长度为滑车沟的长度，深度应超过滑车沟最低处，如图 2-7-22 所示。锯好后让助手顶住股骨远端，将术者用骨凿沿滑车沟自肌骨远端向近端将滑车沟下方的骨片凿出直至与下方股骨分离。骨片取出后，用骨刮匙将其下方的骨质挖深，挖至一定深度后，将骨片重新覆盖在原位置即可，如图 2-7-23 所示。如果髌骨仍有脱出的倾向，则继续挖深。髌骨复位后，结节缝合关节囊切口。将术部冲洗后缝合皮下组织及皮肤。

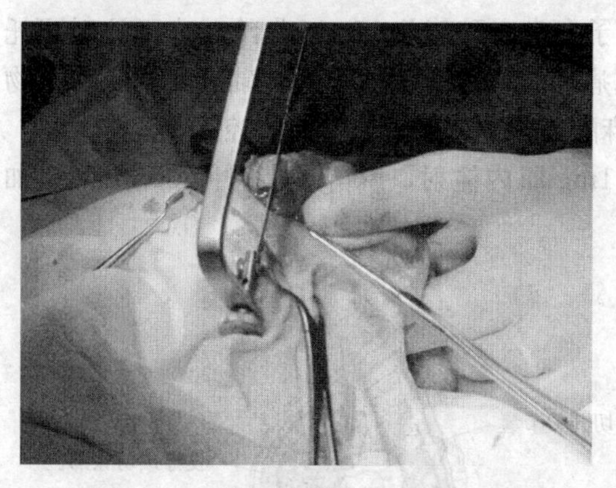

图 2-7-22 使用骨锯沿滑车嵴向下锯

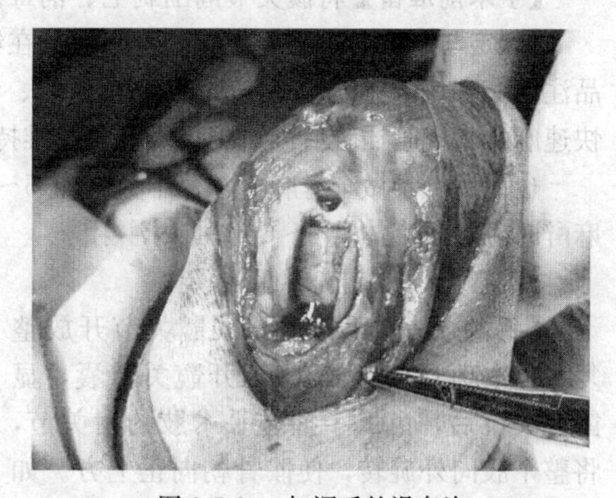

图 2-7-23 加深后的滑车沟

(2) 外侧关节囊加固。对于 1 级髌骨内脱，可进行外侧关节囊加固，使外侧副韧带对髌骨的拉力加强，防止向内侧脱位。沿膝关节外侧切开关节囊，将受到拉伸的多余关节囊切除，再将关节囊缝合。可使用丝线、尼龙线、鱼线进行缝合，缝合应采用如图 2-7-24 所示方法。

(3) 内侧滑车嵴加高。对于 1、2 级髌骨内脱，还可以将内侧滑车嵴加高达到阻止髌骨内脱的目的。打开关节囊后，使用骨锤将增高植入物钉在内侧滑车嵴上，使内侧滑车嵴增高，将髌骨的活动范围限制于滑车沟内，如图 2-7-25 所示。

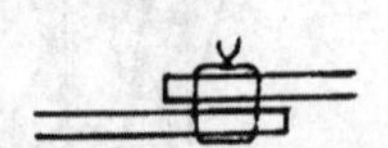

图 2-7-24　外侧关节囊加固的缝合方法

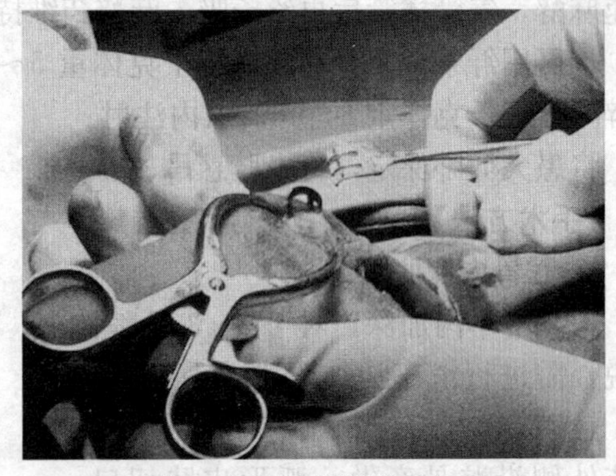

图 2-7-25　内侧滑车嵴加高

2. 髌骨外侧脱位　髌骨外侧脱位的手术方法与内侧脱位的手术方法相似，其手术目的为防止髌骨向外侧继续脱位。

【术后护理】 术后 3d 给予抗生素。给患肢安装托马斯架或使用绷带外固定。7d 后拆掉托马斯架或外固定，让宠物自由活动，以利于关节功能恢复。

学习任务六　股骨头和股骨颈切除手术

【临床适应证】 股骨头和股骨颈切除手术用于治疗复发的髋关节脱位、并发髋臼或股骨头和股骨颈严重骨折的脱位以及髋关节骨关节炎。此外，对于闭合及开放式整复不成功的髋关节脱位，也可考虑切除股骨头和股骨颈。对于猫的髋关节脱位，本手术也作为治疗的首选方法，因为该方法可使机体功能得到全面恢复。

【手术前准备】 将髋关节周围剃毛、消毒。

【保定与麻醉】 可采用吸入全身麻醉。在给予全身麻醉药前 15min 先给予皮下注射阿托品注射液（每千克体重 0.05mg）和抗生素、镇痛药等。然后静脉注射基础麻醉药，使宠物快速麻醉，气管插管后再给予吸入麻醉药维持麻醉，并进行生理指标的监控。

也可用舒泰做全身麻醉，每千克体重 5～11mg 肌内注射，麻醉维持时间 30min，追加麻醉时，每千克体重 3～6mg 肌内注射。

使宠物患肢在上，侧卧保定。

【手术方法】 手术通路同髋关节开放整复（见本项目任务二）。切开髋关节囊，显露髋关节后，由助手握住手术肢的跗关节，将整个肢向外旋转，使髌骨朝向正上方。如此操作后可使股骨头及股骨颈向外侧翻转，方便后面的切除。如果圆韧带仍完好，则将其切断。使用骨膜剥离器将可能附着于股骨头及股骨颈上的肌肉剥离，充分显露股骨头及股骨颈。使用骨凿在股骨颈和股骨干骺端连接处垂直于手术台面开始向下凿，直至将股骨头和股骨颈自股骨上分离，如图 2-7-26

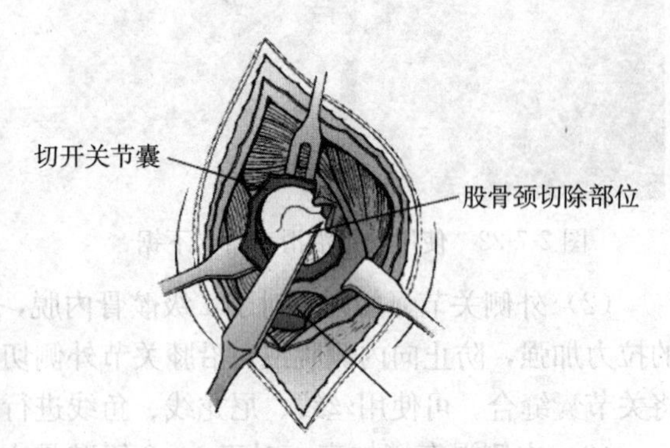

图 2-7-26　股骨颈切除部位

（Theresa Welch. Fossum，2013. Small Animal Surgery. 4th ed.）

所示。将股骨头和股骨颈切除后，缝合关节囊，将切断的肌肉缝合。常规闭合皮肤。

【术后护理】术后3d对宠物进行消炎、止痛治疗。不需要对术肢特别护理，让宠物自行活动。为尽快促进假关节的形成，应进行康复运动，具体方法为：让宠物站立，用手握住宠物术肢跗关节，模拟宠物走路的姿势进行前后运动，建议每15次为一组，每天3组。术后防止宠物舔咬创口，7d后拆线。

学习任务七　犬悬趾（指）截除手术

【临床适应证】悬趾（指）即第一趾（指），又称为副趾（指），为无功能趾（指）。将悬趾（指）切除后，可起到修饰、美观的作用，同时也便于剪毛和美容。

【手术时间】出生后3～4d进行。如果错过了早期切除时间，最好等到2月龄再进行手术。

【手术前准备】幼年犬不需要剃毛，局部消毒即可。对于成年犬，需对术部剃毛、消毒。

【保定与麻醉】可采用吸入全身麻醉。在给予全身麻醉药前15min先给予皮下注射阿托品注射液（每千克体重0.05mg）和抗生素、镇痛药等。然后静脉注射基础麻醉药，使宠物快速麻醉，气管插管后再给予吸入麻醉药维持麻醉，并进行生理指标的监护。

也可用舒泰做全身麻醉，每千克体重5～11mg肌内注射，麻醉维持时间30min，追加麻醉时，每千克体重3～6mg肌内注射。

对于幼年犬，不需要麻醉。对于成年犬，则需要注射麻醉或吸入麻醉。

【手术方法】

1. 幼年犬悬趾（指）截除手术　由助手将犬握于手中，术者用手术剪剪除第一、二趾（指）节骨，进行压迫止血。一般不予缝合，伤口由肉芽组织生长而愈合。

2. 成年犬悬趾（指）截除手术　用组织钳或止血钳夹住悬趾（指）爪部，向外拉开，使其与肢体离开。围绕手术趾（指）做一个椭圆形皮肤切口，分离皮下组织，暴露第一掌骨和第一指节骨。向外侧牵引指并用剪刀分离深部组织，直至指节骨与掌骨断离。结扎出血的动、静脉。结节缝合皮下组织，皮肤采用常规缝合，局部进行包扎以保护创口。

【术后护理】术后防止犬舔咬创口，7d后拆线。

学习任务八　猫截爪手术

【临床适应证】本手术适用于猫爪的基部受到损伤，无法进行保守治疗；猫爪破坏衣服、沙发或有抓人行为。

【手术前准备】一般仅截除前肢的爪，将指部剃毛、消毒。在腕关节上方结扎止血带。

【保定与麻醉】可采用吸入全身麻醉。在给予全身麻醉药前15min先给予皮下注射阿托品注射液（每千克体重0.05mg）和抗生素、镇痛药等。然后静脉注射基础麻醉药，使宠物快速麻醉，气管插管后再给予吸入麻醉药维持麻醉，并进行生理指标的监控。

也可用舒泰做全身麻醉，每千克体重5～11mg肌内注射，麻醉维持时间30min，追加麻醉时，每千克体重3～6mg肌内注射。

将宠物侧卧保定，由助手将手术肢提举。

【手术方法】采用截除第三指节骨法进行去爪。术者一手持组织钳或止血钳夹住爪部，用力转向腹侧使背侧皮肤处于紧张状态。另一只手持手术刀，在爪嵴与第二指节骨的间隙向下切开皮肤，切断背侧韧带，暴露关节面。继续向下方运刀，将深部的软组织一次性分离，直至第三指节骨离断为止，如图 2-7-27 所示。如有出血可使用电刀止血。依次去除所有前肢的爪。皮肤缝合 1～2 针。涂撒消炎止血粉，包扎伤口。拆除止血带。

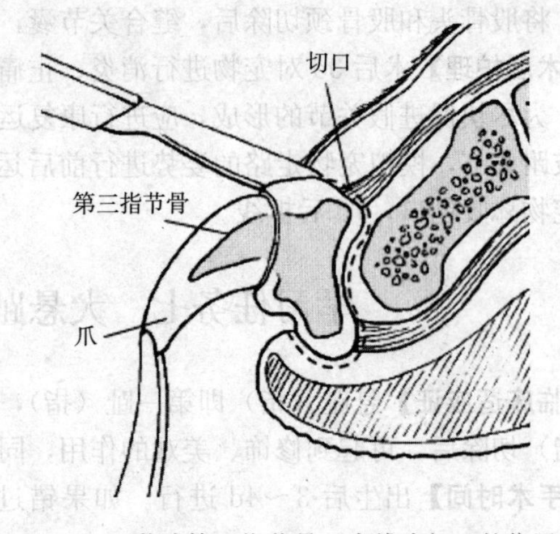

图 2-7-27　截除第三指节骨（虚线为切口的位置）

（Theresa Welch. Fossum，2013. Small Animal Surgery. 4th ed.）

【注意事项】应将整个第三指节骨全部切除，防止爪再次生长。切除第三指节骨时注意不要损伤爪垫，应使爪垫保持完整。

【术后护理】术后宠物会出现严重的疼痛，因此必须给予止痛药，例如曲马朵，剂量为每千克体重 5mg，一天一次，内服，同时给予抗生素。术后 24h 拆除包扎绷带。术后 7d 内将宠物关于笼内，限制活动，并佩带伊丽莎白圈防止舔咬。保持房间内清洁，禁止爪部接触到水，以免伤口感染。7～10d 后拆线。

项目八　皮肤整形手术

学习任务一　皮肤缺损修补

【临床适应证】本手术适用于较大的皮肤肿瘤切除后的切口闭合、大面积皮肤创伤的修复、全层移植皮片受体床的闭合等。

【手术前准备】手术前应确定皮肤缺损的形状和深度，尤其对于胸腔以及重要的血管神经周围的皮肤缺损，应仔细探查有无气胸、出血、神经损伤等情况。应全面评估手术部位的皮肤弹性和张力线方向。如果皮肤缺损为感染伤口应进行彻底清创，等伤口具备闭合的条件时方可进行手术。在手术前设计好皮肤整形或者重建的手术方案。应根据患病宠物的感染以及脱水情况给予抗生素治疗和体液补充。

将手术部位清洗消毒，进行外科常规处理，准备常用的手术器械、缝线等。

【保定与麻醉】可采用吸入全身麻醉。在给予全身麻醉药前15min先给予皮下注射阿托品注射液（每千克体重0.05mg）和抗生素、镇痛药等。然后静脉注射基础麻醉药，使宠物快速麻醉，气管插管后再给予吸入麻醉药维持麻醉，并进行生理指标的监控。

也可用舒泰做全身麻醉，每千克体重5～11mg肌内注射，麻醉维持时间30min，追加麻醉时，每千克体重3～6mg肌内注射。

根据宠物皮肤缺损的部位选择合适的保定方式，应有利于皮肤缺损的闭合和引流管的放置。将手术部位剃毛消毒。

在兽医临床上，较大的皮肤缺损修补等大手术常采用吸入麻醉的方法较安全。

【手术方法】根据伤口皮肤边缘的损伤程度、血液供应情况、皮肤弹性和张力线等综合因素，将不规则的皮肤缺损进行修剪，形成利于手术闭合的伤口形状。常见的皮肤缺损的形状有圆形缺损、三角形缺损、正方形和矩形缺损、梭形缺损和新月形缺损等。

1. 圆形缺损　对皮肤缺损进行圆形切除相对于其他方法可以最大限度地保留正常的皮肤。圆形缺损的闭合有一定困难，因为其容易在两侧出现“犬耳”，在缝合末端出现“犬耳”时，可以通过梭形或者椭圆形切除将“犬耳”消除，之后再对新的皮肤切口进行缝合。常用的闭合圆形缺损的手术技术包括线形、联合V形以及蝴蝶结形闭合技术等，如图2-8-1所示。

2. 三角形缺损　对三角形缺损可以进行简单闭合技术，即从三角形的每一个点开始，向缺损的中间依次进行缝合，形成一个Y形的缝合线，如图2-8-2A所示。旋转皮瓣可以是半圆形或者3/4圆形的皮瓣，将皮瓣以一个支点进行旋转进入缺损部位，如图2-8-2B所示。当皮肤缺损只有一侧有皮肤可用时，或者从缺损的一侧移动皮肤时会引起邻近组织发生变形（如眼或肛门附近），可以使用旋转皮瓣。当能利用的可移动皮肤较少时可以使用双侧旋转皮瓣，但是需要缺损两侧的皮肤都是可移动的。皮瓣需要足够大（长宽比约为4∶1）以防止对周围组织产生拉力。如果有张力存在时，逆向切开皮瓣基部可以减轻张力，使皮瓣发生旋转和转位，如图2-8-2C所示，也可以通过移除缺损相对的半圆形末端一小的三角形的皮肤来缓解张力。

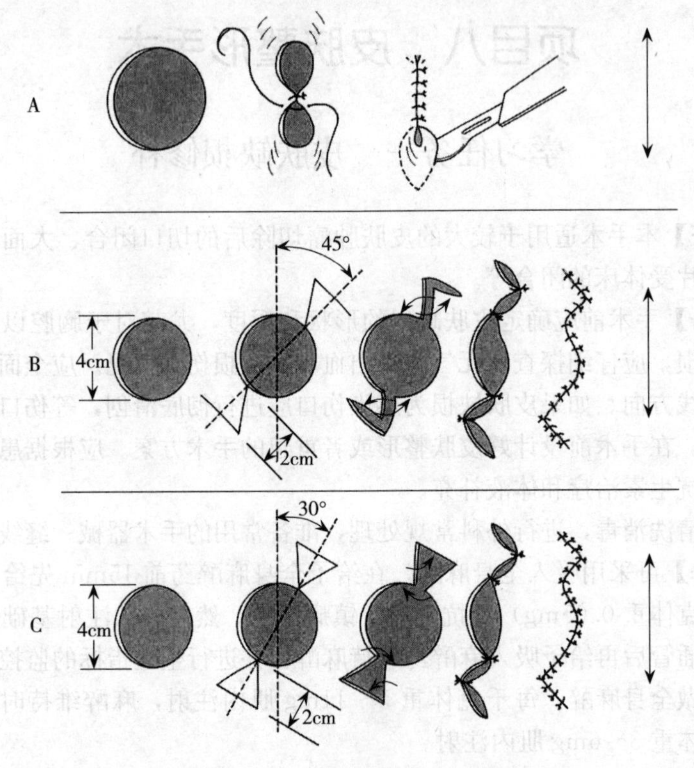

图 2-8-1　圆形缺损闭合示意

A. 线性闭合　B. 联合 V 形闭合　C. 蝴蝶结形闭合

（Theresa WelchFossum，*et al*，2007. Small Animal Surgery. 2nd ed.）

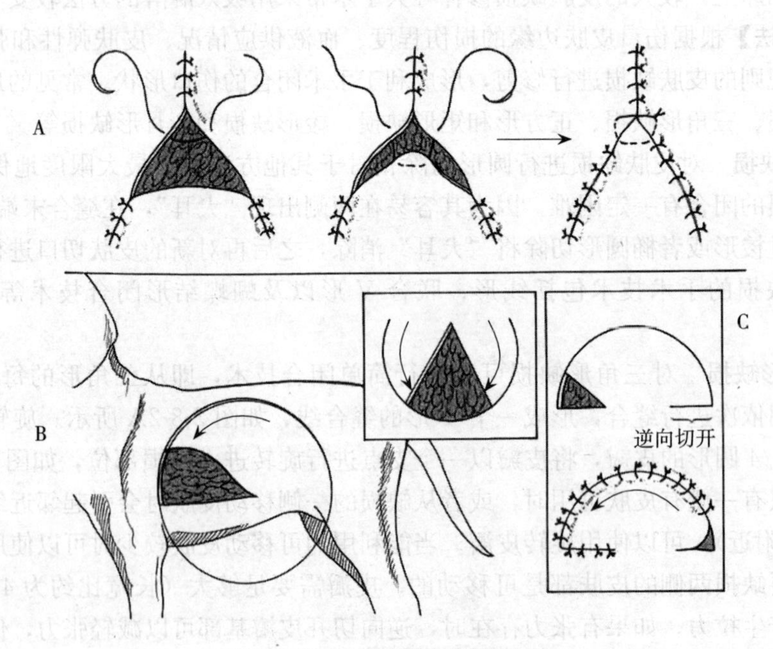

图 2-8-2　三角形缺损闭合示意

（Theresa Welch. Fossum，*et al*，2007. Small Animal Surgery. 2nd ed.）

3. 正方形和矩形缺损　可以使用向心闭合、单蒂推进皮瓣、双蒂推进皮瓣或者旋转皮瓣进行闭合。皮肤缺损4个方向的皮肤都可以用时，可以使用向心闭合的缝合方法，从4个角向中心进行缝合，最终缝合线呈X形，如图2-8-3A所示。当只有一侧的皮肤可以使用并且皮肤较为松弛时，可以使用单蒂推进皮瓣，注意在做皮下组织的剥离时应尽可能保留直接皮动脉，如图2-8-3B所示。当两侧的皮肤都可以使用时可以使用双蒂推进皮瓣，如图2-8-3C所示。如果缺损邻近的皮肤可用但又无法通过推进皮瓣移位时，可以使用旋转皮瓣将邻近皮肤覆盖到缺损部位，如图2-8-3D所示。

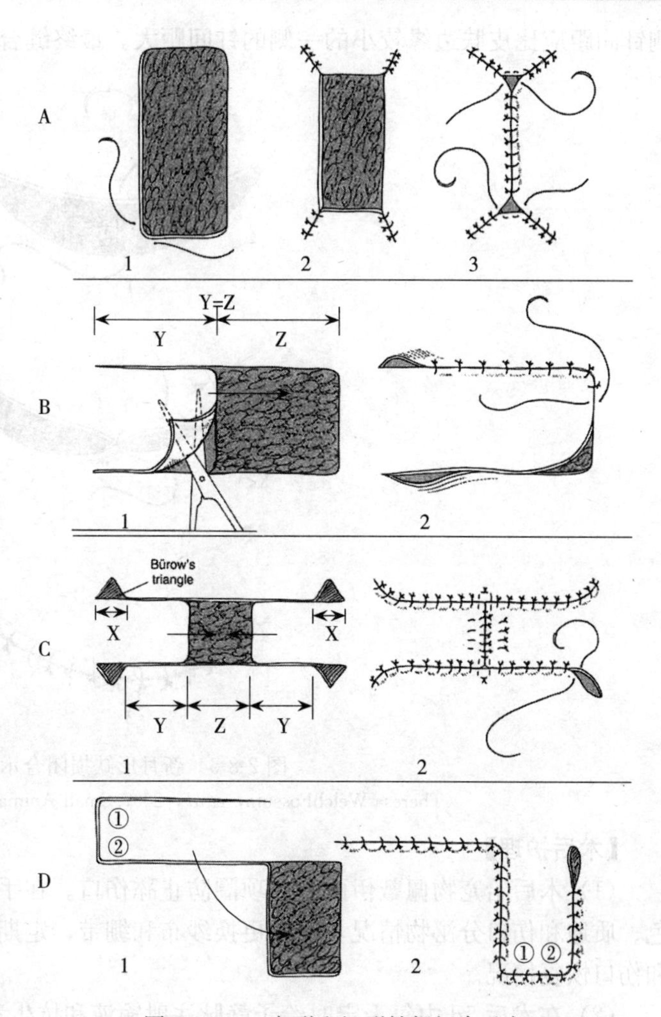

图2-8-3　正方形和矩形缺损闭合示意

（Theresa WelchFossum，*et al*，2007. Small Animal Surgery. 2nd ed.）

4. 梭形缺损　梭形缺损又称为纺锤形或者椭圆形缺损，首先应在缺损最宽的中间处进行缝合，然后在两侧进行等分间断结节缝合，最终缝合线呈线状，一般不会有“犬耳”的形成，注意在缝合时应考虑张力线的方向，如图2-8-4所示。

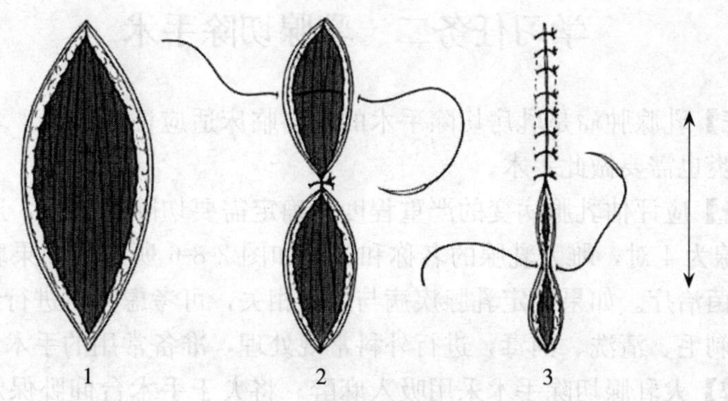

图2-8-4　梭形缺损闭合示意

（Theresa WelchFossum，*et al*，2007. Small Animal Surgery. 2nd ed.）

5. 新月形缺损　新月形缺损不同于梭形缺损的特点在于缺损两侧的皮肤不等长。新月形缺损的闭合也是从皮肤边缘最大的中间处开始，但是在后续的缝合中，皮肤边缘较长的一侧针间距应比皮肤边缘较小的一侧的针间距大。最终缝合线呈一弧形，如图 2-8-5 所示。

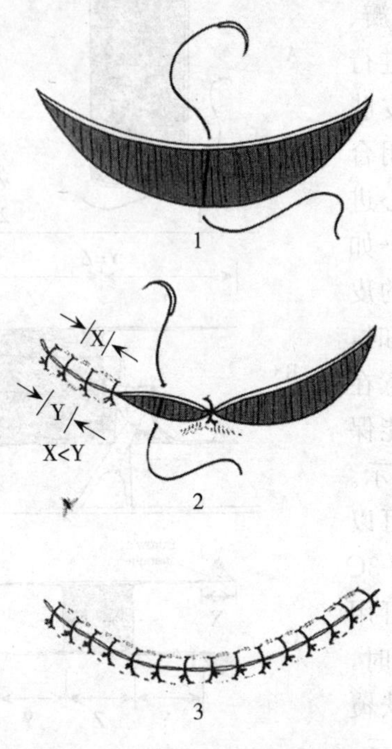

图 2-8-5　新月形缺损闭合示意

（Theresa WelchFossum，*et al*，2007. Small Animal Surgery. 2nd ed.）

【术后护理】

（1）术后给宠物佩戴伊丽莎白项圈防止舔伤口。在手术恢复期间，应密切注意皮肤的颜色、质地和伤口分泌物情况，及时更换纱布和绷带，定期评估缝合部位血液供应、皮肤张力和伤口恢复情况。

（2）在术后 5d 内每天定时给予静脉注射输液和抗生素，每天一次，以控制感染。

（3）术后 10～14d 无感染、恢复良好者可拆线。

学习任务二　乳腺切除手术

【临床适应证】乳腺肿瘤是乳房切除手术的主要临床适应证。另外，乳房外伤以及保守治疗无效的乳腺炎也需要做此手术。

【手术前准备】应评估乳腺病变的严重程度，确定需要切除的范围，通常雌犬的乳腺为 5 对，雌猫的乳腺为 4 对，雌犬乳腺的名称和分布如图 2-8-6 所示。如果乳腺存在感染应给予抗生素进行抗菌治疗。如果确定乳腺疾病与激素相关，可考虑同时进行绝育手术。

将手术部位剃毛、清洗、消毒，进行外科常规处理，准备常用的手术器械、缝线等。

【保定与麻醉】犬乳腺切除手术采用吸入麻醉。将犬于手术台仰卧保定，固定四肢和尾部，将手术部位剃毛消毒。

在兽医临床上，乳腺切除手术等大手术常采用吸入麻醉的方法较安全。

【手术方法】乳腺切除的选择取决于宠物体况和乳房患病的部位及淋巴流向。有以下 4 种乳腺切除方法：

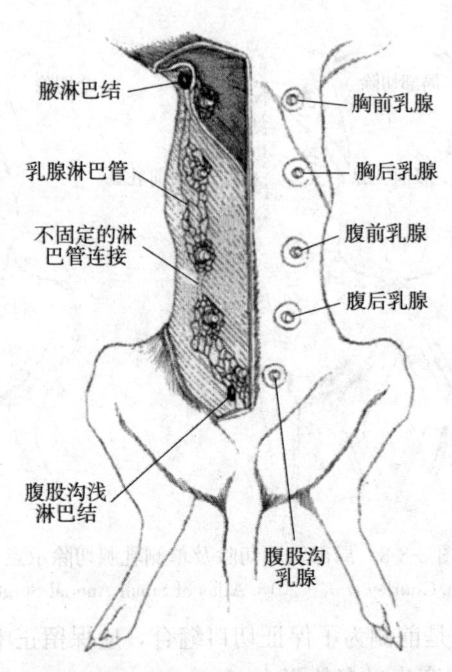

图 2-8-6　雌犬乳腺分布和名称示意
（Iram. Gourley *et al*，2015. Atlas of Small Animal Surgery）

1. 单纯乳腺切除　仅切除一个乳腺，如图 2-8-7 所示。

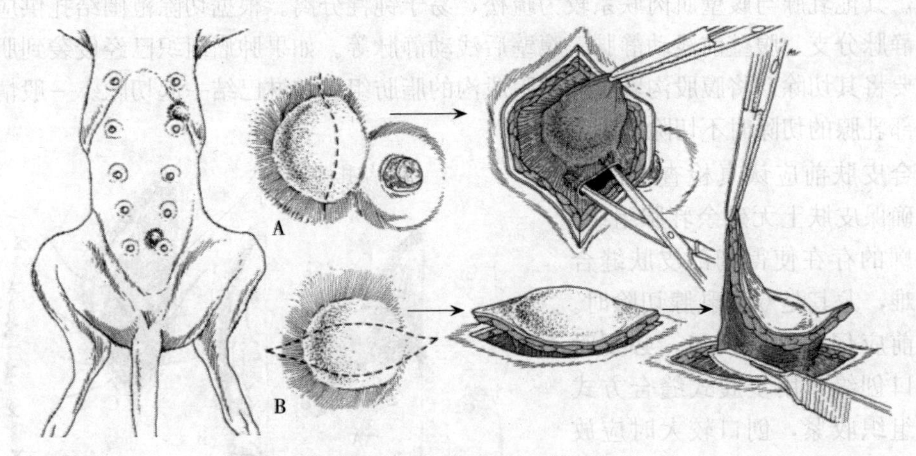

图 2-8-7　单个乳腺切除示意
（Iram. Gourley *et al*，2015. Atlas of Small Animal Surgery）

2. 局部乳腺切除　切除几个患病乳腺或者切除同一淋巴流向的乳腺，如图 2-8-8 所示。

3. 单侧乳腺切除　切除整个一侧乳腺，如图 2-8-8 所示。

4. 双侧乳腺切除　切除所有乳腺。

皮肤切口视使用手术方法的不同而异。对于单纯、局部或者单侧乳腺的切除，在所涉及乳腺周围做椭圆形皮肤切口，如果乳腺疾病为肿瘤时，切口距离肿瘤边缘应至少 1～2cm。切口外侧缘应在乳腺组织的外侧，切口内侧缘应在腹中线。第一乳腺切除时皮肤切口可向前延伸至腋部；最后乳腺的切除时皮肤切口可向后延伸至接近阴门处。对于双侧乳腺切除术，

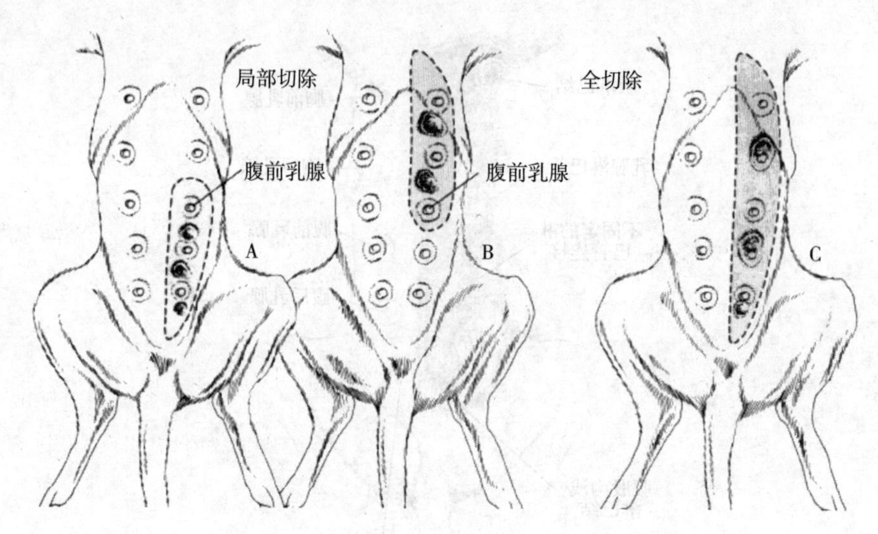

图 2-8-8　局部乳腺切除及单侧乳腺切除示意

(Iram. Gourley *et al*，2015. Atlas of Small Animal Surgery)

后侧可以做椭圆形切开，但是前侧为了保证切口缝合，应保留正中线处的皮肤，使整个切口呈Y形，这种切口可以避免产生过多的张力。

皮肤切开后，先分离大的血管并进行结扎，小的出血点可采用电凝止血。然后进行深层分离。分离过程中应避免切到乳腺组织。前侧的乳腺与胸肌筋膜联系较为紧密，分离时应小心仔细。其他乳腺与腹壁肌肉联系较为疏松，易于钝性分离。根据切除范围结扎供应乳腺的胸内动静脉分支、腹壁前浅动静脉、腹壁后浅动静脉等。如果肿瘤组织已经侵袭到肌肉和筋膜，需要将其切除。将腹股沟乳腺连同腹股沟的脂肪组织和淋巴结一起切除。一般情况下在进行胸部乳腺的切除时不切除腋下淋巴结。

缝合皮肤前应认真检查皮肤内侧缘，确保皮肤上无残余乳腺组织。因为胸廓的存在使得胸部皮肤缝合较为困难，尤其是双侧乳腺切除时。在缝合前应仔细冲洗伤口，必要时剥离切口创缘，用步履式缝合方式将皮下组织收紧，创口较大时应放置引流管，防止出现无效腔。间断结节缝合皮肤，如图 2-8-9 所示。

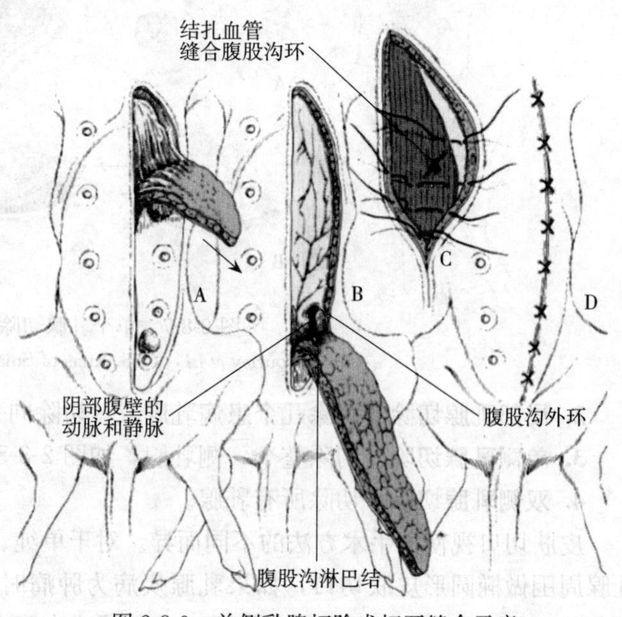

图 2-8-9　单侧乳腺切除术切开缝合示意

(Iram. Gourley *et al*，2015. Atlas of Small Animal Surgery)

【术后护理】

(1) 术后给宠物佩戴伊丽莎白项圈防止舔伤口，定期检查引流管渗出液排出情况，手术后 3～5d 可以根据情况拆除引流管，可以使用腹部绷带压迫术部，消除无效腔，防止出现血清肿或者血肿。

（2）在术后5d内每天定时给予静脉注射输液和抗生素，每天一次，以控制感染，根据需要给予镇痛药。

（3）术后10～14d无感染、恢复良好者可拆线。

（4）定期评估患病宠物有无肿瘤复发以及转移等情况。

学习任务三　犬尿道切开与造口手术

【临床适应证】犬尿道切开术的临床适应证主要是公犬尿道结石以及尿道部位的活组织检查。犬尿道造口术的临床适应证主要是公犬复发性梗阻性尿道结石、逆行冲洗或者尿道切开无法解决的尿道结石、尿道狭窄、尿道或者阴茎肿瘤或者严重的创伤、需要切除阴茎的包皮肿瘤等。

【手术前准备】对于出现尿道梗阻的患犬，术前应全面评估肾功能，进行X射线检查或者B超检查，确定结石的大小、数量和出现部位，必要时可进行泌尿道造影检查。对于严重梗阻的应进行导尿或者膀胱穿刺排尿。进行血清电解质检测，纠正酸碱平衡紊乱和电解质平衡紊乱。对于车祸、咬伤等引起的创伤，应仔细检查感染情况和血管、肌肉、神经损伤情况，根据需要进行手术前清创或者抗菌治疗。根据尿道梗阻的具体情况决定禁食、禁水时间。

将手术部位剪毛、清洗、消毒，准备常用软组织手术器械、导尿管、温生理盐水、锐匙、大容量注射器、缝针、缝线等。

【保定与麻醉】可采用吸入麻醉。阴囊前尿道切开术、阴囊前和阴囊部尿道造口术时，宠物保定采用手术台仰卧保定，固定四肢和尾部。会阴部尿道切开术和会阴部尿道造口术时，宠物采取俯卧保定，保持前低后高姿势，固定四肢，提举尾部。将手术部位剃毛消毒。根据手术目的和实际病情决定是否插入导尿管。

在兽医临床上，犬尿道切开与造口手术等大手术常采用吸入麻醉的方法较安全。

【手术方法】

1. 尿道切开术　常用的犬尿道切开定位有阴囊前切口和会阴部尿道切口，阴囊前和会阴部两处的尿道距离皮肤的深度不同，如图2-8-10所示。

阴囊前和会阴部的具体切口部位如图2-8-11所示。

（1）犬阴囊前尿道切开术。在阴囊前的正中线上做一长3～5cm的皮肤切口，分离皮下组织，暴露阴茎退缩肌（阴茎退缩肌为稍扁平的索状肌肉），仔

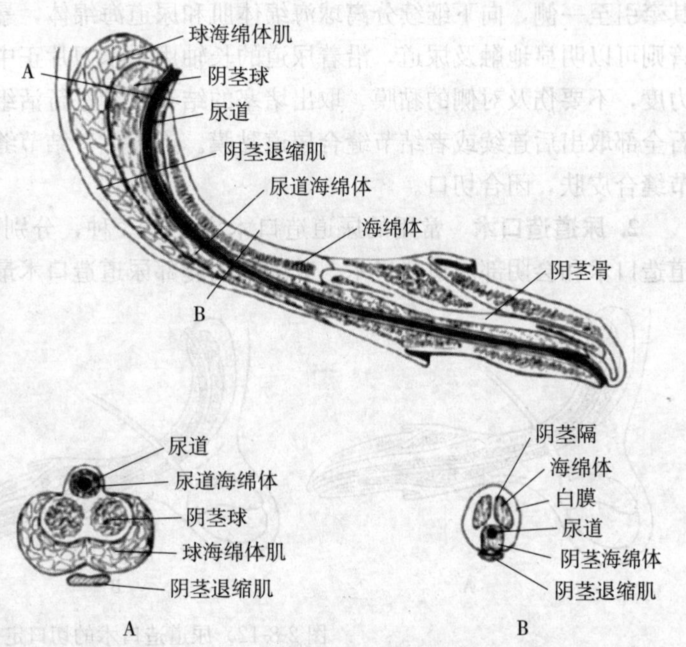

图2-8-10　公犬阴囊前和阴囊后的尿道示意

（Iram. Gourley *et al*，2015. Atlas of Small Animal Surgery）

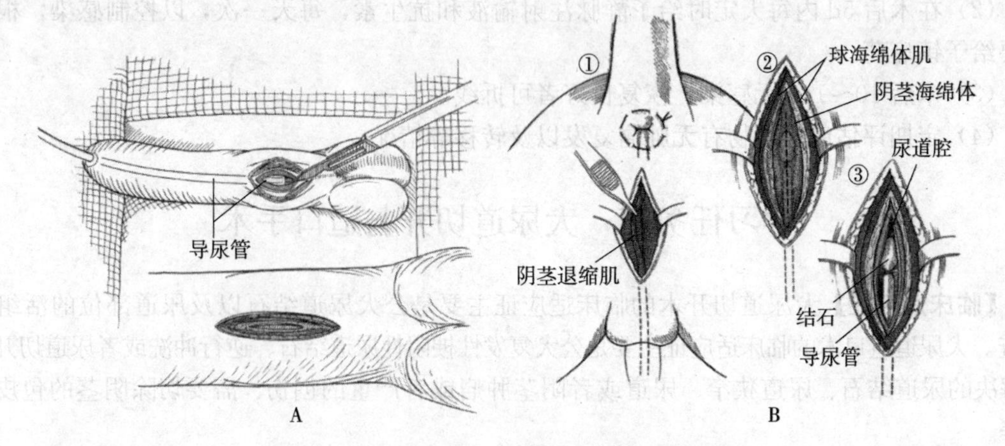

图 2-8-11　尿道切口定位

A. 阴囊前尿道切口定位　B. 会阴部尿道切口定位

(Iram. Gourley *et al*，2015. Atlas of Small Animal Surgery)

(Theresa Welch Fossum，*et al*，2007. Small Animal Surgery. 2nd ed.)

细剥离阴茎退缩肌，使其与其下的尿道分离，分离后可将阴茎退缩肌部分横断切除或者将其牵引至一侧，以充分暴露下面的尿道。如果已经放置导尿管则可以明显地触及尿道，沿着尿道的长轴用手术刀片正中切开尿道黏膜，切开时注意掌握力度，不要伤及对侧的黏膜。取出堵塞的结石或者进行活组织取样，反复冲洗尿道，确定结石全部取出后连续或者结节缝合尿道黏膜。结节缝合皮肤，闭合切口。

(2) 犬会阴部尿道切开术。在阴囊后的正中线上做一长 3～5cm 的皮肤切口，分离皮下组织，暴露阴茎退缩肌，仔细剥离阴茎退缩肌，分离后可将阴茎退缩肌部分横断切除或者将其牵引至一侧，向下继续分离球海绵体肌和尿道海绵体，暴露深部尿道。如果已经放置导尿管则可以明显地触及尿道，沿着尿道的长轴用手术刀片正中切开尿道黏膜，切开时注意掌握力度，不要伤及对侧的黏膜。取出堵塞的结石或者进行活组织取样，反复冲洗尿道，确定结石全部取出后连续或者结节缝合尿道黏膜。连续或者结节缝合球海绵体肌和尿道海绵体，结节缝合皮肤，闭合切口。

2. 尿道造口术　常用的尿道造口术主要有 3 种，分别是阴囊前尿道造口术、阴囊部尿道造口术和会阴部尿道造口术，其中以阴囊部尿道造口术最为常用，如图 2-8-12 所示。

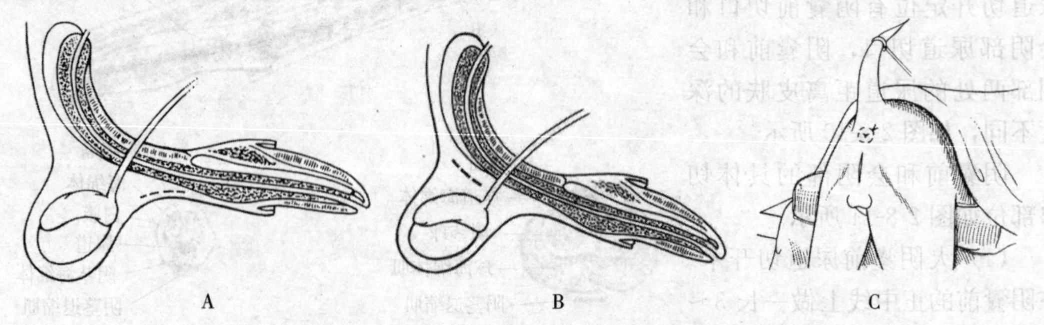

图 2-8-12　尿道造口术的切口定位

A. 阴囊前尿道造口切口定位　B. 阴囊部尿道造口切口定位　C. 会阴部尿道造口切口定位

(Theresa Welch. Fossum，*et al*. 2007. Small Animal Surgery. 2nd ed.)

（1）犬阴囊前尿道造口术。首先按照犬阴囊前尿道切开术中描述的手术方法将阴囊前尿道切开，将结石等堵塞物取出后反复冲洗术部。如果同时需要实施膀胱切开术，可以从尿道切口处插入导尿管逆向冲洗尿道和膀胱。将尿道周围组织与皮下组织进行间断结节缝合或者连续缝合。将切开的尿道黏膜与皮肤进行间断结节缝合，如图 2-8-13 所示。

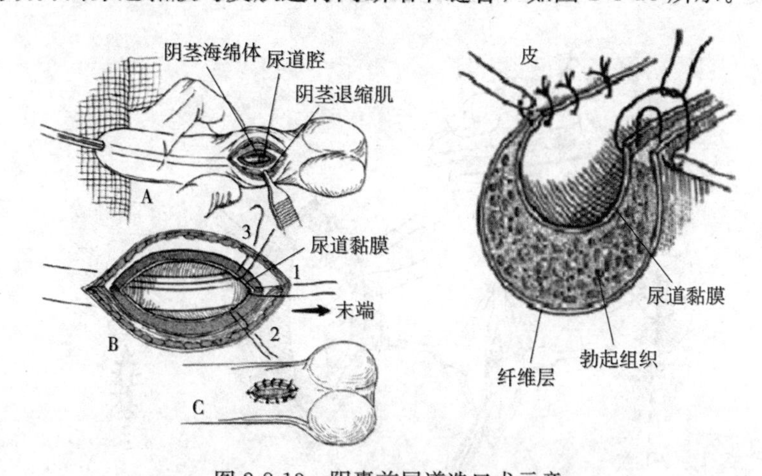

图 2-8-13　阴囊前尿道造口术示意

（Iram. Gourley *et al*，2015. Atlas of Small Animal Surgery）

（Theresa Welch Fossum，*et al*，2007. Small Animal Surgery. 2nd ed.）

（2）阴囊部尿道造口术。环绕阴囊基部做一椭圆形切口，如果犬未进行去势，应先实施公犬去势手术。接着切除阴囊，将残余的总鞘膜剪除，向腹侧剥离并牵引阴茎退缩肌，如果已经放置导尿管则可以明显地触及尿道，沿着尿道的长轴用手术刀片正中切开尿道黏膜，切开时注意掌握力度，不要伤及对侧的黏膜。将结石等堵塞物取出后反复冲洗术部。如果同时需要实施膀胱切开术，可以从尿道切口处插入导尿管逆向冲洗尿道和膀胱。将尿道周围组织与皮下组织进行间断结节缝合或者连续缝合。将切开的尿道黏膜与皮肤进行间断结节缝合，如图 2-8-14 所示。

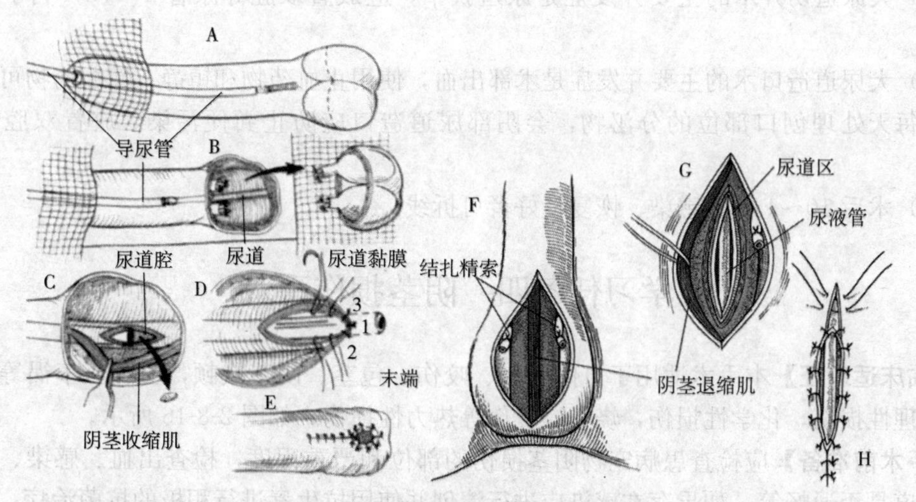

图 2-8-14　阴囊部尿道造口术示意

（Iram. Gourley *et al*，2015. Atlas of Small Animal Surgery）

（Theresa WelchFossum，*et al*. 2007. Small Animal Surgery. 2nd ed.）

（3）会阴部尿道造口术。首先按照犬会阴部尿道切开术中描述的手术方法将会阴部尿道切开，将结石等堵塞物取出后反复冲洗术部。如果同时需要实施膀胱切开术，可以从尿道切口处插入导尿管逆向冲洗尿道和膀胱。将尿道周围组织与皮下组织进行间断结节缝合或者连续缝合。将切开的尿道黏膜与皮肤进行间断结节缝合。如图 2-8-15 所示。

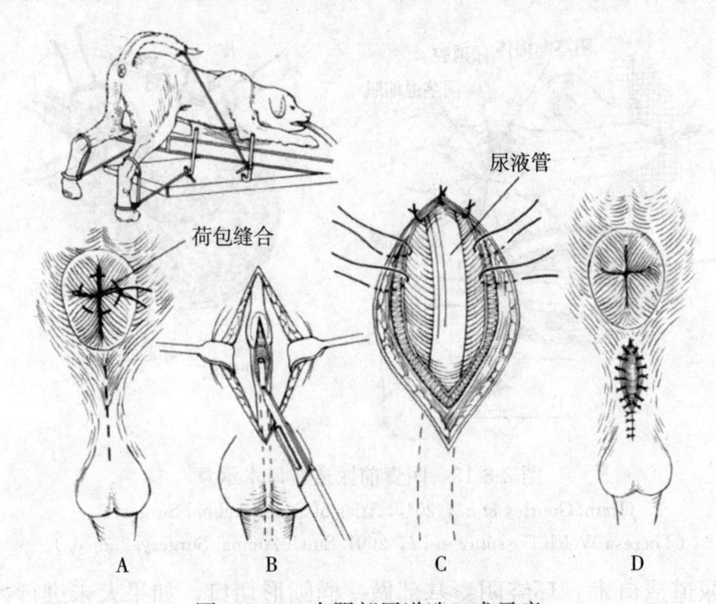

图 2-8-15　会阴部尿道造口术示意
(Iram. Gourley *et al*，2015. Atlas of Small Animal Surgery)

【术后护理】

（1）术后给宠物佩戴伊丽莎白项圈防止舔伤口，在手术的恢复期间，应注意宠物是否发生水、电解质代谢紊乱及酸碱平衡失调，必要时应予以纠正。

（2）在术后 5d 内每天定时给予静脉注射输液和抗生素，每天一次，以控制感染。

（3）犬尿道切开术的主要并发症是尿道狭窄，应放置双腔导尿管 4～7d，利于尿道的愈合。

（4）犬尿道造口术的主要并发症是术部出血，使用止血药物和镇静、镇痛药物可以减少出血。每天处理创口部位的分泌物，会阴部尿道造口应防止粪便污染。放置双腔导尿管 3～5d。

（5）术后 10～14d 无感染、恢复良好者可拆线。

学习任务四　阴茎损伤手术

【临床适应证】 本手术适用于自体舔伤、咬伤，包茎、阴茎嵌顿，交配、车祸等外力引起的物理性损伤，化学性损伤，烧伤、烫伤等热力性损伤，如图 2-8-16 所示。

【手术前准备】 应检查患病宠物阴茎损伤的部位和严重程度，检查出血、感染、肿瘤范围、尿道是否通畅等。如果存在感染应进行清创并使用抗生素进行积极的抗菌治疗，对于存在菌血症和败血症的患病宠物应进行支持治疗；如果伴有严重的出血应及时采取有效的止血措施；如果伴有排尿不畅，应及时进行导尿并放置导尿管；对于阴茎部位的肿瘤应进行组织

病理学检查，确定需要切除的范围。

将手术部位剪毛、清洗、消毒，准备常用软组织手术器械、缝针、缝线等。

【保定与麻醉】 可采用吸入全身麻醉。在给予全身麻醉药前 15min 先给予皮下注射阿托品注射液（每千克体重 0.05mg）和抗生素、镇痛药等。然后静脉注射基础麻醉药，使宠物快速麻醉，气管插管后再给予吸入麻醉药维持麻醉，并进行生理指标的监控。

也可用舒泰做全身麻醉，每千克体重 5～11mg 肌内注射，麻醉维持时间 30min，追加麻醉时，每千克体重3～6mg 肌内注射。

宠物保定采用手术台仰卧保定，固定四肢和尾部，将手术部位剃毛消毒。

【手术方法】

1. 包皮手术 对于阴茎嵌顿，包皮发育不良的患病宠物应进行包皮切开整形手术，在包皮口背侧或者腹侧做一直形切口或者楔形切口，将切开的黏膜层与皮肤进行缝合，使得包皮口增大，如图 2-8-17 所示。如果病情较为严重可以实施包皮环切术，围绕包皮口做一环形切口，剪除多余的皮肤和黏膜，使用间断结节缝合将新的暴露出的皮肤和黏膜进行缝合，如图 2-8-18 所示。对于可复性的阴茎嵌顿可以将包皮切开使阴茎复位，复位结束后将黏膜与皮肤重新缝合，如图 2-8-19 所示。

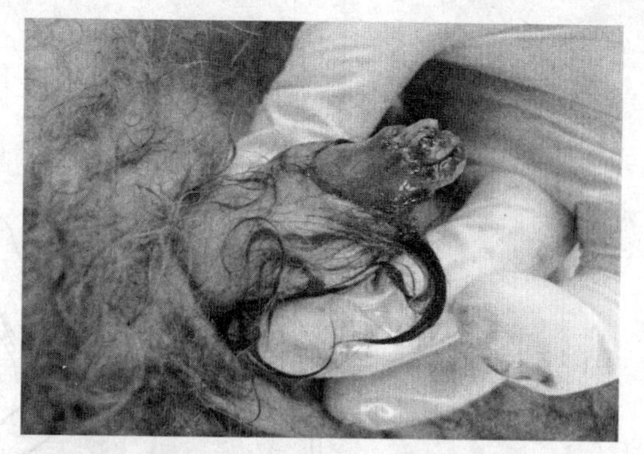

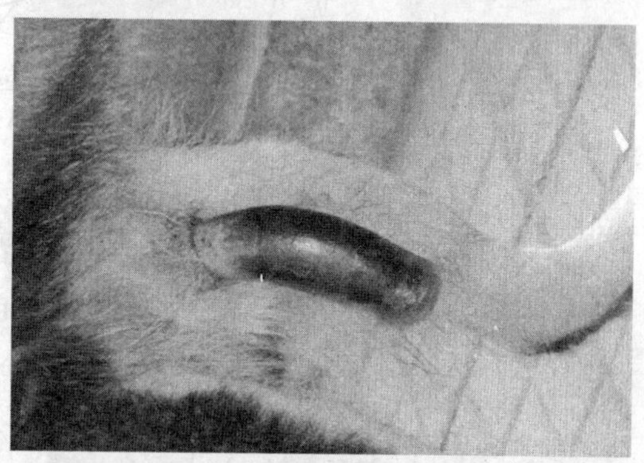

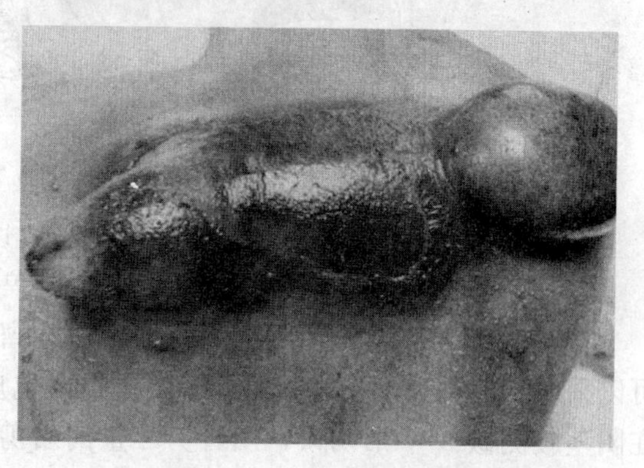

图 2-8-16　各种阴茎损伤

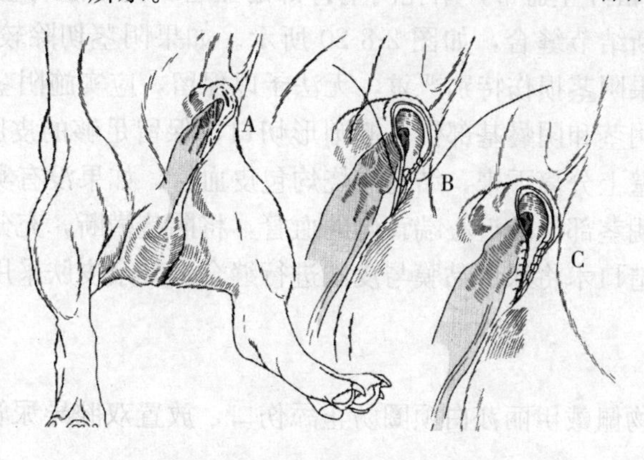

图 2-8-17　包皮切开整形手术

(Iram. Gourley *et al*, 2015. Atlas of Small Animal Surgery)

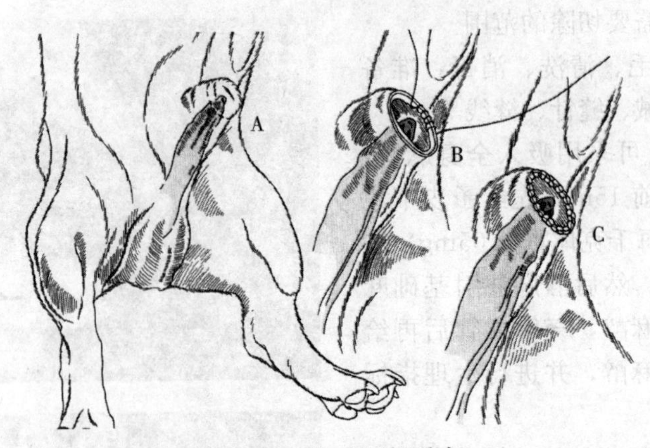

图 2-8-18　包皮环切手术
（Iram. Gourley *et al*，2015. Atlas of Small Animal Surgery）

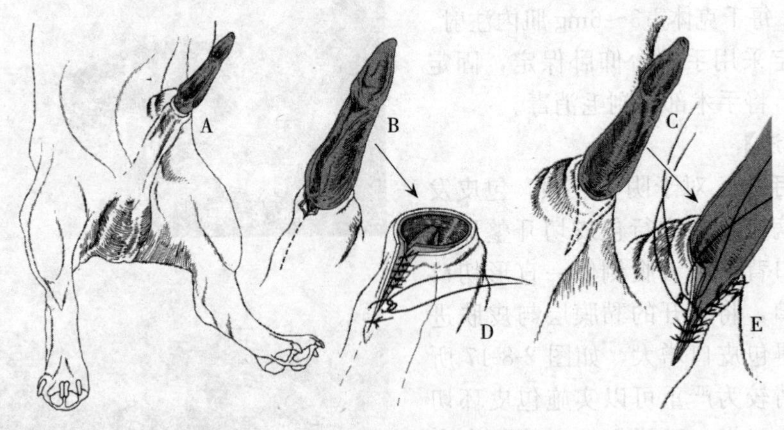

图 2-8-19　包皮切开阴茎复位术
（Iram. Gourley *et al*，2015. Atlas of Small Animal Surgery）

2. 阴茎手术　对于阴茎末端的损伤、肿瘤、复发性的尿道脱垂、不可逆的阴茎嵌顿等可以采取阴茎部分切断术。将阴茎尽量拉出包皮外，在预定切除部位的后方放置一止血带，在阴茎腹侧做一 V 形切口，用骨剪尽量向后剪除阴茎骨，注意勿伤及尿道，使尿道切口比阴茎切口长 1～2cm，松开止血带，结扎阴茎背部的血管，充分进行止血，将尿道腹侧黏膜剪开，与阴茎进行间断结节缝合，如图 2-8-20 所示。如果阴茎切除较多，应将包皮进行相应切除或者缩短。如果阴茎损伤特别严重，无法予以保留，应实施阴茎一次全切除术和尿道造口术。环绕包皮、阴茎和阴囊基部做一椭圆形切口，保留足够的皮肤以利于最后的缝合。由前向后将阴茎从体壁上分离下来，结扎或烧灼包皮血管，如果没有实施去势时同时实施去势手术。结扎预切开阴茎部位的近心端背侧的血管，将阴茎横断，充分止血后间断结节缝合阴茎残端。使用尿道造口术将尿道黏膜与皮肤进行缝合，其余皮肤采用间断结节缝合，如图 2-8-21 所示。

【术后护理】

（1）术后给小宠物佩戴伊丽莎白项圈防止舔伤口，放置双腔导尿管 5～7d，防止尿灼伤和尿道口狭窄。

（2）在术后 5d 内每天定时给予静脉注射输液和抗生素，每天一次，以控制感染。

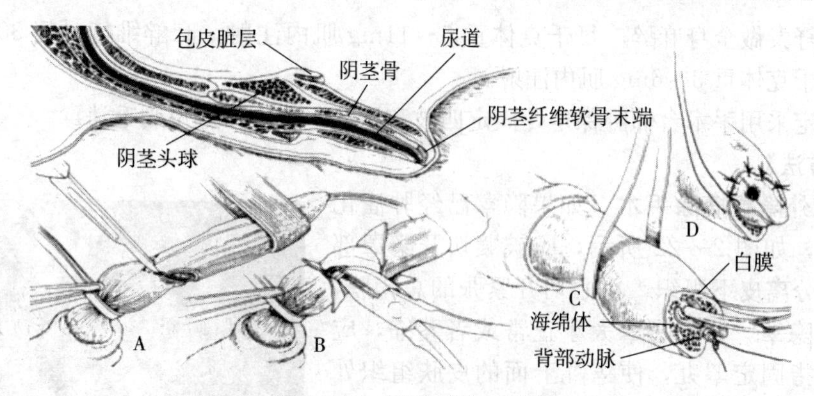

图 2-8-20　阴茎部分切除术
（Iram. Gourley *et al*，2015. Atlas of Small Animal Surgery）

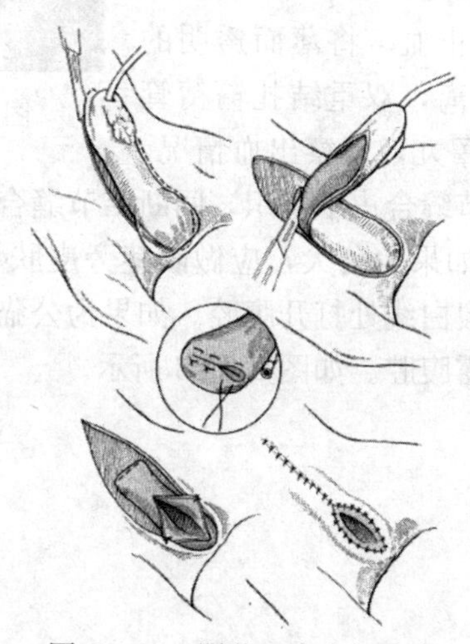

图 2-8-21　阴茎一次全切除术
（Theresa Welch. Fossum，*et al*，2007. Small Animal Surgery. 2nd ed.）

（3）术后 10～14d 无感染、恢复良好者可拆线。

学习任务五　公畜去势手术（隐睾）

【临床适应证】本手术适用于单侧或者双侧腹腔内或者腹腔外隐睾。

【手术前准备】检查患病宠物的隐睾发病情况。如果隐睾位于腹腔外，则在阴囊和腹股沟环之间能够触诊到睾丸，如果腹股沟皮下脂肪组织较厚或者隐睾已经出现萎缩时，触诊不明显。应注意与腹股沟淋巴结以及腹股沟疝进行鉴别诊断。腹腔内的隐睾一般很难通过触诊进行诊断，除非腹腔内隐睾已经癌变而发生体积增大。腹腔内隐睾可以通过 B 超或者 X 射线检查，个别宠物会存在睾丸缺失的情况。除了对隐睾进行仔细检查外，还应该检查其可能引起的继发疾病，如通过血液检查判定有无贫血出现，观察被毛情况判定有无对称性脱毛等。

将手术部位剪毛、清洗、消毒，准备常用软组织手术器械、缝针、缝线等。

【保定与麻醉】可采用吸入全身麻醉。在给予全身麻醉药前 15min 先给予皮下注射阿托品注射液（每千克体重 0.05mg）和抗生素、镇痛药等。然后静脉注射基础麻醉药，使宠物快速麻醉，气管插管后再给予吸入麻醉药维持麻醉，并进行生理指标的监控。

也可用舒泰做全身麻醉，每千克体重 5～11mg 肌内注射，麻醉维持时间 30min，追加麻醉时，每千克体重 3～6mg 肌内注射。

宠物保定采用手术台仰卧保定，固定四肢和尾部，将手术部位剃毛消毒。

【手术方法】

1. 腹腔外隐睾摘除手术 如果隐睾已经肿瘤化并出现增大，如图 2-8-22 所示，应皱襞切开隐睾部位的皮肤。分离皮下组织，小心切开紧张的总鞘膜，暴露增大的隐睾。如果隐睾大小正常或者萎缩，应用拇指和食指固定睾丸，使睾丸上面的皮肤组织处于紧绷状态，紧张切开皮肤，勿使皮肤与总鞘膜出现错位。顺势切开总鞘膜暴露睾丸。

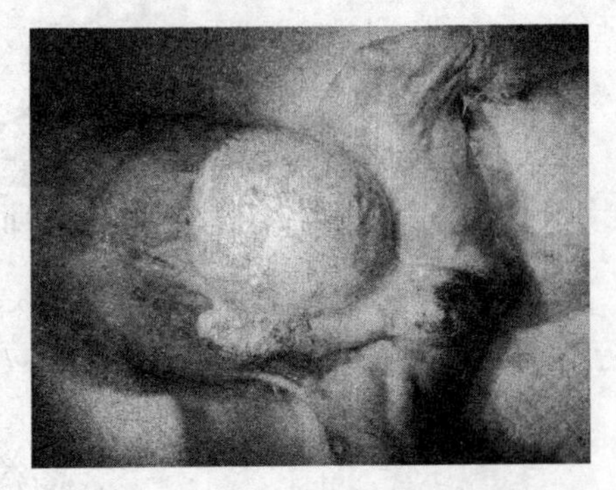

图 2-8-22 腹股沟部隐睾肿瘤

将附睾尾韧带离断并进行止血。将薄而透明的睾丸系膜分离使精索进一步游离，双重结扎输精管和睾丸动、静脉。切断并移除睾丸，观察出血情况，结扎确实后闭合切口，间断结节缝合皮下组织，间断结节缝合皮肤。

2. 腹腔内隐睾摘除手术 如果为公犬，应做阴茎旁皮肤切口，向正中方向分离皮下组织，暴露腹白线，在正中切开腹白线处打开腹腔。如果为公猫，可以在腹正中线处依次切开皮肤、皮下组织和腹白线，暴露腹腔。如图 2-8-23 所示。

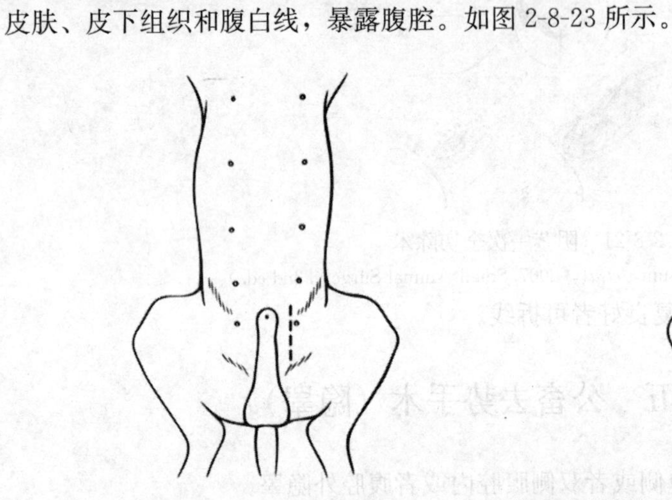

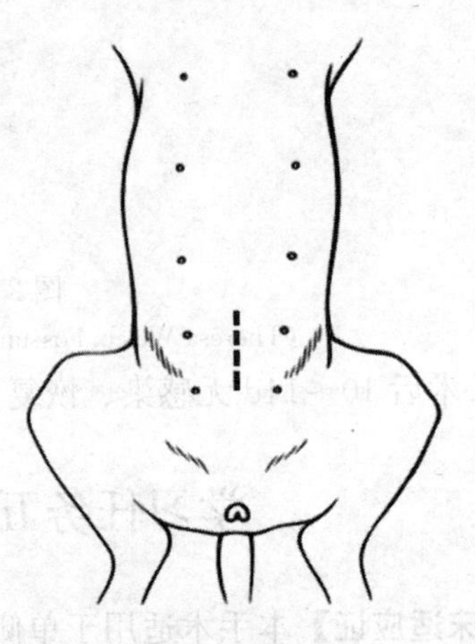

图 2-8-23 公犬与公猫腹腔内隐睾手术切口定位

(Theresa Welch Fossum, *et al*, 2007. Small Animal Surgery. 2nd ed.)

牵引膀胱，在膀胱背侧找到输精管，顺着输精管方向寻找睾丸，牵引睾丸，双重结扎输精管和睾丸动、静脉，切断并移除睾丸，观察出血情况，结扎确实后将其还纳回腹腔。依次连续或者间断结节缝合肌肉组织和皮下组织，间断结节缝合皮肤。

【术后护理】

(1) 术后给宠物佩戴伊丽莎白项圈防止舔伤口，应对隐睾进行组织病理学检查，以确定是否需要进行肿瘤跟踪治疗。

(2) 在术后 5d 内每天定时给予静脉注射输液和抗生素，每天一次，以控制感染。

(3) 术后 10～14d 无感染、恢复良好者可拆线。

学习任务六　断尾手术

【临床适应证】断尾手术的实施主要有两种情况，一种是生理性断尾手术，主要手术对象是1周龄以内的幼犬，根据不同品种的标准要求或者传统习惯实施，但是这种手术方法在伦理道德和宠物福利上存在着争议。另一种是病理性断尾手术，临床适应证包括外伤性损伤、尾部感染、尾部肿瘤、严重的尾褶部皮肤病、肛周瘘等。

【手术前准备】对于1周龄以内的幼犬，术前应全面检查幼犬的生命体征，由于手术时间较短，幼犬新陈代谢较快，因此可以不用禁食、禁水。对于成年犬的断尾手术，应仔细查找原发病因，如果是尾部肿瘤应确定病变位置和范围；如果伴有严重出血应先采取止血处理；如果存在感染应及时给予抗生素进行抗菌治疗。最终根据实际情况决定采取部分断尾手术或者完全断尾手术。宠物术前应禁食8h以上，停止给水3h。

将手术部位清洗、消毒，进行外科常规处理，准备常用软组织手术器械、缝针、缝线等。

【保定与麻醉】1周龄以内的幼犬断尾术可以不使用麻醉，但是为了缓解疼痛和便于处理，可以使用局部麻醉药，有时也可以使用镇静剂。助手徒手将幼犬保定即可。成年犬的断尾手术可以采用肌内注射全身麻醉，也可采用吸入全身麻醉。在给予全身麻醉药前15min先给予皮下注射阿托品注射液（每千克体重0.05mg）和抗生素、镇痛药等，然后静脉注射基础麻醉药，使宠物快速麻醉，气管插管后再给予吸入麻醉药维持麻醉，并进行生理指标的监控。

也可用舒泰做全身麻醉，每千克体重5～11mg肌内注射，麻醉维持时间30min，追加麻醉时，每千克体重3～6mg肌内注射。

宠物保定采用侧卧保定或者前低后高的俯卧保定均可。将手术部位剃毛消毒，在切断部位近端使用止血带，防止术中出血过多。

【手术方法】

1. 幼犬断尾手术　助手将尾巴朝尾根方向回缩皮肤，并用手指固定尾巴，压迫止血。术者触诊确定需要切断的部位。用手术刀片先将皮肤切开，使用手术刀片或者手术剪刀在两个尾椎间隙处将其横断。使用压迫法或者电凝法进行止血。放松回缩的皮肤并进行对合，进一步观察张力情况，如果皮肤过长可以进行修剪，将皮肤进行间断结节缝合或十字缝合，如图2-8-24所示。

图2-8-24　幼犬断尾手术

（Theresa Welch. Fossum，*et al*，2007. Small Animal Surgery. 2nd ed.）

2. 成年犬断尾手术

（1）部分尾切断术。朝尾根部回缩皮肤。在预定椎间横断部位的远端皮肤上做双V形切口。使V形切口能够在尾背侧和腹侧都形成皮肤瓣，并且使皮肤瓣的长度比预期的尾部长度要稍长一些。辨别尾中动、静脉和尾侧动、静脉并在切除部位的稍前方将其结扎。用手术刀片小心切开预定椎间隙末端的软组织，离断远端尾部。如果出现出血，则在残留尾部的末端使用止血带或者结扎尾部血管。使用间断结节缝合对合皮下组织和肌肉以覆盖暴露的椎骨。将背侧的皮瓣覆盖在尾椎上，如有需要修剪腹侧皮瓣，以使皮肤在无张力下对合。使用间断结节缝合将皮肤边缘对合，如图2-8-25所示。

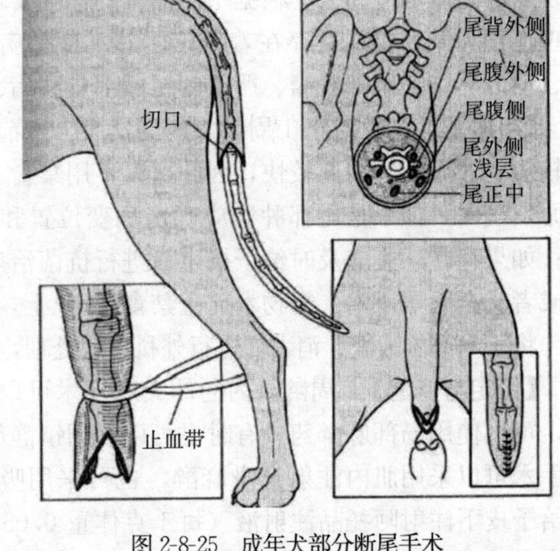

图2-8-25 成年犬部分断尾手术
（Theresa Welch. Fossum, *et al*, 2007. Small Animal Surgery. 2nd ed.）

（2）完全尾切除术。使用手术刀片在尾基部做一椭圆形的切口，分离皮下组织，暴露肌肉。分离附着在尾椎上的肛提肌、直肠尾骨肌和尾骨肌。在预定横断处的前后分别结扎尾中动、静脉和尾侧动、静脉。在第2或者第3尾椎间隙用手术刀片切断关节间隙，将尾部横断。小的出血点，用压迫或者电凝法充分止血，将术部进行冲洗，简单结节缝合或者连续缝合肛提肌和皮下组织。检查皮肤张力情况，如有需要进行修剪。间断结节缝合皮肤。如图2-8-26所示。

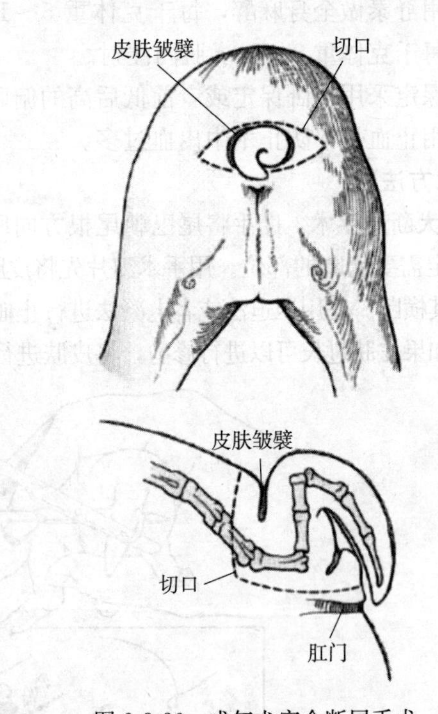

图2-8-26 成年犬完全断尾手术
（Theresa Welch. Fossum, *et al*, 2007. Small Animal Surgery. 2nd ed.）

【术后护理】

（1）术后给宠物佩戴伊丽莎白项圈防止舔伤口，如有必要可用绷带或者限制活动装置来保护术部。

（2）在术后5d内每天定时给予静脉输液和抗生素，每天一次，以控制感染。

（3）术后应密切观察尾部尤其是尾尖部的手术愈合情况，并发症包括感染、裂开、瘢痕、反复瘘以及肛门括约肌或直肠创伤。部分尾切除术后裂开的切口可以通过二期愈合，通常会留下一无毛疤痕。如有需要可以实施再切断术来减轻刺激和达到美观。

（4）术后10～14d无感染、恢复良好者可拆线。

第三篇

宠物外科新技术

腹腔镜微创外科手术技术

随着国内人民经济水平的提高、宠物行业的发展，宠物的福利问题也越来越受到人们的关注与重视。以前，兽医师在给宠物做手术的时候，一般考虑宠物的感受比较少或是没有。其实宠物和人类一样，也是有感情、有知觉的。如何在外科手术过程中，减轻宠物“开肠剖肚”的痛苦，成为宠物主人及兽医从业人员的一大愿望。正是在这一背景下，微创手术走进了兽医师的视野。

微创手术（Minimally Invasive Surgery，MIS）是指通过微小创伤或机体自然孔道，将特殊器械、物理能量或化学药剂送入机体内部，完成对机体内病变、畸形、创伤的灭活、切除、修复或重建等外科手术操作，以达到治疗的目的。腹腔镜手术是最常见的微创手术方法。其具体方法是在宠物腹壁上做几个 0.5～1cm 的小孔，将腹腔镜镜头（直径为 3～10mm 的微型摄像头）插入腹腔内，使用冷光源提供照明，通过腹腔镜和电视屏幕来实时监视腹腔内器官的情况，将腹腔镜器械插入腹腔，用来代替外科兽医师的手。腹腔镜镜头拍摄到的图像通过光导纤维传导至后台信号处理系统，并且实时显示在专用监视器上，兽医师通过监视器屏幕上所显示患病宠物器官的图像，对宠物的病情进行分析判断，通过腹腔镜器械进行手术。当手术操作结束后，缝合腹壁上的小创口，患病宠物恢复后，仅在腹部留有 1～3 个 0.5～1cm 的疤痕。

一、腹腔镜手术器械

腹腔镜手术器械在使用前都需要用高压蒸汽或化学方法消毒。常用的腹腔镜手术器械及功能如下：

1. 腹腔镜图像显示与存储系统 由摄像系统、腹腔镜、冷光源组成，主要是将腹腔图像传至监视器，以利于兽医师的观察、诊断与操作，如图 3-1-1 所示。

2. 二氧化碳气腹系统 由气腹机、二氧化碳钢瓶、气腹针组成，主要为手术提供足够的空间和视野，如图 3-1-2 所示。

3. 手术设备与器械 主要由套管及套管针、分离钳、抓钳、电钩、施夹器、高频电凝机、冲洗仪、缝合器等组成，主要是用于腹腔镜手术时器械进入腹腔的孔道及组织分离、凝血、冲洗及缝合，如图 3-1-3、图 3-1-4 所示。

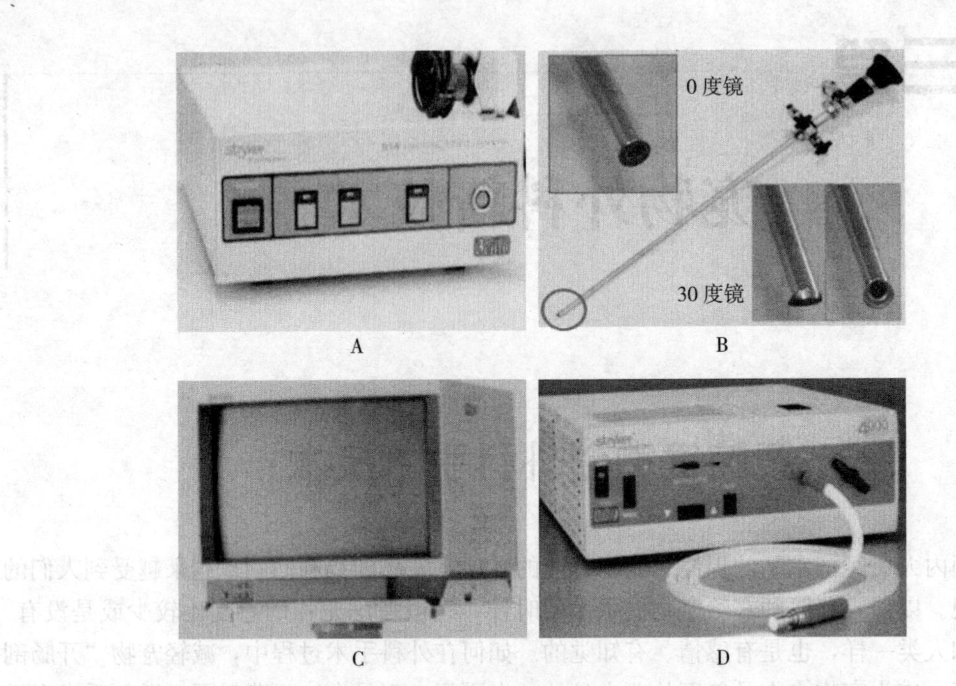

A B C D

图 3-1-1 腹腔镜图像显示与存储系统

A. 摄像头与数模转换器 B. 腹腔镜 C. 显示器 D. 冷光源

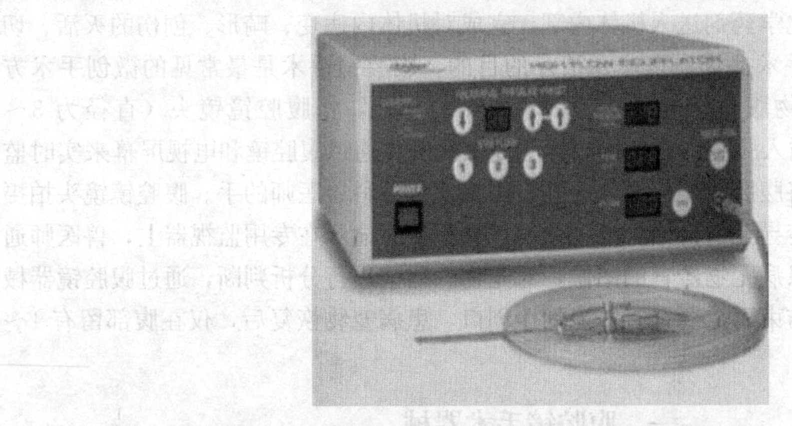

图 3-1-2 二氧化碳气腹系统（带气腹针）

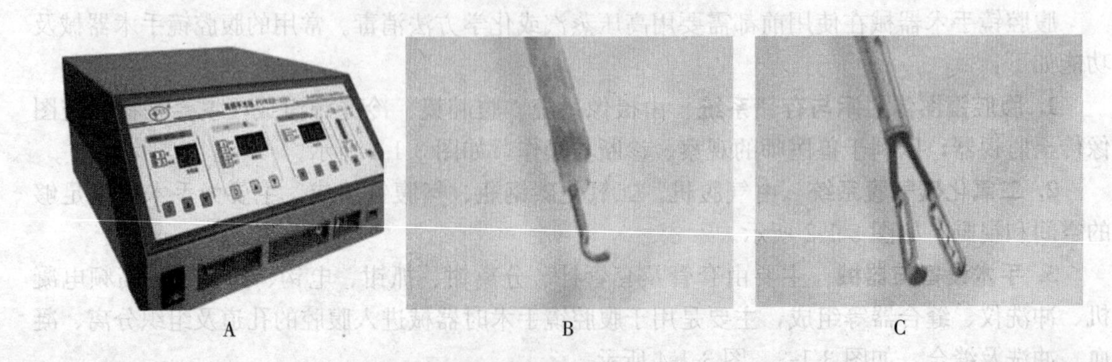

A B C

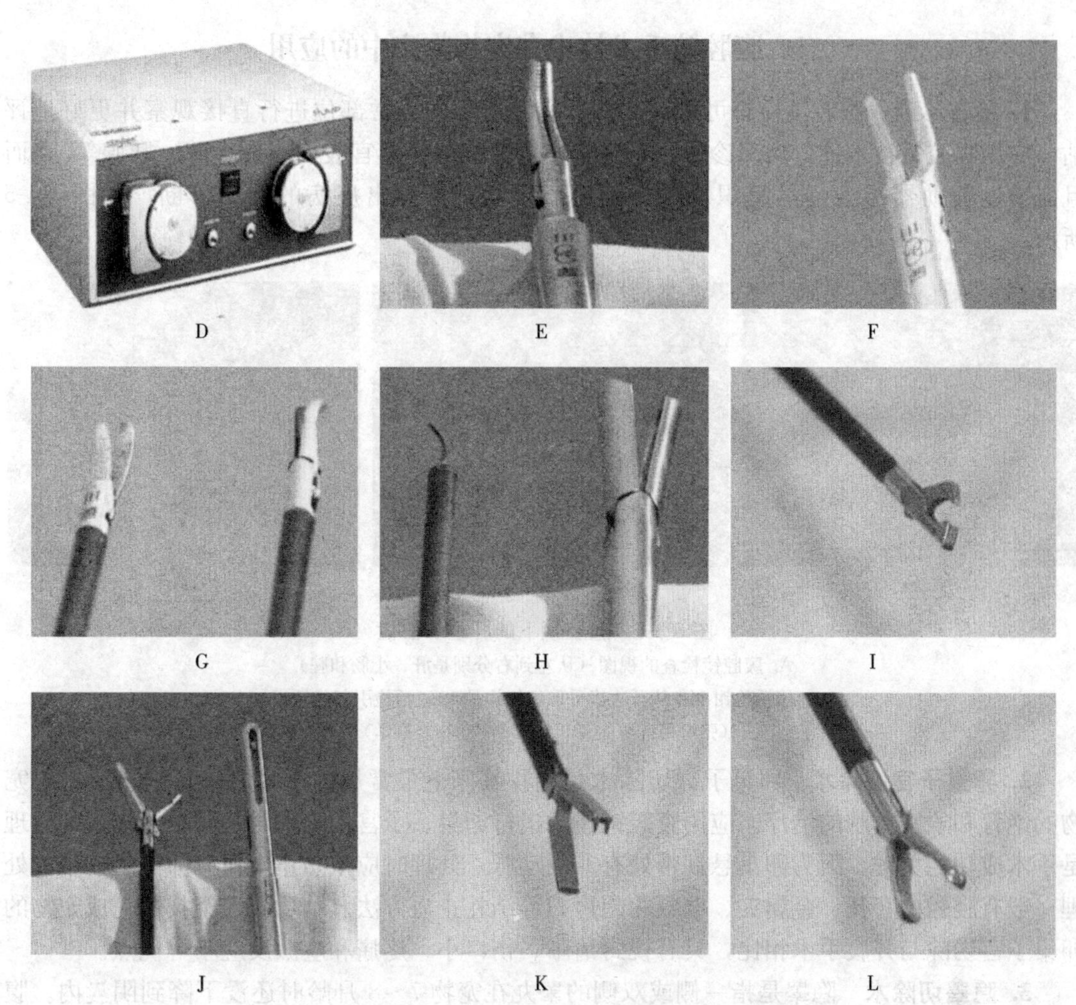

图 3-1-3　腹腔镜手术设备与器械

A. 高频电凝机　B. 单极电凝　C. 双极电凝　D. 冲洗仪　E. 弯形分离钳　F. 施夹器　G. 弯形剪　H. 定钩　I. 活检钳　J. 抓钳　K. 有齿抓钳　L. 无损伤钳

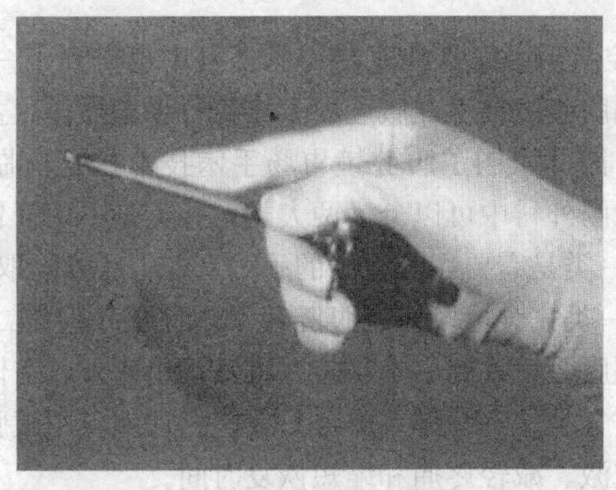

图 3-1-4　手持套管针-插管插入腹部的正确方法

（张海彬，等主译，2008. 小动物外科学）

二、腹腔镜手术技术在宠物临床中的应用

1. 检查诊断 腹腔镜检查可以对被检器官和组织的异常部位进行直接观察并更好地评估。应用腹腔镜技术进行疾病诊断，不仅能直接观察被检器官表面（肝、脾、胰腺等），而且能通过辅助器械进行活组织取样，制作病理切片，做出疾病的确切诊断，如图 3-1-5 所示。

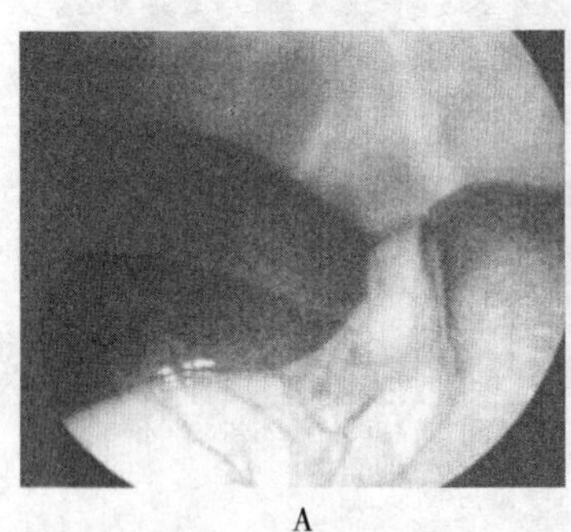
A
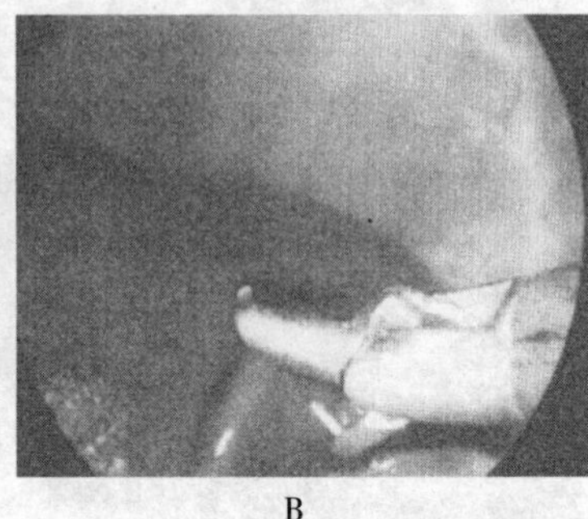
B
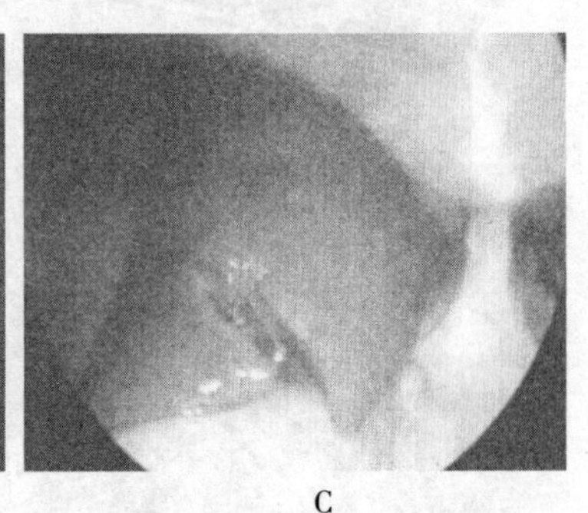
C

图 3-1-5 腹腔镜下的肝组织活检

A. 腹腔镜检查的视图（从左到右分别是肝、小肠和脾）

B. 用活检钳准备从肝边缘采取组织样品 C. 活检引起的缺损

（张海彬，等主译，2008. 小动物外科学）

2. 卵巢子宫切除术 卵巢子宫切除术是宠物临床上最常规的手术之一，它主要用于宠物的绝育和子宫蓄脓的治疗。应用腹腔镜技术进行卵巢、子宫切除术时，卵巢悬韧带的处理是手术成功的关键，因为卵巢悬韧带处有卵巢动脉，处理时应该防止出血。卵巢悬韧带的处理一般有腹腔内套扎、金属夹、电凝和超声刀等结扎止血方法。利用腹腔镜技术完成宠物的卵巢子宫切除与开腹手术相比，具有视野清晰、伤口小、疼痛和应激反应小等优点。

3. 隐睾切除术 隐睾是指一侧或双侧的睾丸在宠物 7～8 月龄时还没下降到阴囊内。腹腔中的温度比阴囊内的温度要高，不利于睾丸发育，而且隐睾易导致睾丸肿瘤，因此建议摘除隐睾。隐睾一般位于腹腔内或者是腹股沟皮下，位于腹腔内的隐睾，应用腹腔镜可以精准定位，显示出其特有的优势。可以应用超声诊断的方法判断出犬的隐睾所在位置，然后再通过腹腔镜手术进行切除。

4. 胃肠道手术 腹腔镜手术技术在宠物胃肠外科中也得到了一定的应用。但是由于胃肠道内容物的存在，应用腹腔镜技术在腹腔内直接执行手术操作（主要是胃肠切开术）很容易污染腹腔，引起感染，因此限制了腹腔镜胃肠手术技术在宠物临床中的发展。到目前为止，应用腹腔镜在宠物胃肠外科中可以分为两大类：一类是不切开胃肠的手术（如胃扭转或直肠脱时的固定术）；另一类是需要切开胃肠的手术（如胃肠异物取出术、肠切除与吻合术、胃肠的瘘管技术等）。第一类完全可以应用腹腔镜手术完成，但第二类，并不能全部在腹腔内完成手术，而需要先用腹腔镜找到手术部位并将其拉出体外，在体外进行手术，这样也可以将腹腔更少地暴露于空气中；不管哪一类，只要能合理地应用腹腔镜技术，手术切口就会变小，就能降低宠物的应激、减轻疼痛和缩短恢复时间。

5. 胆囊手术 腹腔镜手术技术可以很好地应用于宠物的胆囊切除术中，用来治疗胆囊炎、胆囊结石、胆囊肿瘤、胆囊创伤或破裂和胆囊黏液囊肿等。但是在切除后取出的过程

中，要防止胆囊破裂造成腹腔的污染。腹腔镜还可以应用在胆囊造口术上，帮助患犬减少肝外胆管阻塞死亡率，如图 3-1-6 所示。

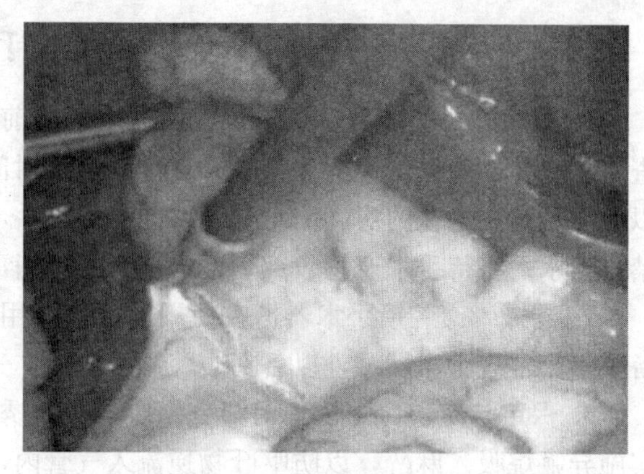

图 3-1-6　腹腔镜下正用电凝极分离胆囊周围组织
（刘运枫，2008.）

6. 肝与脾手术　腹腔镜技术除对肝或脾进行腹腔内检查外，还可以对肝或脾肿瘤或是坏死部分进行切除，如图 3-1-7、图 3-1-8 所示。

7. 泌尿系统手术　腹腔镜技术在宠物泌尿系统手术中已经有很广泛的应用。如膀胱固定术、膀胱造口术、输尿管切开术、肾上腺切除术和肾切除术等都可以在腹腔镜的操作下完成，如图 3-1-9 所示。

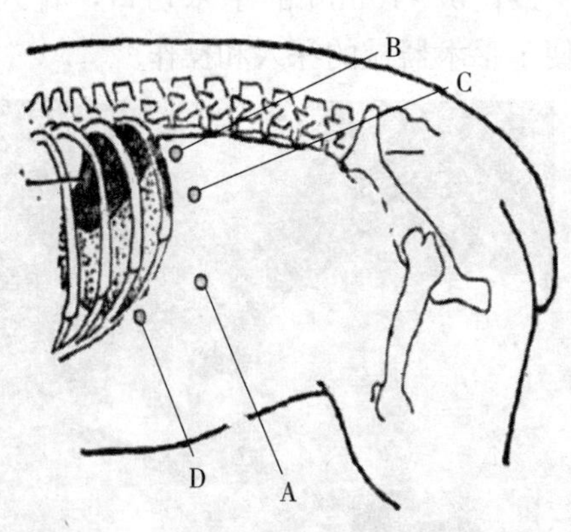

图 3-1-7　套管及其穿刺部位定位模式
（刘运枫，2008.）

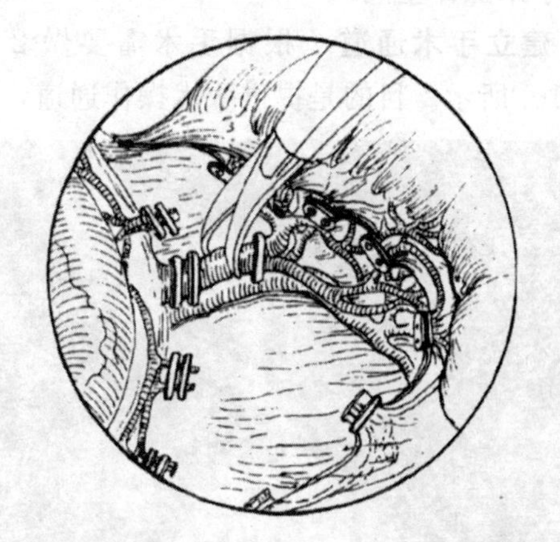

图 3-1-8　剪断脾动、静脉模式
（刘运枫，2008.）

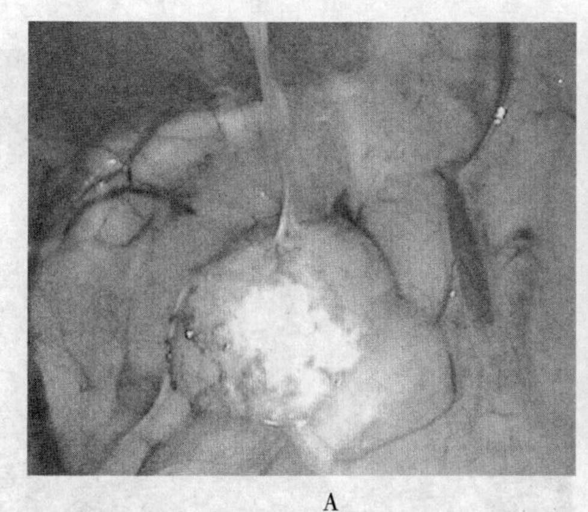

A

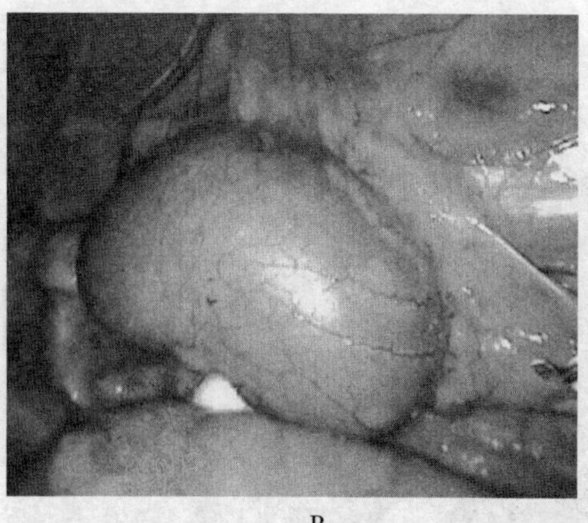

B

图 3-1-9　腹腔镜下器官的结构
A. 腹腔镜下膀胱及其附属结构　B. 腹腔镜下左肾及其附属结构
（张建涛，2010.）

三、腹腔镜手术过程

1. 患病宠物的准备 在进行腹腔镜手术之前，对患病宠物要进行调查和全面检查。调查宠物完整的病史，包括症状、采食量、免疫时间、是否接触异物、宠物状况及用药史等，以便发现宠物潜在的疾病，对是否可能会影响手术疗效进行预测；宠物应禁食12h，术前2h禁止饮水；将待手术宠物腹部剃毛，进行常规消毒。

2. 器械 腹腔镜手术器械在使用前都需要用高压蒸汽或化学方法进行消毒。另外，准备一整套常规手术器械，以备在腹腔镜手术操作失败后开腹时急用。

3. 保定与麻醉 宠物采用仰卧保定，在做诱导麻醉后进行气管插管，连接吸入麻醉机实施异氟烷吸入麻醉，以防呕吐物逆流入气管内，并进行各项生理指标的监控。

4. 制造人工气腹 在宠物脐部上（下）缘，将气腹针刺入腹腔，启动气腹机，往腹腔内注入二氧化碳，形成人工气腹，如图3-1-10A所示。目的是将腹壁和腹内脏器分开，从而暴露出手术操作空间。

5. 建立手术通道 根据手术需要做2～4个5～10mm的手术切口，置入套管，如图3-1-10B所示。目的是提供手术操作通道，便于手术器械的深入和操作。

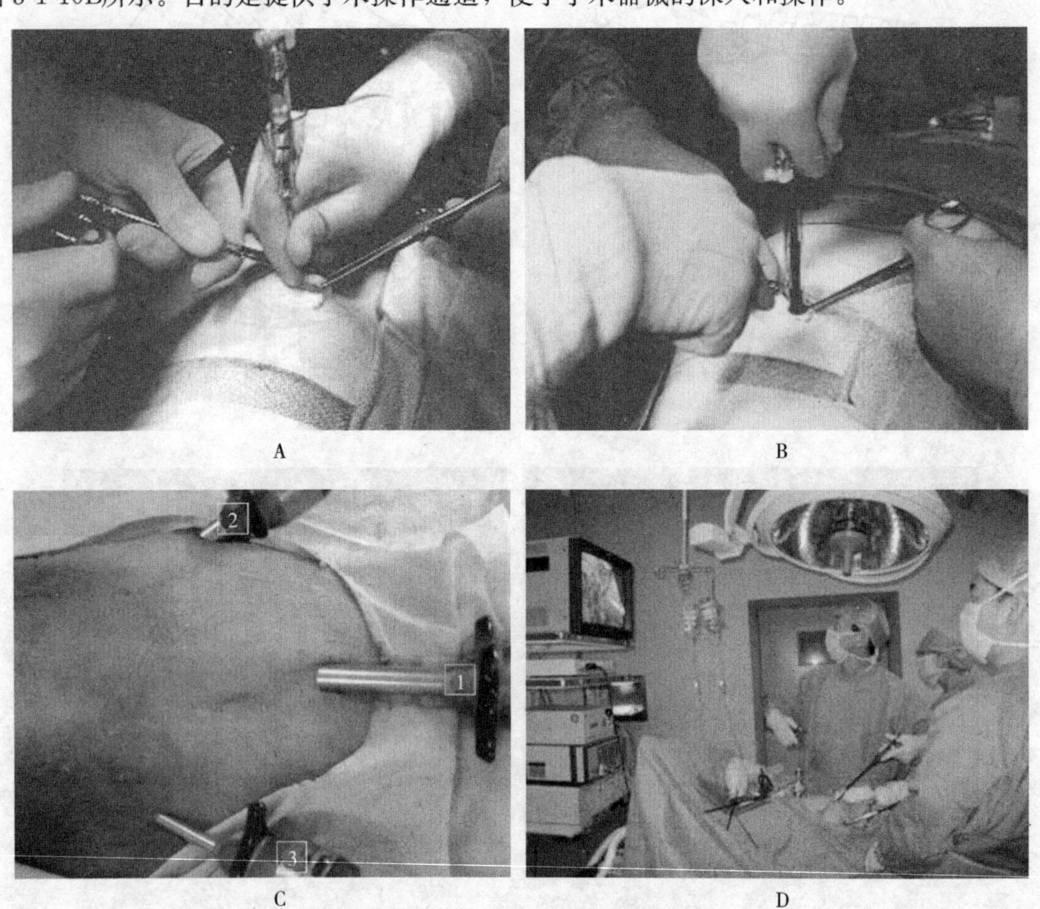

图3-1-10 腹腔镜手术操作过程

A. 将气腹针插入腹部 B. 将套管插入腹部 C. 套管插入腹部后将各个摄像系统连接 D. 腹腔镜手术现场

6. 连接光学系统　将腹腔镜与冷光源、电视摄像系统、录像系统、打印系统连接，经套管插入腹腔，如图 3-1-10C 所示。通过光学数字转换系统，将腹腔内脏显示在电视屏幕上。

7. 进行手术　根据光学数字转换系统反映在屏幕上的图像，经鞘管插入特殊的腹腔镜手术器械进行手术，如图 3-1-10D 所示。

8. 缝合　手术结束后，将腹腔镜器械拔出腹腔并缝合腹壁，将腹部皮肤切口部位常规缝合。

9. 术后治疗与护理　手术结束后体况好的宠物，可每日两次给予肌内注射抗生素 5～7d，防止感染；体况差的宠物每日除用抗生素外，还应给予补液、强心、利尿，以增强抵抗力；术后限制宠物做剧烈运动，每日用新洁尔灭酊消毒创口一次，并给予高蛋白食物，以促进伤口愈合；8～10d 拆除缝线。

四、腹腔镜手术的优点

腹部切口微小，仅 0.5～1cm，基本不留疤痕，不会影响宠物的美观；大大减少了对宠物脏器的损伤和干扰，使术后恢复时间缩短；由于腹部切口小，宠物主人对于宠物的护理，也较为简单；术中几乎不出血，微创手术视野比较清楚，血管处理会更精细，加上采用超声刀等止血器械，有助于减少出血量。

五、腹腔镜手术并发症

腹腔镜手术与开腹手术相比有明显的优势，这些年来腹腔镜技术在兽医领域得到很大的发展，但是腹腔镜手术需要通过穿刺套管建立手术通路，以气腹和改变体位暴露手术视野，一些腹腔镜手术器械多为有能量的器械，这些都可造成并发症，并且越来越引起兽医师和宠物主人的重视。腹腔镜手术的并发症与术者的操作经验和手术的难易程度相关，主要表现在以下几个方面：

1. 麻醉并发症　腹腔镜手术的麻醉与普通开腹手术的麻醉有所不同，这是因为腹腔镜手术过程中需要向腹腔内充入气体，目前充入的气体主要是二氧化碳，二氧化碳很快被吸收，所以腹腔镜手术麻醉的并发症往往和病畜耐受气腹的能力有直接关系。腹腔镜手术通常以静脉诱导、气管插管吸入麻醉较为安全。

2. 气腹并发症　腹腔镜手术时，为了扩大手术视野，需要充分扩张腹腔，常使用二氧化碳扩充腹腔形成人工气腹，气腹已经成为腹腔镜手术的标准步骤之一。然而腹腔镜手术需要建立人工气腹，二氧化碳由于无色无味、吸收快和非易燃性等优点，成为气腹腹腔镜使用的标准气体，但是二氧化碳气腹也会改变机体的某些生理功能，如较易形成高碳酸血症；腹腔内压力增高导致胸廓扩张受限，胸腔内压力增高，肺顺应性下降，潮气量和功能残气量降低，气道峰压和气道平台压均增高，肺泡无效腔增大；腹内压增高影响肾功能，特别是肾血流和肾小球滤过率；腹腔镜手术气腹还能引起颅内压增高等。

3. 术中并发症

（1）穿刺造成的损伤。主要是在建立气腹或第一套管安置时引起的腹壁、腹膜和大网膜血管、膀胱、胃肠道以及脾的损伤，虽然气腹针引起的损伤只有一个小口，但是损伤部位出血可影响手术视野，延长手术时间，加大宠物的危险。

(2) 器械操作不当。许多腹腔镜手术造成的损伤都是因为器械的穿刺、牵拉撕裂肝和肠系膜、钛夹脱落和夹闭不全等引起的。所以，兽医师在进行腹腔镜手术之前，要对每一操作器械的使用方法掌握熟练。

(3) 能量器械。腹腔镜手术操作中的组织切割、止血通常需要电外科器械、激光和超声刀等，这类手术器械完成手术过程中容易造成热损伤或电灼伤。手术过程中电损伤和热损伤不易被发现，患病动物均在术后出现临床表现，而且出现症状的时间不确定，有的可在术后10几天才有临床症状。

4. 术后并发症 在腹腔镜手术后也会发生并发症，包括术后出血、皮下气肿、吻合口漏、套管口炎症、腹腔感染、切口疝、腹壁穿孔与腹腔内肿瘤扩散等。

腹腔镜外科技术刚刚起步，还有不少空白等待临床兽医解决。但是新的探索，尤其是开展独创的手术方式，应该从国内的医疗环境出发，不能盲目发展，提出一个新的手术方案之后应该经过专家论证，至少应该具备理论上的可能性才能实施。开展手术时，应收集所有的医疗信息并密切观察患病宠物，以期总结可靠的临床数据造福更多的宠物。

参 考 文 献

Alan J. Lipowitz，2011. 小动物骨科手术图谱［M］. 董海聚，彭广能主译. 沈阳：辽宁科技出版社.

Donald L. Piermattei，2006. Handbook of Small Animal Orthopedics and Fracture Repair［M］. 4th ed. Elsevier Medicine.

顾剑新，陆桂平，2012. 动物外科与产科［M］. 北京：中国农业出版社.

侯加法，2008. 犬猫骨骼与关节手术入路图谱［M］. 沈阳：辽宁科技出版社.

Iram. Gourley et al，2015. Atlas of Small Animal Surgery［M］. St. Louis MO：W B Saunders Co.

刘运枫，2008. 犬腹腔技术的基础研究及其在临床中的应用［D］. 哈尔滨：东北农业大学.

任晓明，2009. 图解小动物外科技术［M］. 2 版. 北京：中国农业大学出版社.

Theresa Welch. Fossum，*et al*，2007. Small Animal Surgery［M］. 2nd ed. Amsterdam：Elsevier.

Theresa Welch. Fossum，2013. Small Animal Surgery［M］. 4th ed. Amsterdam：Elsevier.

张海彬，夏兆飞，林德贵，等主译，2008. 小动物外科学［M］. 北京：中国农业大学出版社.

张建涛，2010. 腹腔镜手术在犬泌尿系统中的应用研究［D］. 哈尔滨：东北农业大学.

图书在版编目（CIP）数据

宠物手术/顾剑新，牛光斌主编．—北京：中国农业出版社，2016.12（2022.12重印）
高等职业教育农业部“十二五”规划教材
ISBN 978-7-109-22525-1

Ⅰ.①宠… Ⅱ.①顾…②牛… Ⅲ.①宠物－外科手术－高等职业教育－教材 Ⅳ.①S857.12

中国版本图书馆CIP数据核字（2016）第306299号

中国农业出版社出版
（北京市朝阳区麦子店街18号楼）
（邮政编码100125）
责任编辑 徐 芳
文字编辑 李 萍

北京通州皇家印刷厂印刷 新华书店北京发行所发行
2017年1月第1版 2022年12月北京第3次印刷

开本：787mm×1092mm 1/16 印张：12.75
字数：302千字
定价：36.00元